新工科建设·电子信息类系列教材

STM32 的工程实践与应用

姜余祥 杨 萍 刘 佳 编著

电子工业出版社

Publishing House of Electronics Industry

北京·BEIJING

内 容 简 介

本书介绍 STM32 单片机的工作原理及工程应用，共 10 章，主要内容包括 Cortex-M3 处理器、STM32F103x 单片机、基于标准库的软件编程、STM32CubeMX 环境编程、Proteus 应用范例、基于 littleVGL 的 UI 设计、STM32F103x 实现 FFT 和 FIR、基于 STM32 的电子称重系统、基于物联网云平台的家庭语音控制器系统、集成开发环境。本书强调工程应用性，书中提供了大量的工程案例。

本书可作为高等院校电子、通信、自动化、物联网、计算机等专业单片机应用类课程的教材，也可供从事单片机应用系统开发的工程技术人员参考。

图书在版编目（CIP）数据

STM32 的工程实践与应用 / 姜余祥, 杨萍, 刘佳编著.
北京 ：电子工业出版社, 2024. 6. -- ISBN 978-7-121
-48074-4

Ⅰ. TP332.3

中国国家版本馆 CIP 数据核字第 20242T9U74 号

责任编辑：凌　毅
印　　刷：北京虎彩文化传播有限公司
装　　订：北京虎彩文化传播有限公司
出版发行：电子工业出版社
　　　　　北京市海淀区万寿路 173 信箱　邮编：100036
开　　本：787×1 092　1/16　印张：20　字数：550 千字
版　　次：2024 年 6 月第 1 版
印　　次：2024 年 12 月第 2 次印刷
定　　价：69.00 元

凡所购买电子工业出版社图书有缺损问题，请向购买书店调换。若书店售缺，请与本社发行部联系，联系及邮购电话：（010）88254888，88258888。

质量投诉请发邮件至 zlts@phei.com.cn，盗版侵权举报请发邮件至 dbqq@phei.com.cn。

本书咨询联系方式：（010）88254528，lingyi@phei.com.cn。

前　　言

本书直击学习者在STM32单片机学习过程中不知如何入手的痛点问题,在简单介绍STM32单片机的工作原理后,没有系统介绍STM32单片机的硬件资源,而是站在学习者的角度,首先给出基于标准库的软件编程,介绍如何充分利用标准库资源,开启对硬件资源的认知和编程应用,并通过代码的仿真测试来深化学习者对STM32单片机原理的认知,引导学习者逐步熟悉编程的方法及测试的技巧,比较轻松地踏入单片机应用之门。

随后,从开发的需求出发,从新建工程到各硬件资源的应用,深入剖析其工作原理并编程实现,强化学习者应用能力的培养,引导学习者实现从知识到能力的转化。其中,Proteus 应用范例部分结合了作者近 30 年的工程实践经验,从工程应用角度全方位展示 STM32 单片机内外部资源的应用和单片机应用系统可能涉及的接口电路设计与编程实现;基于 littleVGL 的 UI 设计部分将嵌入式界面设计神器 littleVGL 引入 STM32 单片机的应用,突破传统单片机教材从原理到功能模块应用的范畴。不仅如此,本书还增加了数据采集过程中的噪声分析和处理内容,针对工程中经常遇到的噪声问题,引入数字信号处理的方法,介绍使用 MATLAB 工具实现噪声信号的频谱分析和数字滤波方法与过程,以及基于单片机编程的实现方法,将数字信号处理的方法和单片机编程完美结合起来。最后,从本书编写团队的教学科研成果中提炼和总结出多个有实际应用背景的工程案例,进一步丰富教材内容,提升本书的实用价值。

全书共 10 章。

第 1 章　Cortex-M3 处理器。本章介绍 Cortex-M3 处理器的基本结构和基础知识,包括流水线、异常与中断、寄存器组等。

第 2 章　STM32F103x 单片机。本章首先概述 STM32 单片机的产品特性,然后以 STM32F103ZET6 为例,讲述其片内外设、存储器和总线架构、启动过程及通用和复用功能 I/O 接口。通用和复用功能 I/O 接口部分,在介绍 GPIO 基本结构和相关寄存器后,从应用出发,重点介绍基于寄存器描述的 GPIO 编程和基于库函数的 GPIO 编程。

第 3 章　基于标准库的软件编程。本章依据意法半导体(ST)公司官方提供的标准库文件,介绍 GPIO、通用定时器、USART、ADC 等片内资源的功能。通过例程,介绍上述资源的初始化和使用方法,并使用 Keil 5 的仿真工具测试了例程。学习者可据此熟悉 STM32 单片机片内资源的功能和工程代码的结构,并进一步掌握片内资源的编程和调试方法。

第 4 章　STM32CubeMX 环境编程。本章通过工程实例,基于 ST 公司新推出的 STM32CubeMX 配置工具,由图形界面生成初始化代码,完成寄存器配置。

第 5 章　Proteus 应用范例。本章的重点在于使用 Proteus 软件搭建一个含处理器硬件电路的仿真测试环境,没有过多讨论单片机接口电路的工作原理,而是侧重于代码的功能调试和在硬件电路上展示程序的运行结果,便于学习者熟悉和理解 STM32 单片机的片内资源、编程应用及仿真调试方法。在此基础上,对常用的单片机外围电路,如显示、实时时钟、常用传感器的接口设计进行介绍,并提供编程思路和具体实现,最终构建完整的环境温湿度采集系统。

第 6 章　基于 littleVGL 的 UI 设计。本章介绍如何利用 littleVGL 开源图形库,创建一个嵌入式 GUI。从认识 littleVGL→开发环境搭建→工程创建→常用控件→定制图标的实现→模拟器环境下的编译、运行→STM32 移植,一步步实现基于 littleVGL 的温湿度采集系统的 UI 设计。

第 7 章 STM32F103x 实现 FFT 和 FIR。本章针对工程中经常遇到的噪声问题，引入数字信号处理的方法，介绍使用 MATLAB 实现噪声信号的频谱分析和数字滤波，以及基于 STM32F103x 单片机编程的实现方法。

第 8 章 基于 STM32 的电子称重系统。本章通过实际案例介绍基于 STM32 的嵌入式应用系统设计，包括系统结构、各模块硬件电路设计、代码实现和实测结果，给出一个完整的单片机应用案例。

第 9 章 基于物联网云平台的家庭语音控制器系统。本章首先介绍借助天猫精灵的语音识别功能，使用语音向在巴法云平台注册的终端设备发布指令，实现对终端设备的语音控制。然后介绍基于 ESP8266 通信模块的数据传输协议搭建测试环境，配置 ESP8266，建立与云平台的 TCP 连接，进入透传状态，并向云平台传递数据，完成接入协议的测试等，为后续单片机编程实现数据的云平台传输奠定基础，同时为其他的云平台应用提供有益的参考。

第 10 章 集成开发环境。本章介绍单片机集成开发环境的安装、代码的编辑与调试方法及相关工具的使用，并对 MDK 下 C 语言基础进行较为系统的介绍。

书中提供了大量的工程案例，例程中部分底层代码借鉴了正点原子公司提供的代码。基于 littleVGL 的 UI 设计部分，工程模板文件也来自正点原子公司的 littleVGL 例程，在此表示感谢。

为了学好本书内容，建议学习者按以下顺序由浅入深完成学习过程：

（1）第 10 章，复习 C 语言并了解单片机开发环境；

（2）第 1、2、3、5 章，入门阶段，初步了解单片机应用系统的开发和仿真过程。

（3）第 4 章，掌握一种快速构建单片机工程文件的方法，需要有一定的单片机开发经验。

（4）第 6、7、8、9 章，依据单片机所涉及的不同应用领域，有选择地进行学习。

本书可作为高等院校电子、通信、自动化、物联网、计算机等专业单片机应用类课程的教材，也可供从事单片机应用系统开发的工程技术人员参考。

本书由姜余祥、杨萍、刘佳编著。其中，第 1、2、3、4、5 章由姜余祥编写，第 6、7 章由杨萍编写，第 8、9、10 章由刘佳编写。刘明、余梦桓、谢华亮同学对本书所提供的工程案例中的程序进行了调试和整理工作。

本书免费提供电子课件、程序代码等资源，可登录华信教育资源网（www.hxedu.com.cn），注册后免费下载。

本书在编写过程中，参考了近年来出版的书籍和资料，在此对书籍和资料的作者表示感谢，同时感谢电子工业出版社及凌毅编辑为本书出版所做的大量工作。最后尤其要感谢我的家人，是他们多年来的理解、帮助和支持，才使我完成本书的撰写工作。

由于目前单片机应用领域发展迅速，且作者的实际工作经验和水平有限，书中难免有错漏或不妥之处，恳请批评指正。

姜余祥

2024 年 6 月

目　　录

第1章　Cortex-M3 处理器·················· 1
1.1　概述····························· 1
1.2　处理器基本结构················· 2
　　1.2.1　内部功能单元············· 2
　　1.2.2　Cortex-M3 总线接口········ 4
　　1.2.3　存储器映射··············· 4
1.3　处理器基础····················· 6
　　1.3.1　流水线··················· 6
　　1.3.2　异常与中断··············· 7
　　1.3.3　寄存器组················· 9
　　1.3.4　复位···················· 10
1.4　习题·························· 10
第2章　STM32F103x 单片机············ 11
2.1　产品概述····················· 11
2.2　存储器和总线构架············· 14
　　2.2.1　系统构架··············· 14
　　2.2.2　片内外设寄存器地址映射··· 15
2.3　启动模式····················· 16
2.4　复位与时钟控制··············· 17
　　2.4.1　复位控制··············· 17
　　2.4.2　时钟控制··············· 18
2.5　软件启动过程················· 20
　　2.5.1　RCC 寄存器描述·········· 20
　　2.5.2　启动代码··············· 23
2.6　通用和复用功能 I/O 接口
　　（GPIO 和 AFIO）··············· 25
　　2.6.1　GPIO 功能描述··········· 26
　　2.6.2　GPIO 寄存器描述········· 26
　　2.6.3　AFIO 及调试配置········· 28
　　2.6.4　基于寄存器描述的 GPIO 编程··· 31
　　2.6.5　基于库函数的 GPIO 编程··· 33

　　2.6.6　I/O 引脚按位输出高、低电平
　　　　　 的 3 种方法············· 37
2.7　习题·························· 37
第3章　基于标准库的软件编程········· 38
3.1　创建 Template_Demo 工程········ 38
　　3.1.1　新建工程文件··········· 39
　　3.1.2　复制官方标准库中的源文件··· 41
　　3.1.3　在工程中添加工作组和.c 文件··· 42
　　3.1.4　添加.h 文件路径········· 44
　　3.1.5　在工程中添加 SYSTEM 组··· 44
　　3.1.6　配置编译环境··········· 46
　　3.1.7　编辑 main.c 文件········ 47
　　3.1.8　工程的编译············· 47
3.2　创建 Template_Print 工程········ 48
　　3.2.1　新建工程文件··········· 48
　　3.2.2　配置 Options for Target 窗口··· 49
　　3.2.3　模拟仿真··············· 50
3.3　GPIO························· 51
　　3.3.1　HARDWARE 文件夹······· 51
　　3.3.2　GPIO 初始化············ 52
　　3.3.3　编写代码··············· 53
　　3.3.4　仿真设置··············· 53
　　3.3.5　模拟仿真··············· 54
3.4　定时器/计数器················· 55
　　3.4.1　STM32 通用定时器简介···· 55
　　3.4.2　通用定时器的寄存器······ 56
　　3.4.3　定时器 TIM3 编程········ 63
　　3.4.4　模拟仿真··············· 65
3.5　通用同步/异步收发器（USART）··· 66
　　3.5.1　USART 简介············· 66
　　3.5.2　USART 寄存器··········· 70
　　3.5.3　USART1 编程············ 74

3.5.4　USART1 代码的仿真调试‥‥‥‥ 78
3.5.5　USART2 编程‥‥‥‥‥‥‥‥ 82
3.6　模数转换器（ADC）‥‥‥‥‥‥‥ 86
3.6.1　ADC 功能简介‥‥‥‥‥‥‥ 86
3.6.2　ADC 寄存器描述‥‥‥‥‥‥ 87
3.6.3　ADC 编程‥‥‥‥‥‥‥‥‥ 93
3.6.4　ADC 代码的仿真调试‥‥‥‥ 95
3.7　PWM‥‥‥‥‥‥‥‥‥‥‥‥‥‥ 97
3.7.1　PWM 功能简介‥‥‥‥‥‥‥ 97
3.7.2　PWM 寄存器描述‥‥‥‥‥‥ 99
3.7.3　PWM 编程‥‥‥‥‥‥‥‥‥ 99
3.7.4　输出 4 路 PWM 信号‥‥‥‥ 101
3.8　习题‥‥‥‥‥‥‥‥‥‥‥‥‥‥ 102

第 4 章　STM32CubeMX 环境编程‥‥‥ 103
4.1　安装 STM32CubeMX 环境‥‥‥‥ 103
4.1.1　安装 JRE‥‥‥‥‥‥‥‥‥ 103
4.1.2　安装 STM32CubeMX‥‥‥‥ 103
4.1.3　安装 HAL 库‥‥‥‥‥‥‥‥ 104
4.2　新建 DEMO_LED 工程‥‥‥‥‥‥ 104
4.2.1　选择 MCU 型号‥‥‥‥‥‥ 105
4.2.2　资源配置‥‥‥‥‥‥‥‥‥ 106
4.2.3　Project Manager 选项卡‥‥‥ 107
4.2.4　生成工程文件‥‥‥‥‥‥‥ 108
4.2.5　编辑 DEMO_LED 工程文件‥ 109
4.2.6　仿真运行 DEMO_LED 工程文件‥ 111
4.2.7　SysTick（滴答）定时器‥‥ 112
4.3　GPIO 的查询方式‥‥‥‥‥‥‥‥ 113
4.3.1　创建 KEY 工程文件‥‥‥‥ 113
4.3.2　编辑 KEY 工程文件‥‥‥‥ 114
4.3.3　仿真运行 KEY 工程文件‥‥ 115
4.4　GPIO 的中断方式‥‥‥‥‥‥‥‥ 116
4.4.1　创建 KEY(EX7)工程文件‥‥ 116
4.4.2　STM32 的中断处理机制‥‥‥ 118
4.4.3　编辑 KEY(EX7)工程文件‥‥ 118
4.4.4　仿真运行 KEY(EX7)工程文件‥ 120
4.5　定时器 TIM3‥‥‥‥‥‥‥‥‥‥ 120
4.5.1　创建 TIM3 工程文件‥‥‥‥ 120
4.5.2　编辑 TIM3 工程文件‥‥‥‥ 122
4.5.3　仿真运行 TIM3 工程文件‥‥‥ 124

4.6　异步串行通信‥‥‥‥‥‥‥‥‥ 124
4.6.1　创建 USART1 工程文件‥‥‥ 124
4.6.2　USART1 工程文件关键函数‥ 125
4.6.3　构建 printf 函数‥‥‥‥‥‥ 127
4.6.4　查询接收数据‥‥‥‥‥‥‥ 128
4.6.5　中断发送数据‥‥‥‥‥‥‥ 128
4.6.6　中断接收数据‥‥‥‥‥‥‥ 129
4.7　A/D 转换‥‥‥‥‥‥‥‥‥‥‥ 130
4.7.1　创建 A/D 转换工程文件‥‥‥ 130
4.7.2　A/D 转换工程文件关键代码‥ 131
4.7.3　编写 A/D 转换采集代码‥‥‥ 131
4.7.4　仿真运行 A/D 转换工程文件‥ 132
4.8　习题‥‥‥‥‥‥‥‥‥‥‥‥‥ 133

第 5 章　Proteus 应用范例‥‥‥‥‥‥‥ 134
5.1　LED‥‥‥‥‥‥‥‥‥‥‥‥‥‥ 134
5.1.1　GPIO 的输出控制编程‥‥‥ 135
5.1.2　LED 电路原理图‥‥‥‥‥‥ 136
5.1.3　Proteus 基本操作‥‥‥‥‥‥ 136
5.2　KEY‥‥‥‥‥‥‥‥‥‥‥‥‥‥ 139
5.2.1　GPIO 的输入检测编程‥‥‥ 139
5.2.2　KEY 电路原理图‥‥‥‥‥‥ 140
5.2.3　仿真操作步骤‥‥‥‥‥‥‥ 140
5.3　EXTI(KEY)‥‥‥‥‥‥‥‥‥‥‥ 141
5.3.1　GPIO 的中断编程‥‥‥‥‥‥ 141
5.3.2　EXTI(KEY)电路原理图‥‥‥ 142
5.3.3　仿真操作步骤‥‥‥‥‥‥‥ 143
5.4　TIM3(LED)‥‥‥‥‥‥‥‥‥‥‥ 143
5.4.1　TIM3(LED)的中断编程‥‥‥ 143
5.4.2　TIM3(LED)电路原理图‥‥‥ 144
5.4.3　仿真操作步骤‥‥‥‥‥‥‥ 144
5.5　USART1 通信‥‥‥‥‥‥‥‥‥‥ 144
5.5.1　USART1 通信的应用编程‥‥ 145
5.5.2　USART1 通信电路原理图‥‥ 145
5.5.3　仿真操作步骤‥‥‥‥‥‥‥ 146
5.6　USART1 控制‥‥‥‥‥‥‥‥‥‥ 148
5.6.1　串口通信协议‥‥‥‥‥‥‥ 148
5.6.2　串口命令的应用编程‥‥‥‥ 149
5.6.3　串口控制驱动电路原理图‥‥ 150
5.6.4　仿真操作步骤‥‥‥‥‥‥‥ 151

5.7 ADC ·· 152
  5.7.1 ADC1（通道 1）数据采集
      编程 ······································ 152
  5.7.2 ADC 采集电路原理图 ······· 153
  5.7.3 仿真操作步骤 ··················· 154
5.8 I²C 总线 ····································· 155
  5.8.1 GPIO 模拟 I²C 总线时序 ··· 155
  5.8.2 AT24C02 的读写编程 ········ 159
  5.8.3 I²C 电路原理图 ················ 161
  5.8.4 仿真操作步骤 ··················· 161
5.9 7 段数码管显示电路 ··············· 162
  5.9.1 数码管结构概述 ··············· 162
  5.9.2 按键控制数码管 ··············· 163
  5.9.3 串口控制数码管 ··············· 165
  5.9.4 数码管静态显示 ··············· 166
  5.9.5 数码管动态显示 ··············· 169
5.10 LCD1602 ·································· 170
  5.10.1 LCD1602 简介 ··············· 170
  5.10.2 编程实现指令集 ············· 172
  5.10.3 LCD1602 电路连接图 ····· 173
  5.10.4 仿真操作步骤 ················· 174
5.11 LCD12864 ································ 174
  5.11.1 LCD12864 简介 ············· 174
  5.11.2 定义字模数组 ················· 175
  5.11.3 LCD12864 电路连接图 ··· 178
  5.11.4 编程实现 LCD12864 指令集 ···· 178
  5.11.5 仿真操作步骤 ················· 179
5.12 DS1302 ···································· 180
  5.12.1 DS1302 电路连接图 ······· 180
  5.12.2 DS1302 编程 ················· 180
  5.12.3 仿真操作步骤 ················· 181
5.13 DS18B20 ································· 181
  5.13.1 DS18B20 电路连接图 ····· 182
  5.13.2 DS18B20 编程 ··············· 182
  5.13.3 仿真操作步骤 ················· 183
5.14 DHT11 ···································· 184
  5.14.1 DHT11 电路连接图 ········ 184
  5.14.2 DHT11 编程 ··················· 184
  5.14.3 仿真操作步骤 ················· 185

5.15 环境温湿度采集系统 ·············· 185
  5.15.1 设计需求 ······················ 186
  5.15.2 创建工程模板 ················· 186
  5.15.3 添加光照传感器 APDS-9002 ···· 188
  5.15.4 添加日历时钟 DS1302 ······ 189
  5.15.5 添加温湿度传感器 DHT11 ···· 189
  5.15.6 环境温湿度采集系统集成 ··· 190
5.16 习题 ······································· 192
第 6 章 基于 littleVGL 的 UI 设计 ···· 193
6.1 简介 ·· 193
6.2 littleVGL 开发环境 ················· 194
  6.2.1 常规配置项 ····················· 194
  6.2.2 在工程中添加文件 ············ 195
  6.2.3 编辑文件 ························· 196
  6.2.4 编译运行 ························· 197
6.3 littleVGL 的 "Hello world!" ···· 198
  6.3.1 在工程中添加文件 ············ 198
  6.3.2 编辑文件 ························· 198
  6.3.3 编译运行 ························· 199
6.4 常用控件 ································· 200
  6.4.1 编辑文件（页面设计） ······ 200
  6.4.2 编译运行 ························· 202
6.5 字体和图片 ····························· 202
  6.5.1 UTF-8 编码 ····················· 202
  6.5.2 图标字体 ························· 203
  6.5.3 获得字体字库文件 ············ 204
  6.5.4 图片格式文件转换为 C 语言
     数组格式文件 ··············· 206
  6.5.5 编辑文件（显示汉字和定制
     图标） ························ 207
  6.5.6 编译运行 ························· 209
6.6 定时器与回调函数 ··················· 209
  6.6.1 编辑文件 ························· 209
  6.6.2 编译运行 ························· 213
6.7 基于 littleVGL 的温湿度采集系统 ···· 213
  6.7.1 编辑文件 ························· 213
  6.7.2 编译运行 ························· 215
6.8 littleVGL 例程的移植 ·············· 215
  6.8.1 在 STM32 上运行 littleVGL
     例程 ··························· 215

6.8.2 在 STM32 上运行 lvgl_routine6… 218

6.9 习题…221

第7章 STM32F103x 实现 FFT 和 FIR…222

7.1 MATLAB 常用函数…222

7.1.1 MATLAB 绘制曲线波形…222

7.1.2 数组操作…225

7.2 MATLAB 的串口使用…225

7.2.1 Instrument Control Toolbox
工具箱…226

7.2.2 基于命令行配置串口…228

7.2.3 常用操作命令…229

7.3 MATLAB 实现 FFT…229

7.3.1 两个单频合成信号的幅频
特性…229

7.3.2 两个单频＋随机合成信号
的幅频特性…231

7.4 使用 STM32F103x 实现 FFT…232

7.4.1 设计描述…232

7.4.2 资源文件…233

7.4.3 main.c 关键函数…233

7.4.4 运行结果…234

7.4.5 MATLAB 数据分析…236

7.5 使用 MATLAB 设计数字滤波器…239

7.5.1 有限冲激响应（FIR）滤波器
设计…239

7.5.2 低通滤波器验证…240

7.6 Keil 5 自带 FIR 例程…242

7.6.1 设计描述…243

7.6.2 FIR 例程关键代码…244

7.6.3 MATLAB 代码验证…245

7.6.4 生成 Keil 5 自带例程滤波器
系数.h 文件…247

7.7 使用 STM32F103x 实现 FIR…248

7.7.1 复制文件…248

7.7.2 完善 main.c 文件内容…248

7.7.3 配置编译环境…249

7.7.4 运行结果对比…249

7.8 习题…250

第8章 基于 STM32 的电子称重系统…251

8.1 系统概述…251

8.2 系统主要模块介绍…251

8.2.1 单片机最小系统…251

8.2.2 称重模块…252

8.2.3 语音模块…254

8.2.4 LCD 显示模块…256

8.2.5 键盘模块…257

8.2.6 报警电路…260

8.3 仿真器下载程序…261

8.3.1 通过 ST-Link 方式下载…261

8.3.2 操作流程…261

8.4 实测结果…264

8.5 习题…264

**第9章 基于物联网云平台的家庭语音
控制器系统…265**

9.1 系统概述…265

9.1.1 系统组成…265

9.1.2 终端设备…266

9.1.3 设计任务…266

9.2 巴法云平台…266

9.2.1 配置巴法云平台…267

9.2.2 巴法云平台接入协议…268

9.2.3 巴法云平台接入协议
测试环境…270

9.3 天猫精灵接入巴法云平台实现
语音控制终端设备…272

9.3.1 接入设备主题命名规范…272

9.3.2 同步到天猫精灵 APP…272

9.3.3 天猫精灵 APP 我家…272

9.4 WiFi 无线模块 ESP8266…274

9.4.1 概述…274

9.4.2 AT 指令集…276

9.4.3 配置 ESP8266 模块进入
透传状态…277

9.4.4 测试接入协议…278

9.4.5 ESP8266 模块退出透传状态…279

9.4.6 ESP8266 模块使用串口调试
助手连接巴法云平台流程…279

9.5 习题…281

第10章 集成开发环境…282

10.1 安装 Keil 5…282

10.2 编辑模式·······························283
    10.2.1 Options for Target 窗口··········283
    10.2.2 调试器·····························285
    10.2.3 Manage Project Items 窗口······287
    10.2.4 设置编码类型·····················287
    10.2.5 工程的编译·······················287
10.3 调试模式·······························288
    10.3.1 常用调试信息交互窗口·········288
    10.3.2 常用 Debug 命令··················290
    10.3.3 自定义函数 hello word··········291
    10.3.4 定义函数输出数组内容··········292
    10.3.5 定义信号函数模拟一次
           按键动作·····················293

10.3.6 定义信号函数模拟方波·········294
10.3.7 定义信号函数模拟锯齿波······294
10.3.8 定义信号函数模拟正弦波······295
10.4 MDK 下 C 语言基础··················296
    10.4.1 数据类型·························296
    10.4.2 运算符····························297
    10.4.3 位操作····························297
    10.4.4 宏定义····························298
    10.4.5 常用保留字·······················299
    10.4.6 字符串操作·······················300
    10.4.7 格式化输出函数 printf·········301
    10.4.8 回调函数·························304
参考文献·····································307

第 1 章　Cortex-M3 处理器

2006 年 ARM 公司推出了基于 ARMv7 架构的 Cortex 系列处理器（包含 A、R、M 三个分工明确的系列），以满足各种技术的不同性能要求。其中，Cortex-M 系列处理器主要面向实时控制系统及低成本、低功耗、极速中断反应的嵌入式设备，主要应用在汽车、智能卡、智能设备、传感器融合、可穿戴设备等领域。

1.1　概　　述

Cortex-M3 处理器是一款高性能、低成本和低功耗的 32 位 RISC 处理器，在 Cortex-M 系列处理器基础上发展而来。

1. 处理器特性

① 采用哈佛结构（Harvard Architecture），拥有独立的指令总线和数据总线，总线宽度均为 32 条，指令总线和数据总线共享同一个存储器空间，存储器空间的寻址范围为 4GB，含有 3 级流水线。

② 支持 Thumb-2 指令集。

③ 支持 32 位硬件乘法和除法运算。

④ 内嵌向量中断控制器（Nested Vectored Interrupt Controller，NVIC）。

⑤ 预先定义了统一的存储器映射，存储器的访问支持小端模式和大端模式。

⑥ 支持"位带"，如果片内外设所含寄存器位于位带区，则可以通过对位带别名区的访问简化对寄存器位的操作。

⑦ 内部有若干个总线接口，以使 Cortex-M3 处理器能同时寻址和访问内存。

⑧ 基于 CoreSight 架构的调试系统，支持 JTAG（Joint Test Action Group）和 SWD（Serial Wire Debug）调试模式。

⑨ 支持低功耗模式。

2. Cortex-M3 指令集

Cortex-M3 处理器使用 Thumb2 指令集。Thumb2 是 16 位 Thumb 指令集的一个超集，在 Thumb2 指令集中，16 位指令首次与 32 位指令并存，丰富了在 Thumb 状态下可以做的工作，完成同样工作需要的指令周期数明显下降。与传统的 Thumb 指令相比，Thumb2 省去了状态切换的额外开销，节省了执行时间和指令空间，不再需要把源代码文件（源文件）分成按 ARM 编译和按 Thumb 编译，极大减轻了软件开发的管理成本。

本书中的例程均使用 ST 公司针对 STM32F103x 系列芯片提供的库函数构建工程文件。工程文件中只有启动文件使用汇编语言编写（按照选用器件内部 Flash 存储器容量不同，需要选择对应的启动文件，如中密度容量的启动文件，标准库中使用 startup_stm32f10x_md.s 文件，HAL 库中使用 startup_stm32f103x6.s 文件），工程文件中的其他文件均采用 C 语言来编写，使用 Keil μVision5（简称 Keil 5）集成开发环境。

1.2 处理器基本结构

Cortex-M3 处理器是基于 ARMv7 架构的 32 位处理器，主要包含 Cortex-M3 内核、内嵌向量中断控制器（NVIC）、总线矩阵、调试接口、存储器保护单元（MPU）与跟踪单元等。Cortex-M3 处理器的基本结构如图 1.1 所示。

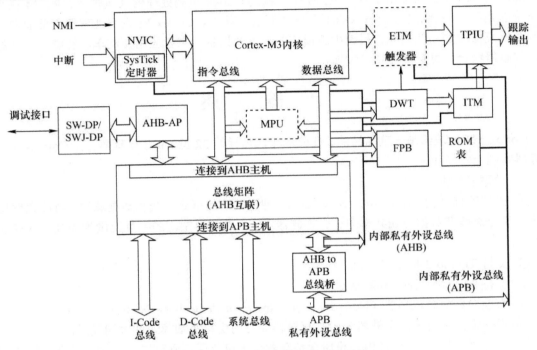

图 1.1 Cortex-M3 处理器的基本结构

1.2.1 内部功能单元

Cortex-M3 处理器是以一个处理器子系统呈现的，其内核与 NVIC 等一系列功能模块具有亲密耦合关系。

1. Cortex-M3 内核

Cortex-M3 内核是 Cortex-M3 处理器的中央处理单元（Central Processing Unit，CPU），包含预取指单元、指令解码器、算术逻辑单元（Arithmetic and Logic Unit，ALU）和寄存器组。

2. NVIC

内嵌向量中断控制器（NVIC）是一个在 Cortex-M3 处理器中内建的中断控制器。中断的具体路数由芯片厂商定义。NVIC 是与 CPU 紧耦合的，它还包含若干个系统控制寄存器。NVIC 支持中断嵌套、中断向量、动态优先级调整、中断延时缩短、中断可屏蔽等功能。

① 中断嵌套。可嵌套的中断源覆盖了所有的外部中断和绝大多数系统异常，这些中断源都可以被赋予不同优先级。一个中断源提出中断申请时，硬件会自动比较该中断源的优先级，当该中断源的优先级高于当前处理事件的优先级时，处理器就会中断当前事件服务例程，响应新来的中断源申请。

② 中断向量。当开始响应一个中断后，Cortex-M3 处理器会在中断向量表获取中断服务程

序（Interrupt Service Routine，ISR）的入口地址，然后跳转过去执行 ISR。在 STM32F103x 系列芯片中，部分 GPIO 中断源公用一个中断向量，需要在 ISR 中再次由软件来过滤触发中断事件的中断源。

③ 动态优先级调整。软件可以在运行时更改中断的优先级。

④ 中断延时缩短。Cortex-M3 处理器为了缩短中断响应延时，引入了自动现场保护和恢复等措施，用于缩短中断嵌套时 ISR 间的延时。

⑤ 中断可屏蔽。Cortex-M3 处理器可灵活地允许或禁止中断源申请。

3．SysTick 定时器

SysTick（系统滴答）定时器是一个倒计时定时器，是作为 NVIC 的一部分实现的，用于每隔一定时间产生一个中断，即使系统在睡眠模式下也能工作。

4．MPU

存储器保护单元（Memory Protection Unit，MPU）用于把存储器分成一些区域，并保护指定内存区域不被意外访问、执行或改写，以防止用户程序代码或关键数据被修改。在 STM32F103x 系列芯片中，该功能被弱化。

5．SW-DP/SWJ-DP

串行线调试端口（SW-DP）/串口（串行通信接口）线 JTAG 调试端口（SWJ-DP）都与 AHB 访问端口（AHB-AP）协同工作，以使外部调试器可以发起 AHB 上的数据传送，从而执行调试活动。Cortex-M3 内核里没有 JTAG 扫描链，大多数调试功能都是通过在 NVIC 控制下的 AHB 访问来实现的。SWJ-DP 支持串行协议和 JTAG 协议，SW-DP 只支持串行协议。

AHB-AP 是 AHB 访问端口，通过少量的寄存器，提供了对全部 Cortex-M3 存储器的访问功能。该功能模块由 SW-DP/SWJ-DP 通过一个通用调试接口（DAP）来控制。当外部调试器需要执行动作时，就要通过 SW-DP/SWJ-DP 来访问 AHB-AP，从而产生所需的 AHB 数据传送。

6．跟踪单元

跟踪单元主要包含嵌入式跟踪单元（ETM）、数据观察点及跟踪单元（DWT）、指令跟踪单元（ITM）和跟踪端口的接口单元（TPIU），主要用于提升指令的跟踪能力及断点数据的获取。图 1.1 中的跟踪单元都用于调试，通常不会在应用程序中使用它们。

7．FPB

FPB 提供 Flash 存储器地址重载和断点功能。Flash 存储器地址重载是指当 CPU 访问的某条指令匹配到一个特定 Flash 存储器地址时，将把该地址重映射到 SRAM 中指定位置。此外，匹配的地址还能用来触发断点事件。

8．ROM 表

ROM 表提供了存储器映射信息，这些信息包括多种系统设备和调试模块。当调试系统定位各调试模块时，它需要找出相关寄存器在存储器的地址，这些信息由此表给出。

9．总线矩阵

总线矩阵（Bus Matrix）是 Cortex-M3 内部总线系统的核心。它是一个 AHB 互联的网络，通过它可以让数据在不同的总线之间并行传送。总线矩阵还提供了附加的数据传送管理功能，包括非对齐访问、写缓冲及一个按位操作等。

10．AHB to APB 总线桥

总线桥用于把若干个 APB 设备连接到 Cortex-M3 处理器的私有外设总线上。Cortex-M3 处理器允许芯片厂商把附加的 APB 设备挂在 APB 总线上，并通过 APB 总线接入外部私有外设总线。

1.2.2 Cortex-M3 总线接口

图 1.1 中的总线矩阵提供外部总线接口，总线上的数据传输均满足 AHB-Lite 和 APB 总线协议。

1. 指令总线

有两条指令总线负责对代码存储区（0x0000_0000~0x1FFF_FFFF）的访问，分别是 I-Code 总线和 D-Code 总线。

（1）I-Code 总线负责在预取指操作期间传递指令代码。总线宽度为 32 位，一次可以传递两条 16 位的 Thumb 指令代码。

（2）D-Code 总线负责在查表等操作期间传递表格数据。总线宽度为 32 位，一次可以传递 4 字节数据。

2. 系统总线

系统总线负责传送在 0x2000_0000~0xDFFF_FFFF 和 0xE010_0000~0xFFFF_FFFF 地址范围内的所有数据，含预取指令、数据访问和在线调试。

3. 私有外设总线

私有外设总线是一条基于 APB 总线协议的 32 位总线，此总线负责访问私有外设的地址范围为 0xE004_0000~0xE00F_FFFF。但是，由于此 APB 存储空间的一部分已经被 TPIU、ETM 及 ROM 表用掉，就只留下了 0xE004_2000~E00F_F000 这个区间用于配接附加的（私有）外设。如图 1.2 所示为私有外设总线与外设一个典型的连接实例。

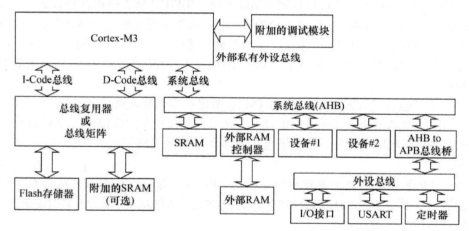

图 1.2　私有外设总线连接外设

图 1.2 中，总线矩阵、AHB to APB 总线桥、I/O 接口、定时器及 USART 等，都可以从 ARM 和其他 IP 供应商处取得。不同的 Cortex-M3 处理器，其片内外设也不同，因此在使用时还需要参考厂家提供的芯片参考手册。

1.2.3 存储器映射

Cortex-M3 处理器采用单一固定的存储器映射，NVIC 和 MPU 都在相同位置布设寄存器，使得它们与具体器件无关，从而方便代码在各种不同型号的 Cortex-M3 处理器间移植。Cortex-M3 处理器的系统总线中地址总线宽度为 32 位，支持 4GB 地址空间，每个地址单元可存储 1 字节的数据。

1. 存储器的地址映射

Cortex-M3 存储器映射如图 1.3 所示。程序可以在代码区、内部 SRAM 和外部 RAM 中运行。由于指令总线与数据总线是分开的，最理想的是将程序放到代码区，便于预取指和数据访问使用各自的总线。

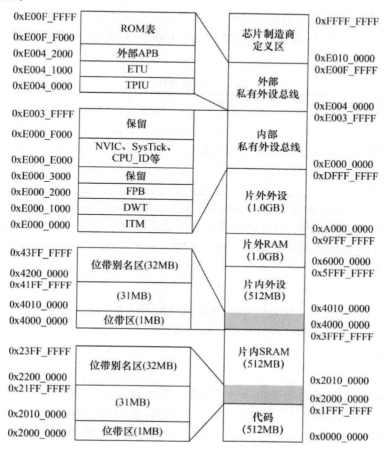

图 1.3　Cortex-M3 存储器映射

① 片内 SRAM 区。图 1.3 中，片内 SRAM 区的大小是 512MB，用于让芯片制造商连接片内 SRAM，该区通过系统总线来访问。在这个区的下部是一个 1MB 的位带区（Bit Band Region），容纳了 8M 位的"位变量"。该位带区还有一个对应的 32MB 的位带别名（Bit Band Alias）区，位带别名区里的每个字对应位带区的 1 位。位带操作只适用于数据访问，不适用于取指。通过位带的功能，可以把多个布尔型数据打包在单一的字中，依然可以从位带别名区中像访问普通内存一样使用它们。

② 片内外设区。用于为片内外设的内部寄存器分配地址。该区中也有 32MB 的位带别名区，以便于快捷地访问片内外设的寄存器。例如，可以方便地访问各种控制位和状态位。

图 1.3 的存储器映射只是一个粗线条的模板，厂家会提供更展开的图示来表明芯片中片内外设的具体分布、RAM 与 ROM 的容量和位置信息等。

2. 存储端模式

Cortex-M3 处理器的存储器访问指令支持以下数据类型：字（32 位）、半字（16 位）和字节（8 位）。

在 4GB 地址空间范围内，每个地址单元存储 1 字节，内存单元地址号从零开始按升序排列。一个字由 4 字节组成，存储一个字需要占用 4 个连续存储单元。存放于地址 A 的一个字分别存放于地址 A、A+1、A+2、A+3 这 4 字节中。一个字在其占用的 4 个连续存储单元中的存储顺序依照存储端模式，可分为小端模式（Little endians）和大端模式（Big endians）两种。

【例 1.1】一个以十六进制数格式表示的字型数据 0x12345678，该数据的长度为 32 位，需要占用 4 个连续存储单元。当将该数据存储于 0x20100050 单元中时，其数据在内存单元中的存储格式见表 1.1。

表 1.1　存储端模式

存储单元地址	小端模式	大端模式
0x2010_0053	0x12	0x78
0x2010_0052	0x34	0x56
0x2010_0051	0x56	0x34
0x2010_0050	0x78	0x12

注：为了便于阅读，"存储单元地址"栏中将地址 0x20100050 书写为 0x2010_0050，全书同。

表 1.1 描述了小端模式的字型数据存储格式为数据的低位字节存于低端地址号的存储单元中，高位字节存于高端地址号的存储单元中。在绝大多数情况下，Cortex-M3 处理器在访问存储器时都使用小端模式。

1.3　处理器基础

1.3.1　流水线

流水线（Pipeline）技术是指在程序执行时多条指令重叠进行操作的一种准并行处理实现技术，是应用于 RISC 处理器执行指令的机制。Cortex-M3 处理器使用一个 3 级流水线，分别是取指（Fetch）、解码（Decode）和执行（Execute），流水线上指令执行顺序如图 1.4 所示。

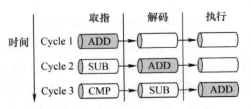

图 1.4　3 级流水线上指令执行顺序

早期的处理器是顺序执行这 3 个阶段来完成指令的执行过程的。当引入了流水线技术后，以 3 条流水线为例，每条流水线仅负责完成取指、解码和执行 3 个阶段中的一个环节，将指令 3 个阶段顺序操作转为在 3 条流水线上并行操作。

【例 1.2】图 1.4 说明了流水线使用的一个简单例子，该例中处理器需要顺序执行 3 条汇编指令：ADD、SUB、CMP。

图 1.4 所示基于流水线的指令执行过程中，将一条指令执行过程分解为取指、解码和执行 3 部分，使用 3 条流水线，每条流水线各自负责完成其中一部分，并将处理结果移送到下一条流水线。一条流水线完成其中一部分工作所需的时间称为一个时间周期（Cycle）。

在一个时间周期内，3 条流水线同时完成自己所承担的任务。当处理器开始执行指令过程后，在每个时间周期内，各流水线所承担的任务如下。

Cycle1：流水线 1 完成取指（ADD）。

Cycle2：流水线 1 完成取指（SUB），流水线 2 完成解码（ADD）。

Cycle3：流水线 1 完成取指（CMP），流水线 2 完成解码（SUB），流水线 3 完成指令（ADD）的执行。

在接下来的时间周期内，各流水线的任务如下。

Cycle4：流水线 1 完成取指（CMP 指令后需要执行的第 1 条指令），流水线 2 完成解码（CMP），流水线 3 完成指令（SUB）的执行。

Cycle5：流水线 1 完成取指（CMP 指令后需要执行的第 2 条指令），流水线 2 完成解码（CMP 指令后需要执行的第 1 条指令），流水线 3 完成指令（CMP）的执行。

由上述分析可知，利用流水线技术，在每个时间周期内处理器都在不同的流水线上同时处理取指、解码和执行 3 部分，因此极大提高了单位时间内执行指令的数量。

在使用 C 语言编写代码过程中，使用顺序结构可以提升流水线的利用率；对于分支结构及异常/中断服务程序，流水线技术所带来的问题及相应解决办法可参考相关书籍。

1.3.2　异常与中断

Cortex-M3 处理器支持大量的异常与中断，包括 11 个系统异常和多达 240 个外部中断。外部中断源由芯片制造商定义。

由片内外设产生的中断信号，除 SysTick 定时器中断外，全都连接到 NVIC 的中断输入信号线。在典型情况下，处理器一般支持 16~32 个中断。作为中断功能的强化，NVIC 还有一条 NMI（不可屏蔽中断）输入信号线。在多数情况下，NMI 会被连接到一个看门狗定时器，有时也会连接到电压监视功能模块，以便在电压掉至危险级别后警告处理器。NMI 可以在任何时间被激活，甚至是在处理器刚刚复位之后。

表 1.2 列出了 Cortex-M3 处理器可以支持的所有异常与中断。有一定数量的系统异常用于故障（Fault）处理，它们可以由多种错误条件引发。NVIC 还提供了一些故障状态寄存器，以便在故障服务子程序中找出导致异常的具体原因。

表 1.2　Cortex-M3 处理器支持的异常与中断

编号	向量表偏移地址	类型	优先级
0	0x00	主堆栈指针（Main Stack Pointer，MSP）的初始值	
1	0x04	复位	−3
2	0x08	NMI（不可屏蔽中断，来自外部 NMI 输入引脚）	−2
3	0x0C	硬件错误异常	−1
4	0x10	MemManage，存储器管理异常	可编程
5	0x14	总线操作异常	可编程
6	0x18	指令异常	可编程
7~10	0x1C~0x28	保留	
11	0x2C	SVC，请求进入超级用户模式	可编程
12	0x30	调试监视器	可编程

编号	向量表偏移地址	类型	优先级
13	0x34	保留	可编程
14	0x38	PendSV, 可悬挂请求	可编程
15	0x3C	SysTick, 系统滴答定时器	可编程
16	0x40	IRQ #0, 外部中断	可编程
17~255	0x41~0x3FF	IRQ #1~#239	可编程

1. 向量表

当 Cortex-M3 内核接收到一个异常时，对应的异常向量就会执行。为了决定异常向量的入口地址，Cortex-M3 内核使用"向量表查表机制"。向量表其实是一个字型（32 位整数）数组，每个下标对应一种异常，该下标元素的值就是该异常向量的入口地址。向量表的存储位置是可以设置的，通过 NVIC 中的一个重定位寄存器来指出向量表的地址。在复位后，该寄存器的值为 0。因此，在地址 0 处必须包含一张向量表，用于初始时的异常分配。

如果发生了异常 11（SVC），则 NVIC 会计算出偏移地址是 11×4=0x2C，然后程序从 0x2C 取出 ISR 入口地址并跳入。

0 号异常的功能则是一个另类，它并不是入口地址，而是给出了复位后 MSP 的值。

2. 与中断有关的文件

（1）中断向量表

ST 公司针对 STM32F103x 系列芯片提供的库函数中的启动文件定义了中断向量表。

STM32F1 的启动过程指从 STM32 芯片上电复位执行的第一条指令开始，到执行用户编写的 main 函数这之间的过程。启动过程中主要完成 STM32 芯片初始化和即将运行 main 函数的一些准备工作，这些工作通过启动文件的程序来完成。启动文件（startup_stm32f10x_md.s）中的程序使用汇编语言编写。启动文件中定义有中断向量表，所定义的中断向量表内容如下：

```
61      __Vectors   DCD     __initial_sp        ; Top of Stack
62                  DCD     Reset_Handler       ; Reset Handler
63                  DCD     NMI_Handler         ; NMI Handler
64                  DCD     HardFault_Handler   ; Hard Fault Handler
65                  DCD     MemManage_Handler   ; MPU Fault Handler
66                  DCD     BusFault_Handler    ; Bus Fault Handler
67                  DCD     UsageFault_Handler  ; Usage Fault Handler
68                  DCD     0                   ; Reserved
69                  DCD     0                   ; Reserved
70                  DCD     0                   ; Reserved
71                  DCD     0                   ; Reserved
72                  DCD     SVC_Handler         ; SVCall Handler
73                  DCD     DebugMon_Handler    ; Debug Monitor Handler
74                  DCD     0                   ; Reserved
75                  DCD     PendSV_Handler      ; PendSV Handler
76                  DCD     SysTick_Handler     ; SysTick Handler
77
78                  ; External Interrupts
79                  DCD     WWDG_IRQHandler     ; Window Watchdog
...
116                 DCD     USART1_IRQHandler   ; USART1
117                 DCD     USART2_IRQHandler   ; USART2
```

118	DCD	USART3_IRQHandler	; USART3
119	DCD	EXTI15_10_IRQHandler	; EXTI Line 15..10
120	DCD	RTCAlarm_IRQHandler	; RTC Alarm through EXTI Line
121	DCD	USBWakeUp_IRQHandler	; USB Wakeup from suspend
122	__Vectors_End		

（2）ISR 函数

在启动文件中定义的中断向量表里已经声明了各个中断源的 ISR 名称，如启动文件中的第 116 行声明了 USART1 的 ISR 函数名称为 USART1_IRQHandler。每个中断源对应的 ISR 函数名称都可以在中断向量表中找到，不要自行修改中断向量表中定义的内容。ISR 函数实体可以在工程文件 stm32f1xx_it.c 中定义，如 SysTick_Handler 函数。ISR 函数实体也可以定义在其他的.c 文件中，如 USART1_IRQHandler 函数实体定义在 usart.c 文件中。

1.3.3 寄存器组

Cortex-M3 处理器拥有 R 寄存器组和特殊功能寄存器。R 寄存器组中，R0~R12 是通用寄存器，R13 是堆栈指针寄存器（简称堆栈指针），R14 是连接寄存器，R15 是程序计数寄存器（简称程序计数器）。特殊功能寄存器包含程序状态字寄存器组（PSRs）、中断屏蔽寄存器组（PRIMASK、FAULTMASK、BASEPRI）和控制寄存器（CONTROL）。

在启动文件（startup_stm32f10x_md.s）中使用 R 寄存器组中的 R0 传递函数入口地址：

61	__Vectors	DCD	__initial_sp	;Top of Stack
62		DCD	Reset_Handler	;CPU 复位入口地址
63-128	（略）			
129	Reset_Handler PROC			;定义复位后调用的子程序
130		EXPORT	Reset_Handler [WEAK]	
131	IMPORT	__main		;外部定义的 main 函数
132	IMPORT	SystemInit		
133		LDR	R0, =SystemInit	
134		BLX	R0	;跳转执行 SystemInit 函数，结束后返回
135		LDR	R0, =__main	
136		BX	R0	;跳转执行 main 函数，无返回
137		ENDP		

上述程序中，第 132 行声明外部定义的 SystemInit 函数，第 133 行获取 SystemInit 函数的入口地址，第 134 行跳转执行 SystemInit 函数，执行结束后返回，继续执行第 135 行程序。

SystemInit 函数定义在 system_stm32f10x.c 文件中：

| 212 | void SystemInit (void) |
| 213 | {...} |

使用汇编语言编写的启动文件中，用到的指令和伪指令注释如下。

Reset_Handler：汇编指令中的标号字段，其内容表示子程序代码在存储器中的首地址（复位异常向量）。

DCD：数据定义（Data Definition）伪指令。一般用于为特定的数据分配存储单元，同时可完成已分配存储单元的初始化。这里是将 Reset_Handler 子程序的内容存到指定的存储单元（复位异常入口），便于复位重启后 CPU 可以找到并运行 Reset_Handler 子程序。

PROC：定义子程序的伪指令，位置在子程序的开始处。

IMPORT：伪指令，用于通知编译器要使用的标号在其他的源文件中定义。

LDR：此处用途是伪指令，用于加载存储器中 SystemInit 函数代码的首地址。

BLX：汇编指令。跳转到 R0 给出的目的地址处并开始执行 SystemInit 函数，同时将返回地址存储到 R14，当 SystemInit 函数运行结束返回后，继续运行下一条汇编指令。

BL：汇编指令。跳转运行 main 函数后，就不返回汇编指令了，由 main 函数接管。

1.3.4　复位

1. 复位信号
基于 Cortex-M3 处理器的单片机系统对复位电路有特定的要求，芯片厂商会在芯片中布设复位信号发生器，实现复位信号的逻辑。

2. 复位序列
离开复位状态后，Cortex-M3 内核立即读取下列两个 32 位整数的值：从地址 0x0000_0000 处取出 MSP 的初始值，从地址 0x0000_0004 处取出 PC 的初始值。这个值是复位向量，LSB 必须是 1，用于表明这是在 Thumb 状态下执行的，然后从这个值所对应的地址处取指，过程如图 1.5 所示。

图 1.5　复位序列

需要注意的是，这与传统的 ARM 架构不同。传统的 ARM 架构总是从 0 地址开始执行第一条指令，它们的 0 地址处总是安排一条跳转指令。在 Cortex-M3 处理器中，0 地址处提供 MSP 的初始值，然后就是向量表（向量表在以后还可以被移至其他位置）。向量表中的数值是 32 位的中断服务程序入口地址，而不是跳转指令。使用汇编语言编写的启动文件中定义了复位后需要执行的 Reset_Handler 子程序，并将存储子程序代码的首地址也就是标号 Reset_Handler 的值，填写到向量表中的对应位置。

1.4　习　　题

1.1　简述嵌入式微处理器数据存储格式中大、小端模式的存储含义。
1.2　Cortex-M3 处理器主要由哪 5 部分组成？
1.3　写出 Cortex-M3 处理器两种调试接口的名称。
1.4　简述 R 寄存器组中 R13、R14、R15 的含义和作用。
1.5　中断向量表存储在哪个文件中？
1.6　写出 USART1 中断服务程序的名称。

第2章 STM32F103x单片机

微控制单元（Micro Control Unit，MCU），又称微控制器、单片微型计算机或单片机，是指将CPU、RAM、ROM、定时器/计数器和多种I/O接口（USB、A/D转换、USART、PLC、DMA、LCD驱动电路等）集成在一块芯片上，形成的芯片级计算机。

STM32单片机是ST公司专为高性能、低成本、低功耗的嵌入式应用领域设计的，以Cortex-M3处理器为核心，是一款功能比较强大的32位微控制器。

2.1 产品概述

STM32单片机分主流产品（STM32F0/1/3）、超低功耗产品（STM32L0/1/4/4+）、高性能产品（STM32F2/4/7、STM32H7）等。其中主流产品STM32F1系列在市面上流通的型号如下所述。

基本型：STM32F101R6、STM32F101C8、STM32F101R8、STM32F101V8、STM32F101RB、STM32F101VB。

增强型：STM32F103C8、STM32F103R8、STM32F103V8、STM32F103RB、STM32F103VB、STM32F103VE、STM32F103ZE，上述型号在书中统一简称为STM32F103x。

1. 命名规则

下面以STM32F103C8T6芯片为例介绍STM32单片机的命名规则，见表2.1。

表2.1 STM32F103C8T6命名规则

序号	字段	描述
1	STM32	STM32代表ARM Cortex-M3内核的32位微控制器
2	F	F代表芯片子系列
3	103	103代表增强型系列
4	C	引脚数，其中，T—36脚、C—48脚、R—64脚、V—100脚、Z—144脚、I—176脚
5	8	内嵌Flash存储器容量，其中6—32KB、8—64KB、B—128KB、C—256KB、D—384KB、E—512KB、G—1MB
6	T	封装，其中，H—BGA封装、T—LQFP封装、U—VFQFPN封装
7	6	工作温度范围，其中，6—-40~85℃、7—-40~105℃

2. 产品特性

STM32单片机的特性如下。

① ARM 32位Cortex-M3内核的最高工作频率为72MHz，1.25DMIPS/MHz，支持单周期乘法和硬件除法。

② 片内集成32~512KB的Flash存储器，6~64KB的SRAM，具有静态存储控制器接口和LCD并行接口。

③ 2.0~3.6V的电源供电和I/O接口驱动电压，具有上电复位（Power-On Reset，POR）、掉电复位（Power Down Reset，PDR）和可编程的电压探测器（Programmable Voltage Detector，PVD）。

④ 内嵌两个 RC 振荡电路，即出厂前分别校准到 8MHz（HSI 信号）和 40kHz（LSI 信号）的 RC 振荡电路。芯片可以分别外接 4~16MHz 的晶振，产生 HSE 信号；外接 32kHz 的晶振，产生 LSE 信号。HSE 或 HSI 信号可用于 CPU 时钟 PLL（锁相环）倍频后产生主频信号。

⑤ 3 种低功耗模式：休眠、停止和待机模式。VBAT 可为 RTC 和备份寄存器供电。

⑥ 调试模式：串行调试（SWD）接口和 JTAG 接口。

⑦ 最多 112 个快速 I/O 接口。根据型号不同，有 26、37、51、80 和 112 个 I/O 接口，所有接口都可以映射到 16 个外部中断向量。除了模拟输入，所有 I/O 接口可承受 5V 以内的输入。

⑧ 12 通道 DMA 控制器。支持的片内外设有定时器、ADC、DAC、SPI、I²C 和 USART。

⑨ 3 个 12 位的微秒（μs）级 ADC（16 通道）：A/D 测量范围为 0~3.3V，具有双采样和保持能力，片内集成一个温度传感器。2 通道 12 位 DAC：STM32F103ZET6 等内嵌大容量 Flash 存储器的型号独有。

⑩ 最多 11 个定时器：4 个 16 位通用定时器，每个定时器有 4 个 IC/OC/PWM 或脉冲计数器；2 个 16 位的 6 通道高级控制定时器，最多 6 个通道可用于 PWM 输出；2 个看门狗定时器（独立看门狗和窗口看门狗）；SysTick 定时器，是 1 个 24 位倒计数器；2 个 16 位基本定时器，用于驱动 DAC。

⑪ 最多 13 个通信接口：2 个 I²C 接口；5 个 USART 接口；3 个 SPI 接口（18Mb/s），其中两个和 I²S 复用；1 个 CAN 接口；1 个 USB 2.0 全速接口；1 个 SDIO 接口。

3．典型评估板

① 实物。正点原子 STM32 F1 精英板实物图和 STM32F103C8T6 核心板（PCB 板）如图 2.1 所示。精英板选用 STM32F103ZET6，MCU 芯片资源较完整，适合项目前期的开发和功能评估，后期也可方便地整合和移植到 STM32F103x 系列其他型号 MCU 硬件平台。

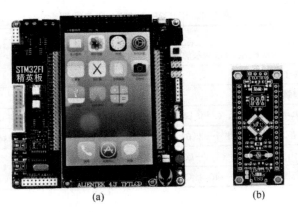

(a)　　　　　　　　　(b)

图 2.1　STM32F1 精英板和 STM32F103C8T6 核心板（PCB 板）

② STM32F103C8T6 核心板原理图如图 2.2 所示。从图中可以看到，该款芯片的 I/O 引脚较少，适合作为系统功能简单、对体积和功耗有要求的 MCU。同为 STM32F103x 系列芯片，软件开发代码完全兼容，因此可以选择在 STM32 精英板上开发固件文件代码，经过评估后再移植到核心板运行。

③ STM32F103ZET6 和 STM32F103C8T6 所拥有的资源对照表见表 2.2。从表中可以看出，无论 MCU 片内资源和板载资源，前者均远大于后者。在实际应用中，需要依据需求合理选择单片机型号。

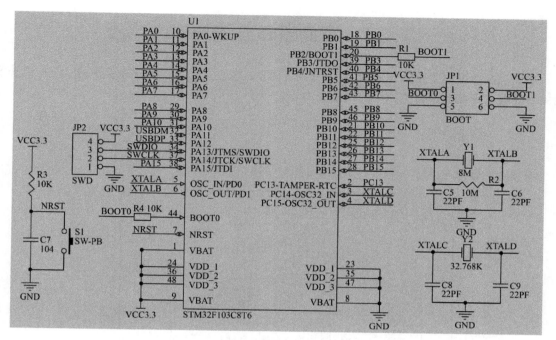

图 2.2　STM32F103C8T6 核心板原理图

表 2.2　资源对照表

资源	STM32F103ZET6	STM32F103C8T6
供电	2.0~3.6V	2.0~3.6V
内核	ARM 32 位的 Cortex-M3 处理器	ARM 32 位的 Cortex-M3 处理器
主频	≤72MHz	≤72MHz
外频	4~16MHz 晶振	4~16MHz 晶振
I/O 引脚	112 个	37 个
SRAM	64KB	20KB
Flash 存储器	512KB	64KB 或 128KB
定时器	2 个基本、4 个通用、2 个高级	3 个通用、1 个高级
PWM	4 个	1 个
外部中断源	16 个外部中断	16 个外部中断
DMA	12 通道	7 通道
SPI	3 个	2 个
I²C	2 个	2 个
I²S	2 个	无
USART	5 个	3 个
USB	1 个（USB2.0 全速）	1 个
CAN	1 个	1 个
SDIO 接口	1 个	无
ADC	3 个 12 位	2 个 12 位(10 通道)
DAC	2 个 12 位	无
调试模式	SWD 接口和 JTAG 接口	SWD 接口
封装	LQFP144	LQFP48

2.2 存储器和总线构架

本节以 STM32F103ZET6 为例，详细介绍 STM32 单片机片内外设与总线架构以及片内外设相关寄存器在存储器映射空间中的地址分布等。

2.2.1 系统构架

增强型大容量 STM32 单片机系统结构框图如图 2.3 所示。

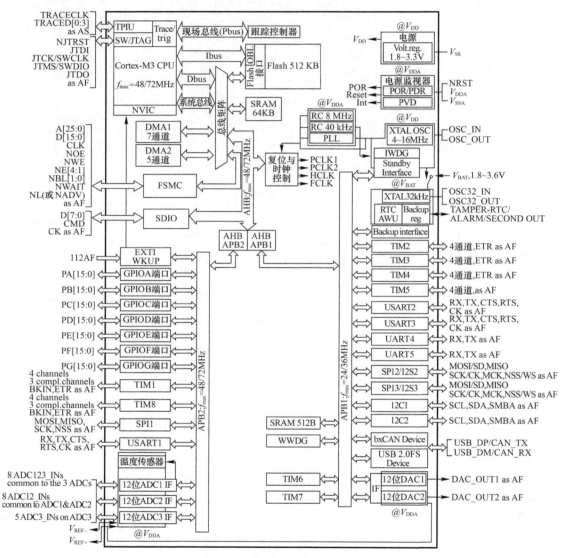

图 2.3　增强型大容量 STM32 单片机系统结构框图

1. 总线矩阵互联

芯片内部的 DMA 总线、AHB 总线、FSMC、AHB/APB 桥及集成到芯片内部的 SRAM 和 Flash 存储器（闪存）接口总线均通过总线矩阵连接到 Cortex-M3 CPU 的 Dbus（D-Code 总线）和系统总线，Cortex-M3 CPU 的 Ibus（I-Code 总线）与 Flash 存储器通过接口总线直连。

① DMA 总线将 DMA 的 AHB 主控接口与总线矩阵相连，总线矩阵协调 CPU 的 Dbus 和 DMA 对 SRAM、Flash 存储器和其他片内外设的访问。

② 总线矩阵协调系统总线和 DMA 总线之间的访问仲裁，仲裁采用轮换算法。总线矩阵包含 4 个驱动部件（Cortex-M3 CPU 的 Dbus 和系统总线、DMA1 和 DMA2 总线）和 3 个从部件（Flash 存储器接口、SRAM 和 AHB 桥）。连接到 AHB 的片内外设通过总线矩阵与系统总线相连，允许 DMA 访问。

③ AHB/APB 桥在 AHB 和 2 个 APB 总线间提供同步连接。APB1 总线的操作速度限于 36MHz，APB2 总线操作于全速（最高 72MHz）。

2．片内外设

增强型大容量 STM32 单片机芯片内部集成有丰富的外设，这些外设与 Cortex-M3 CPU 共同集成在一块芯片内部，相对于 CPU 而言统称为片内外设。这些片内外设均连接到 APB 总线上，CPU 通过 APB 总线访问所接外设的寄存器，实现对片内外设的操作。当对 APB 总线所接片内外设的寄存器进行 8 位或 16 位访问时，该访问会被自动转换成 32 位的访问。

2.2.2　片内外设寄存器地址映射

Cortex-M3 处理器采用单一固定的存储器映射，存储器映射如图 1.3 所示。在 4GB 的物理存储空间中，0x0000_0000~0x1FFF_FFFF 为代码区。0x2000_0000~0xDFFF_FFFF 被划分为 4 个区域，分别是片内 SRAM、片内外设、片外 RAM 和片外外设，其中片内外设寄存器地址占用空间是 0x4000_0000~0x5FFF_FFFF。

STM32F103x 片内外设所含寄存器组的基地址见表 2.3。寄存器组中的每个寄存器的字长均为 32 位，占用 4 个存储单元。

表 2.3　STM32F103x 片内外设所含寄存器组的基地址

基地址	APB1 总线外设	基地址	AHB 总线外设
		0x5000_0000~0x5003_FFFF	USB OTG 全速
		0x4003_0000~0x4FFF_FFFF	保留
		0x4002_8000~0x4002_9FFF	以太网
0x4000_7800~0x4000_FFFF	保留	0x4002_3400~0x4002_3FFE	保留
0x4000_7400~0x4000_77FF	DAC	0x4002_3000~0x4002_33FF	CRC
0x4000_7000~0x4000_73FF	电源控制（PWR）	0x4002_2000~0x4002_23FE	Flash 存储器接口
0x4000_6C00~0x4000_6FFF	后备寄存器（BKP）	0x4002_1400~0x4002_1FFF	保留
0x4000_6800~0x4000_6BFF	bxCAN2	0x4002_1000~0x4002_13FF	RCC（复位与时钟控制）
0x4000_6400~0x4000_67FF	bxCAN1	0x4002_0800~0x4002_0FFF	保留
0x4000_6000~0x4000_63FF	USB/CAN 共享	0x4002_0400~0x4002_07FF	DMA2
0x4000_5C00~0x4000_5FFF	USB 全速设备寄存器	0x4002_0000~0x4002_03FF	DMA1
0x4000_5800~0x4000_5BFF	I2C2	0x4001_8400~0x4001_7FFF	保留
0x4000_5400~0x4000_57FF	I2C1	0x4001_8000~0x4001_83FF	SDIO
0x4000_5000~0x4000_53FF	UART5	基地址	APB2 总线外设
0x4000_4C00~0x4000_4FFF	UART4	0x4001_4000~0x4001_7FFF	保留
0x4000_4800~0x4000_4BFF	USART3	0x4001_3C00~0x4001_3FFF	ADC3

基地址	APB1 总线外设	起始地址	APB2 总线外设
0x4000_4400~0x4000_47FF	USART2	0x4001_3800~0x4001_3BFF	USART1
0x4000_4000~0x4000_3FFF	保留	0x4001_3400~0x4001_37FF	TIM8 定时器
0x4000_3C00~0x4000_3FFF	SPI3/I2S3	0x4001_3000~0x4001_33FF	SPI1
0x4000_3800~0x4000_3BFE	SPI2/I2S2	0x4001_2C00~0x4001_2FFF	TIM1 定时器
0x4000_3400~0x4000_37FF	保留	0x4001_2800~0x4001_2BFF	ADC2
0x4000_3000~0x4000_33FF	独立看门狗（IWDG）	0x4001_2400~0x4001_27FF	ADC1
0x4000_2C00~0x4000_2FFF	窗口看门狗（WWDG）	0x4001_2000~0x4001_23FF	GPIOG 端口
0x4000_2800~0x4000_2BFE	RTC	0x4001_2000~0x4001_23FF	GPIOF 端口
0x4000_1800~0x4000_27FF	保留	0x4001_1800~0x4001_1BFF	GPIOE 端口
0x4000_1400~0x4000_17FF	TIM7 定时器	0x4001_1400~0x4001_17FF	GPIOD 端口
0x4000_1000~0x4000_13FF	TIM6 定时器	0x4001_1000~0x4001_13FF	GPIOC 端口
0x4000_0C00~0x4000_0FFE	TIM5 定时器	0x4001_0C00~0x4001_0FFF	GPIOB 端口
0x4000_0800~0x4000_0BFF	TIM4 定时器	0x4001_0800~0x4001_0BFF	GPIOA 端口
0x4000_0400~0x4000_07FF	TIM3 定时器	0x4001_0400~0x4001_07FF	EXTI
0x4000_0000~0x4000_03FF	TIM2 定时器	0x4001_0000~0x4001_03FF	AFIO

2.3 启 动 模 式

STM32F103x 可以通过 BOOT[1:0]引脚选择 3 种不同的启动模式。在单片机应用系统复位后、SYSCLK 的第 4 个上升沿，BOOT[1:0]引脚的当前值将被锁存。用户可以通过设置 BOOT1 和 BOOT0 引脚的状态，来选择复位后的启动模式。启动模式引脚配置见表 2.4。

表 2.4　启动模式引脚配置

BOOT1	BOOT0	启动模式	说明
X	0	主 Flash 存储器	主 Flash 存储器选为启动区域（默认的启动模式）
0	1	系统存储器	系统存储器选为启动区域
1	1	内置 SRAM	内置 SRAM 选为启动区域

注：X 表示任意 0 或 1。

从待机模式退出时，BOOT[1:0]引脚的值将被重新锁存，因此，在待机模式下 BOOT[1:0]引脚应保持为需要的启动配置。在启动延时之后，CPU 从地址 0x0000_0000 获取堆栈顶的地址，并从启动存储器的 0x0000_0004 指示的地址开始执行代码。

因为是固定的存储器映射，代码区始终从地址 0x0000_0000 开始（通过 Ibus 和 Dbus 访问），而数据区（SRAM）始终从地址 0x2000_0000 开始（通过系统总线访问）。Cortex-M3 CPU 始终从 Ibus 获取复位向量，即启动仅适合从代码区开始（从 Flash 存储器启动）。

STM32F103x 不仅可以从 Flash 存储器或系统存储器启动，还可以从内置 SRAM 启动。

主 Flash 存储器是 STM32 内置的 Flash 存储器，是系统正常的工作模式。通常使用 JTAG 或 SWD 模式下载程序时，就是下载到主 Flash 存储器中，重启后也直接从此处启动程序。

系统存储器是芯片内部一块特定的区域，芯片出厂时厂家在此区域预置了一段 Bootloader，就是通常说的 ISP 程序，这是一个 ROM 区，出厂后不能修改或擦除。启动的程序即是 STM32 自带的 Bootloader 代码。

根据选定的启动模式，主 Flash 存储器、系统存储器或 SRAM 可以按照以下方式访问：

（1）从主 Flash 存储器启动。主 Flash 存储器被映射到启动空间（0x0000_0000），但仍然能够在它原有的地址（0x0800_0000）访问它，即主 Flash 存储器的内容可以保存在 0x0000_0000 或 0x0800_0000 这两个地址。

（2）从系统存储器启动。系统存储器被映射到启动空间（0x0000_0000），但仍然能够在它原有的地址（互联型产品原有地址为 0x1FFF_B000，其他产品原有地址为 0x1FFF_F000）访问它。

（3）从内置 SRAM 启动。只能在从 0x2000_0000 开始的地址区访问 SRAM。注意：当从内置 SRAM 启动时，在应用程序的初始化代码中，必须使用 NVIC 的异常向量表和偏移寄存器，重映射向量表到 SRAM 中。

2.4 复位与时钟控制

2.4.1 复位控制

STM32F103x 支持 3 种复位形式，分别为系统复位、上电复位和备份域复位。

1. 系统复位

除了复位与时钟控制寄存器组中控制状态寄存器 RCC_CSR 的复位标志位和备份域中的寄存器，系统复位将复位所有寄存器至它们的复位状态（初始值）。发生以下任一事件时产生一个系统复位：

① NRST 引脚上的低电平（外部复位）；

② 窗口看门狗计数终止（WWDG 复位）；

③ 独立看门狗计数终止（IWDG 复位）；

④ 软件复位（SW 复位），将 Cortex-M3 处理器中断应用和复位控制寄存器中的 SYSRESETREQ 置位 1，可实现软件复位；

⑤ 低功耗管理复位，通过将 nRST_STDBY 或 nRST_STOP 位置 1 产生系统复位，退出低功耗模式。

系统复位与复位信号源之间的逻辑关系如图 2.4 所示。

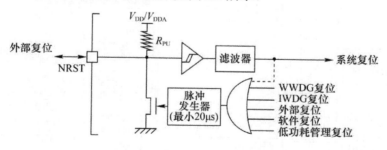

图 2.4 系统复位与复位信号源

可通过查看 RCC_CSR 寄存器中的复位状态标志位来识别复位事件来源。

2. 上电复位

当以下事件之一发生时，产生上电复位：

① 上电/掉电复位（POR/PDR 复位）；

② 从待机模式中返回。

上电复位将复位除备份域外的所有寄存器。复位源将最终作用于 RESET 引脚，并在复位过程中保持低电平。复位入口向量被固定在地址 0x0000_0004。

芯片内部的复位信号会在 NRST 引脚上输出，脉冲发生器保证每一个（外部或内部）复位源都能有至少 20μs 的脉冲延时；当 NRST 引脚被拉低产生外部复位时，它将产生复位脉冲。

3．备份域复位

备份域拥有两个专门的复位，它们只影响备份域。当以下事件之一发生时，产生备份域复位：

① 软件复位，备份域复位可由设置备份域控制寄存器（RCC_BDCR）中的 BDRST 位产生；

② 在 V_{DD} 和 V_{BAT} 两者掉电的前提下，V_{DD} 或 V_{BAT} 上电将引发备份域复位。

2.4.2 时钟控制

系统时钟（SYSCLK）可由 3 种不同的时钟源驱动：高速内部振荡器时钟、高速外部振荡器时钟、PLL（Phase Locked Loop，锁相环）时钟。

1．时钟树结构

STM32 系统时钟树结构如图 2.5 所示。

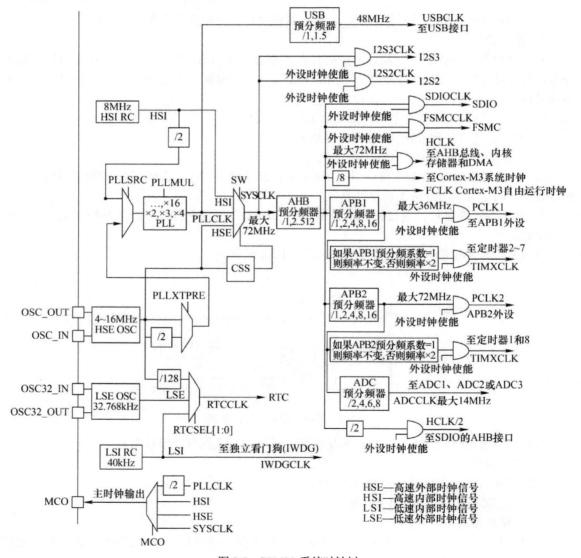

图 2.5　STM32 系统时钟树

① 高速内部时钟信号（HSI）。由内部 8MHz 的 RC 振荡器产生，可直接作为系统时钟或在 2 分频后作为 PLL 输入。RC 振荡器的优点是启动时间比 HSE 晶振短，能够在不需要任何外部器件的条件下提供系统时钟，简化电路设计。缺点是如果用户的应用基于不同的电压或环境温度，这将会影响 RC 振荡器的精度，导致应用产品的一致性参数指标变差。可以通过时钟控制寄存器 RCC_CR 里的 HSITRIM[4:0] 位来调整 HSI 的时钟频率精度（即使在校准之后，HSI 的时钟频率精度仍较差）。

② 高速外部时钟信号（HSE）。由 HSE 外部晶体/陶瓷谐振器或 HSE 用户外部时钟两种时钟源产生。当使用外部晶体/陶瓷谐振器时，为了减少时钟电路输出信号的失真并缩短启动时间，晶体/陶瓷谐振器和负载电容器必须尽可能靠近振荡器引脚。负载电容值必须根据所选择的振荡器来调整。

③ 内部 PLL，可以用来倍频。可以选择 HSE 或 HSI 作为 PLL 的输入时钟源。设置 PLL 的倍频因子后，可以激活 PLL，输出倍频后的 PLLCLK。如果 PLL 中断在时钟中断寄存器里被允许，当 PLL 准备就绪时，可产生中断申请。

④ 总线上所接的片内外设工作前需要使能其时钟，才可将总线时钟信号接入，片内外设开始工作。

2. 时钟信号数值

① HSE：外部时钟源为 8MHz。

② PLL：输入时钟选 HSE，倍频因子为 9 后输出 72MHz。

③ SYSCLK：系统时钟选择 PLL 输出，系统时钟主频为 72MHz。

④ AHB、APB：72MHz。

⑤ APB1 总线时钟频率：36MHz（APB1 总线最大允许频率）。

⑥ APB2 总线时钟频率：72MHz（APB2 总线最大允许频率）。

⑦ 定时器时钟源频率：72MHz。

⑧ USBCLK：调整分频因子，提供 USB 接口所需的 48MHz 时钟。

⑨ ADC 时钟源频率：72MHz。

⑩ Cortex-M3 系统时钟源：AHB 8 分频后为 9MHz，作为 SysTick 定时器的时钟源。

3. 时钟树配置工具

工程开发过程中若需要配置时钟树，在明确任务需求后，可以使用 STM32CubeMX 软件中的时钟树配置工具，获取配置过程中的相关参数值。STM32CubeMX 软件中时钟树配置界面如图 2.6 所示。

【例 2.1】当 HSE 为 8MHz，要求为 APB2 所接片内外设提供的时钟为 72MHz，为 APB1 所接片内外设提供的时钟为 36MHz。

打开 STM32CubeMX 软件中的时钟树配置界面，时钟树配置过程如下：

① Input frequency 栏输入 8；

② APB2 peripheral clocks 栏输入 72；

③ APB1 peripheral clocks 栏输入 36；

④ PLL Source Mux 选择 HSE，使能 PLLCLK；

⑤ 回车确认后，可在时钟树配置界面得到每个节点的分频因子参数值。

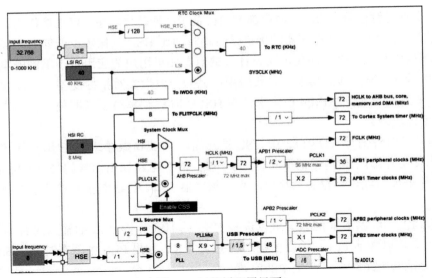

图 2.6 时钟树配置界面

2.5 软件启动过程

工程文件中使用 ST 公司提供的库函数文件实现 STM32F103x 单片机的启动，与启动过程有关的代码主要分布在 startup_stm32f10x_md.s 和 system_stm32f10x.c 文件中。通过对 RCC 寄存器组的编程，可以完成对时钟树参数的配置。

2.5.1 RCC 寄存器描述

RCC（Reset Clock Controller，复位与时钟控制）是 STM32 的时钟控制寄存器，通过操作 RCC 内部寄存器组可开启或关闭各总线的时钟。在使用片内外设功能前，必须先使能其对应的时钟，没有这个时钟，内部的各器件就不能正常运行。RCC 寄存器组所含寄存器见表 2.5。

RCC 寄存器组基地址：0x4002_1000。

表 2.5 RCC 寄存器组所含寄存器

序号	名称	偏移地址	读写	描述	复位值
1	RCC_CR	0x00	R/W	时钟控制寄存器	0x0000_XX83
2	RCC_CFGR	0x04	R/W	时钟配置寄存器	0x0000_0000
3	RCC_CIR	0x08	R/W	时钟中断寄存器	0x0000_0000
4	RCC_APB2RSTR	0x0C	R/W	APB2 片内外设复位寄存器	0x0000_0000
5	RCC_APB1RSTR	0x10	R/W	APB1 片内外设复位寄存器	0x0000_0000
6	RCC_AHBENR	0x14	R/W	AHB 片内外设时钟使能寄存器	0x0000_0014
7	RCC_APB2ENR	0x18	R/W	APB2 片内外设时钟使能寄存器	0x0000_0000
8	RCC_APB1ENR	0x1C	R/W	APB1 片内外设时钟使能寄存器	0x0000_0000
9	RCC_BDCR	0x20	R/W	备份域控制寄存器	0x0000_0000
10	RCC_CSR	0x24	R/W	控制/状态寄存器	0x0C00_0000

注：X 表示任意 0 或 1，下同。

（1）时钟控制寄存器（RCC_CR）

RCC_CR 寄存器负责内、外部高速时钟的使能和就绪（含内部高速时钟校准调整），外部高速时钟旁路，时钟安全系统 CSS 使能，PLL 使能和 PLL 就绪。RCC_CR 寄存器位定义见表 2.6。

表 2.6　RCC_CR 寄存器位定义

位域名称	位	描述	复位值
保留	[31:26]		0
PLLRDY	[25]	PLL 就绪标志 0：PLL 未锁定　　　　　　　　　　1：PLL 锁定	0
PLLON	[24]	PLL 使能 0：PLL 关闭　　　　　　　　　　1：PLL 使能	0
保留	[23:20]		0
SSON	[19]	时钟安全系统使能 0：时钟监测器关闭　　　　　　　1：若外部振荡器就绪，时钟监测器开启	0
HSEBYP	[18]	外部高速时钟旁路 0：外部 4~16MHz 振荡器没有旁路　　1：外部 4~16MHz 振荡器被旁路	0
HSERDY	[17]	外部高速时钟就绪标志 0：外部 4~16MHz 振荡器没有就绪　　1：外部 4~16MHz 振荡器就绪	0
HSEON	[16]	外部高速时钟使能 0：HSE 振荡器关闭　　　　　　1：HSE 振荡器开启	0
HSICAL[7:0]	[15:8]	内部高速时钟校准	校准值
HSITRIM[4:0]	[7:3]	内部高速时钟调整 用户可以输入一个调整数值，根据电压和温度变化调整内部 HSI RC 振荡器的频率。默认数值为 16，可以调整到 8MHz±1%，调整步长约 40kHz	10000b
保留	[2]		0
HSIRDY	[1]	内部高速时钟就绪标志 0：内部 8MHz 振荡器没有就绪　　1：内部 8MHz 振荡器就绪	1
HSION	[0]	内部高速时钟使能 0：内部 8MHz 振荡器关闭　　　　1：内部 8MHz 振荡器开启	1

（2）时钟配置寄存器（RCC_CFGR）

RCC_CFGR 寄存器负责系统时钟源切换及状态跟踪，AHB、APB1、APB2、ADC、USB 预分频，PLL 输入时钟源选择及 HSE 输入 PLL 分频选择，PLL 倍频系数，MCO（PA8）引脚微控制器时钟输出。RCC_CFGR 寄存器位定义见表 2.7。

表 2.7　RCC_CFGR 寄存器位定义

位域名称	位	描述	复位值
保留	[31:27]		
MCO	[26:24]	微控制器时钟输出 0XX：无输出　　　　　　100：SYSCLK 输出　　　　101：HSI 输出 110：HSE 输出　　　　　111：PLL 2 分频后输出	000b
保留	[23]		
USBPRE	[22]	USB 预分频，产生 48MHz 的 USB 时钟 0：PLL 1.5 倍分频作为 USB 时钟　　　1：PLL 时钟直接作为 USB 时钟	0
PLLMUL	[21:18]	PLL 倍频系数 0000：PLL 2 倍频输出　　　1000：PLL 10 倍频输出　　　0001：PLL 3 倍频输出 0010：PLL 4 倍频输出　　　0011：PLL 5 倍频输出　　　0100：PLL 6 倍频输出 0101：PLL 7 倍频输出　　　0110：PLL 8 倍频输出　　　0111：PLL 9 倍频输出 1000：PLL 10 倍频输出　　1001：PLL 11 倍频输出　　　1010：PLL 12 倍频输出 1011：PLL 13 倍频输出　　1100：PLL 14 倍频输出　　　1101：PLL 15 倍频输出 1110：PLL 16 倍频输出　　1111：PLL 16 倍频输出	0000b

位域名称	位	描述	复位值
PLLXTPRE	[17]	HSE 分频器作为 PLL 输入 0：HSE 不分频　　　　　　　　　　　1：HSE 2 分频	0
PLLSRC	[16]	PLL 输入时钟源 0：HSI 2 分频后作为输入时钟源　　　1：HSE 作为输入时钟源	0
ADCPRE[1:0]	[15:14]	ADC 预分频时钟源 00：PCLK2 2 分频后作为 ADC 时钟　　01：PCLK2 4 分频后作为 ADC 时钟 10：PCLK2 6 分频后作为 ADC 时钟　　11：PCLK2 8 分频后作为 ADC 时钟	00b
PPRE2[2:0]	[13:11]	高速 APB2 预分频 0XX：HCLK 不分频　　　100：HCLK 2 分频　　　101：HCLK 4 分频 110：HCLK 8 分频　　　111：HCLK 16 分频	000b
PPRE1[2:0]	[10:8]	低速 APB1 预分频 0XX：HCLK 不分频　　　100：HCLK 2 分频　　　101：HCLK 4 分频 110：HCLK 8 分频　　　111：HCLK 16 分频	000b
HPRE[3:0]	[7:4]	AHB 预分频 0XXX：SYSCLK 不分频　　　1000：SYSCLK 2 分频　　　1001：SYSCLK 4 分频 1010：SYSCLK 8 分频　　　1011：SYSCLK 16 分频　　　1100：SYSCLK 64 分频 1101：SYSCLK 128 分频　　1110：SYSCLK 256 分频　　1111：SYSCLK 512 分频	0000b
SWS[1:0]	[3:2]	系统时钟切换状态 00：HSI 作为系统时钟　　　　　　　01：HSE 作为系统时钟 10：PLL 输出作为系统时钟　　　　　11：不可用	00b
SW[1:0]	[1:0]	系统时钟切换 00：HSI 作为系统时钟　　　　　　　01：HSE 作为系统时钟 10：PLL 输出作为系统时钟　　　　　11：不可用	00b

（3）时钟中断寄存器（RCC_CIR）

RCC_CIR 寄存器负责 HSE 时钟失效导致的时钟安全系统中断，LSI、LSE、HSI、HSE、PLL 等时钟源的就绪中断使能、就绪中断、清除就绪中断，清除时钟安全系统中断。

（4）APB2 片内外设复位寄存器（RCC_APB2RSTR）

该寄存器管理的片内外设有 AFIO、GPIOA、GPIOB、GPIOC、GPIOD、GPIOE、GPIOF、GPIOG、ADC1、ADC2、TIM1、SPI1、TIM8、USART1、ADC3。

（5）APB1 片内外设复位寄存器（RCC_APB1RSTR）

该寄存器管理的片内外设有 TIM2、TIM3、TIM4、TIM5、TIM6、TIM7、WWDG、SPI2、SPI3、USART2、USART3、USART4、USART5、I2C1、I2C2、USB、CAN、BKP、PWR、DAC。

（6）AHB 片内外设时钟使能寄存器（RCC_AHBENR）

该寄存器管理的片内外设有 DMA1、DMA2、SRAM、FLITF、CRC、FSMC、SDIO，通过编程操作该寄存器，可以使能指定的片内外设时钟。复位后，默认 SRAM、Flash 存储器电路时钟开启。

（7）APB2 片内外设时钟使能寄存器（RCC_APB2ENR）

RCC_APB2ENR 寄存器主要使能 APB2 总线所接片内外设时钟，其位定义见表 2.8。

表 2.8　RCC_APB2ENR 寄存器位定义

位域名称	位	描述	复位值
保留	[31:16]		
ADC3EN	[15]	ADC3 接口时钟使能 0：ADC3 接口时钟关闭　　　　　　　1：ADC3 接口时钟开启	0

位域名称	位	描述	复位值
USART1EN	[14]	USART1 时钟使能 0：USART1 时钟关闭　　　　1：USART1 时钟开启	0
TIM8EN	[13]	定时器 TIM8 时钟使能 0：定时器 TIM8 时钟关闭　　1：定时器 TIM8 时钟开启	0
SPI1EN	[12]	SPI1 时钟使能 0：SPI1 时钟关闭　　　　1：SPI1 时钟开启	0
TIM1EN	[11]	定时器 TIM1 时钟使能 0：定时器 TIM1 时钟关闭　　1：定时器 TIM1 时钟开启	0
ADC2EN	[10]	ADC2 接口时钟使能 0：ADC2 接口时钟关闭　　1：ADC2 接口时钟开启	0
ADC1EN	[9]	ADC1 接口时钟使能 0：ADC1 接口时钟关闭　　1：ADC1 接口时钟开启	0
IOPGEN	[8]	GPIOG 端口时钟使能 0：GPIOG 端口时钟关闭　　1：GPIOG 端口时钟开启	0
IOPFEN	[7]	GPIOF 端口时钟使能 0：GPIOF 端口时钟关闭　　1：GPIOF 端口时钟开启	0
IOPEEN	[6]	GPIOE 端口时钟使能 0：GPIOE 端口时钟关闭　　1：GPIOE 端口时钟开启	0
IOPDEN	[5]	GPIOD 端口时钟使能 0：GPIOD 端口时钟关闭　　1：GPIOD 端口时钟开启	0
IOPCEN	[4]	GPIOC 端口时钟使能 0：GPIOC 端口时钟关闭　　1：GPIOC 端口时钟开启	0
IOPBEN	[3]	GPIOB 端口时钟使能 0：GPIOB 端口时钟关闭　　1：GPIOB 端口时钟开启	0
IOPAEN	[2]	GPIOA 端口时钟使能 0：GPIOA 端口时钟关闭　　1：GPIOA 端口时钟开启	0
保留	[1]		0
AFIOEN	[0]	复用功能 AFIO 时钟使能 0：复用功能 AFIO 时钟关闭　　1：复用功能 AFIO 时钟开启	0

（8）APB1 片内外设时钟使能寄存器（RCC_APB1ENR）

RCC_APB1ENR 寄存器主要使能 APB1 总线所接片内外设时钟。

（9）备份域控制寄存器（RCC_BDCR）（复位值：0x0000_0000）

RCC_BDCR 寄存器的主要功能：外部低速振荡器使能和就绪及旁路、RTC 时钟源选择和时钟使能、备份域软件复位。

（10）控制/状态寄存器（RCC_CSR）

RCC_CSR 寄存器的主要功能：内部低速振荡器就绪、清除复位、NRST 引脚复位、上电/掉电复位、软件复位、独立看门狗复位、窗口看门狗复位、低功耗复位。

复位后，NRST 引脚复位标志和上电/掉电复位标志置 1。

2.5.2　启动代码

（1）复位入口向量

单片机上电复位后，程序的入口地址定义在汇编文件 startup_stm32f10x_md.s 中，第 62 行使用伪指令进行了定义：

62	DCD	Reset_Handler	; Reset Handler

Reset_Handler 函数（startup_stm32f10x_md.s）：

129	Reset_Handler	PROC	
130		EXPORT	Reset_Handler [WEAK]
131	IMPORT	__main	
132	IMPORT	SystemInit	
133		LDR	R0, =SystemInit
134		BLX	R0
135		LDR	R0, =__main
136		BX	R0
137		ENDP	

（2）SystemInit 函数

从启动文件 system_stm32f10x.c 的第 212 行开始：

```
212    void SystemInit(void)
       {
           RCC->CR |=(uint32_t)0x00000001;      //[0]=1   开启内部 8MHz 振荡器
           RCC->CR &=(uint32_t)0xFEF6FFFF;      //[24]=0  刚开机，关闭 PLL
                                                //[17]=0  刚开机，外部 8MHz 振荡器没有就绪
                                                //[16]=0  关闭 HSE 振荡器
           RCC->CR &=(uint32_t)0xFFFBFFFF;      //[18]=0  外部 8MHz 振荡器没有旁路
           RCC->CFGR &=(uint32_t)0xFF80FFFF;    //[21:18]=0 PLL2 倍频输出
                                                //[17]=0   HSE 不分频
                                                //[16]=0   HSI 经 2 分频后作为 PLL 输入时钟

           SetSysClock();
       }
```

（3）SetSysClock 函数

```
115    #define SYSCLK_FREQ_72MHz  72000000      //定义工作主频
```

影响系统工作主频上限的因素很多，如芯片型号。例如，STM32F103x 系列主频上限为 72MHz，STM32F101x 系列主频上限为 36MHz。

如果设置为 36MHz，只需在文件中注释掉上面代码，然后加入下面代码即可：

```
112    #define SYSCLK_FREQ_36MHz  36000000
```

从启动文件 system_stm32f10x.c 的第 419 行开始：

```
419    static void SetSysClock(void)
       { #ifdef SYSCLK_FREQ_HSE
         …
         #elif defined SYSCLK_FREQ_72MHz
         SetSysClockTo72();
         #endif
       }
```

（4）SetSysClockTo72 函数

从启动文件 system_stm32f10x.c 的第 987 行开始配置 PLL1、APB1 和 APB2 总线时钟：

```
987    static void SetSysClockTo72(void)
       { __IO uint32_t StartUpCounter = 0, HSEStatus = 0;
         RCC->CR |= ((uint32_t)RCC_CR_HSEON);      //开启 HSE 振荡器
         do
         { HSEStatus = RCC->CR & RCC_CR_HSERDY;    //外部 8MHz 时钟就绪
           StartUpCounter++;
         } while((HSEStatus==0)&&(StartUpCounter !=HSE_STARTUP_TIMEOUT));//最长建立时间

         if((RCC->CR & RCC_CR_HSERDY) != RESET)
         {     HSEStatus = (uint32_t)0x01;  }       //外部时钟已经稳定建立
         else
         {     HSEStatus = (uint32_t)0x00;  }
```

```
if(HSEStatus == (uint32_t)0x01)                           //外部时钟已经稳定建立
{ FLASH->ACR |=FLASH_ACR_PRFTBE;          /* Enable Prefetch Buffer */
  FLASH->ACR &=(uint32_t)((uint32_t)~FLASH_ACR_LATENCY); /* Flash2 wait state */
  FLASH->ACR |=(uint32_t)FLASH_ACR_LATENCY_2;

  //[7:4]=0xxx：AHB 时钟的预分频系数 1，SYSCLK=72MHz
  RCC->CFGR |= (uint32_t)RCC_CFGR_HPRE_DIV1;

  //[13:11]=0xx：APB2 时钟(PCLK2)的预分频系数 1，PCLK2==72MHz
  RCC->CFGR |= (uint32_t)RCC_CFGR_PPRE2_DIV1;

  //[10:8]=100：APB1 时钟(PCLK1)的预分频系数 2，PCLK2==36MHz
  RCC->CFGR |= (uint32_t)RCC_CFGR_PPRE1_DIV2;               //0x00000400

#ifdef STM32F10X_CL                                        //未定义 STM32F10X_CL
…                                                          //第 1030~1057 行代码略
#endif /* STM32F10X_CL */

  RCC->CR |= RCC_CR_PLLON;                                  //0x01000000    [24]=1：PLL 使能

  //[25]=1：PLL 输出时钟就绪标志
  while((RCC->CR & RCC_CR_PLLRDY) == 0)
  { //因为外部时钟已经稳定建立，可以一直等 PLL 单元就绪          }
      //[1:0]=10b：指定 PLL 输出作为系统时钟；
  RCC->CFGR &= (uint32_t)((uint32_t)~(RCC_CFGR_SW));        //0x00000003
  RCC->CFGR |= (uint32_t)RCC_CFGR_SW_PLL;                   //0x00000002
  //[3:1]=10：系统已将 PLL 输出作为系统时钟状态标志
  while((RCC->CFGR & (uint32_t)RCC_CFGR_SWS) != (uint32_t)0x08)    //0x0000000C
  }
else
    { /* If HSE fails to start-up, the application will have wrong clock
      configuration. User can add here some code to deal with this error */
      //检测到时钟没有稳定建立后，此处未做处理，认为芯片问题，软件已经无法解决    }
  }
```

当设置好系统时钟后，可以通过变量 SystemCoreClock 获取系统时钟值，如果系统是 72MHz 时钟，那么 SystemCoreClock=72000000。

```
static u32    temp_sysclk;
…
temp_sysclk = SystemCoreClock;                             //查看当前配置系统时钟值
```

2.6 通用和复用功能 I/O 接口(GPIO 和 AFIO)

STM32 单片机依据型号不同，其外部 GPIO（General-Purpose Input/Output）引脚数量不同，但是具有相同的引脚命名规则，极大地方便了 STM32 单片机程序代码在同系列芯片上的移植。

GPIO 在使用过程中通过分组进行管理，一组 I/O 接口称为一个端口。

端口命名：GPIOx(x=A…E)，如 GPIOA、GPIOB、GPIOC、GPIOD 等。

一个端口最多管理 16 个 I/O 引脚，同一端口内的不同 I/O 引脚使用数字区分，如 GPIOB 端口管理的 16 个 I/O 引脚命名为 PB0~PB15，电路原理图中的 I/O 引脚命名如图 2.7 所示。

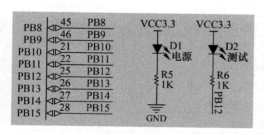

图 2.7　电路原理图中的 I/O 引脚命名

2.6.1　GPIO 功能描述

STM32 单片机内部 GPIO 的基本结构如图 2.8 所示。

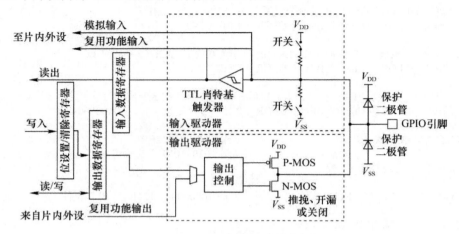

图 2.8　GPIO 的基本结构

每个 GPIO 引脚具有 8 种工作模式，可以通过软件编程配置为所需模式。
① 浮空输入（GPIO_Mode_IN_FLOATING）；
② 输入上拉（GPIO_Mode_IPU）；
③ 输入下拉（GPIO_Mode_IPD）；
④ 模拟输入（GPIO_Mode_AIN）；
⑤ 通用开漏输出（GPIO_Mode_Out_OD）；
⑥ 通用推挽输出（GPIO_Mode_Out_PP）；
⑦ 复用功能推挽输出（GPIO_Mode_AF_PP）；
⑧ 复用功能开漏输出（GPIO_Mode_AF_OD）。

2.6.2　GPIO 寄存器描述

实际应用中，通过对内部寄存器编程来实现对 GPIO 引脚的管理和使用。STM32F103x 单片机的每个端口有 7 个私有寄存器，以 GPIOB 端口为例，7 个私有寄存器见表 2.9。

GPIOB 端口的私有寄存器基地址：0x40010C00。

表 2.9　GPIOB 端口的私有寄存器

序号	名称	偏移地址	读写	描述	复位值
1	GPIOB_CRL	0x00	R/W	端口配置低寄存器	0x4444_4444
2	GPIOB_CRH	0x04	R/W	端口配置高寄存器	0x4444_4444
3	GPIOB_IDR	0x08	R	端口输入数据寄存器	0x0000_XXXX
4	GPIOB_ODR	0x0C	R/W	端口输出数据寄存器	0x0000_0000
5	GPIOB_BSRR	0x10	W	端口位设置/清除寄存器	0x0000_0000
6	GPIOB_BRR	0x14	W	端口位清除寄存器	0x0000_0000
7	GPIOB_LCKR	0x18	R/W	端口配置锁定寄存器	0x0000_0000

注：X 表示任意 0 或 1。

1. 端口配置寄存器 GPIOx_CRH 和 GPIOx_CRL(x=A…E)

以 GPIOB 端口为例，含有 16 个 I/O 引脚 PB0~PB15。GPIOB_CRL 寄存器控制 PB0~PB7 的工作模式，每个 I/O 引脚使用 GPIOB_CRL 的 4 位二进制数进行配置。GPIOB_CRH 寄存器控制 PB8~PB15 的工作模式。

① 端口配置低寄存器(GPIOx_CRL)(x=A…E)，其控制位与引脚之间的对应关系见图 2.9。

31	30	29	28	27	26	25	24	23	22	21	20	19	18	17	16
CNF7[1:0]		MODE7[1:0]		CNF6[1:0]		MODE6[1:0]		CNF5[1:0]		MODE5[1:0]		CNF4[1:0]		MODE4[1:0]	
rw	rw	rw	rw	rw	rw	rw	rw	rw	rw	rw	rw	rw	rw	rw	rw
15	14	13	12	11	10	9	8	7	6	5	4	3	2	1	0
CNF3[1:0]		MODE3[1:0]		CNF2[1:0]		MODE2[1:0]		CNF1[1:0]		MODE1[1:0]		CNF0[1:0]		MODE0[1:0]	
rw	rw	rw	rw	rw	rw	rw	rw	rw	rw	rw	rw	rw	rw	rw	rw

图 2.9　GPIOx_CRL 寄存器控制位与引脚之间的对应关系

② 端口配置高寄存器(GPIOx_CRH)(x=A…E)，其控制位与引脚之间的对应关系见图 2.10。

31	30	29	28	27	26	25	24	23	22	21	20	19	18	17	16
CNF15[1:0]		MODE15[1:0]		CNF14[1:0]		MODE14[1:0]		CNF13[1:0]		MODE13[1:0]		CNF12[1:0]		MODE12[1:0]	
rw	rw	rw	rw	rw	rw	rw	rw	rw	rw	rw	rw	rw	rw	rw	rw
15	14	13	12	11	10	9	8	7	6	5	4	3	2	1	0
CNF11[1:0]		MODE11[1:0]		CNF10[1:0]		MODE10[1:0]		CNF9[1:0]		MODE9[1:0]		CNF8[1:0]		MODE8[1:0]	
rw	rw	rw	rw	rw	rw	rw	rw	rw	rw	rw	rw	rw	rw	rw	rw

图 2.10　GPIOx_CRH 寄存器控制位与引脚之间的对应关系

以 PB0 引脚为例，编程时可以通过配置 GPIOB_CRL[0:3]位的内容来控制 PB0 的工作模式，寄存器中这 4 位的定义见表 2.10。上电复位后，该引脚被定义为浮空输入。端口中其他引脚对应控制位的定义方法与表 2.10 相同。

表 2.10　GPIOx_CRL 寄存器位定义

位域名称	位	描述	复位值
CNFy[1:0]	[3:2]	端口 x 配置位(y = 0…7) （1）PB0 引脚被定义为输入模式时（MODE0[1:0]=00b） 00：模拟输入　　　　　　　　　01：浮空输入（复位后的状态） 10：上拉/下拉输入　　　　　　　11：保留 （2）PB0 引脚被定义为输出模式时 00：通用推挽输出　　　　　　　01：通用开漏输出 10：复用功能推挽输出　　　　　11：复用功能开漏输出	01b
MODEy[1:0]	[1:0]	端口 x 的模式位(y = 0…7) 00：输入模式（复位后的状态）　01：输出模式，最大速度为 10MHz 10：输出模式，最大速度为 2MHz　11：输出模式，最大速度为 50MHz	00b

2. 端口输入数据寄存器(GPIOx_IDR)(x=A…E)

GPIOx_IDR 寄存器位定义见表 2.11。

表 2.11　GPIOx_IDR 寄存器位定义

位域名称	位	描述	复位值
保留	[31:16]		
IDRy	[15:0]	端口输入数据(y = 0…15)，读出值为对应 I/O 接口的状态	取决于输入值

3. 端口输出数据寄存器(GPIOx_ODR)(x=A…E)

GPIOx_ODR 寄存器位定义见表 2.12。

表 2.12 GPIOx_ODR 寄存器位定义

位域名称	位	描述	复位值
保留	[31:16]		
ODRy	[15:0]	端口输出数据(y = 0…15),输出值会映射到对应的 I/O 接口	0x00000000

4. 端口位设置/清除寄存器(GPIOx_BSRR)(x=A…E)

GPIOx_BSRR 寄存器位定义见表 2.13。

表 2.13 GPIOx_BSRR 寄存器位定义

位域名称	位	描述	复位值
BRy	[31:16]	清除端口 x 的位 y (y = 0…15) 0:无操作　　　　　　　　　　1:清除对应的 ODRy 位为 0	
BSy	[15:0]	设置端口 x 的位 y (y = 0…15) 0:无操作　　　　　　　　　　1:设置对应的 ODRy 位为 1	0x00000000

5. 端口位清除寄存器(GPIOx_BRR)(x=A…E)

GPIOx_BRR 寄存器位定义见表 2.14。

表 2.14 GPIOx_BRR 寄存器位定义

位域名称	位	描述	复位值
保留	[31:16]		
BRy	[15:0]	清除端口 x 的位 y (y = 0…15) 0:无操作　　　　　　　　　　1:清除对应的 ODRy 位为 0	0x00000000

6. 端口配置锁定寄存器(GPIOx_LCKR)(x=A…E)

当执行了正确的写序列设置了位 16(LCKK)时,该寄存器用来锁定端口位的配置。位[15:0]用于锁定 GPIO 的配置。在规定的写入操作期间,不能改变 GPIOx_LCKR[15:0]。当对相应的端口位执行了锁定序列后,在下次系统复位之前被锁定的 I/O 引脚将不能更改配置内容,即不再支持动态修改引脚功能。GPIOx_LCKR 寄存器位定义见表 2.15。

表 2.15 GPIOx_LCKR 寄存器位定义

位域名称	位	描述	复位值
保留	[31:17]		
LCKK	[16]	锁键 0:端口配置锁键激活　　　1:下次系统复位前 GPIOx_LCKR 被锁住	
LCKy	[15:0]	端口 x 的锁位 y (y = 0…15) 0:不锁定端口的配置　　　1:锁定端口的配置	0x00000000

2.6.3 AFIO 及调试配置

为了优化 48 个引脚或 64 个引脚等封装的片内外设数量,可以把一些复用功能重映射到其他引脚上。设置复用功能重映射和调试 I/O 配置寄存器(AFIO_MAPR),可实现引脚的重映射。

不使用且关闭 LSE 振荡器后,可将引脚 OSC32_IN/OSC32_OUT 配置为 PC14/PC15;使用内部振荡器时,可以将引脚 OSC_IN/OSC_OUT 配置为 PD0/PD1。由于 100 引脚和 144 引脚的封装上有单独的 PD0 和 PD1 引脚,不必重映射。

AFIO 寄存器组挂在 APB2 总线上,进行读写操作前,应首先使能 AFIO 时钟。AFIO 时钟使能位的定义参见 APB2 片内外设时钟使能寄存器(RCC_APB2ENR)的描述。

AFIO 寄存器组所含寄存器见表 2.16，其基地址为 0x4001_0000。

表 2.16　AFIO 寄存器组所含寄存器

序号	名称	偏移地址	读写	描述	复位值
1	AFIO_EVCR	0x00	R/W	事件控制寄存器	0x00000000
2	AFIO_MAPR	0x04	R/W	复用功能重映射和调试 I/O 配置寄存器	0x00000000
3	AFIO_EXTICR1	0x08	R/W	外部中断配置寄存器 1	0x00000000
4	AFIO_EXTICR2	0x0C	R/W	外部中断配置寄存器 2	0x00000000
5	AFIO_EXTICR3	0x10	R/W	外部中断配置寄存器 3	0x00000000
6	AFIO_EXTICR4	0x14	R/W	外部中断配置寄存器 4	0x00000000

（1）事件控制寄存器（AFIO_EVCR）

AFIO_EVCR 寄存器位定义见表 2.17。

表 2.17　AFIO_EVCR 寄存器位定义

位域名称	位	描述	复位值
保留	[31:8]		
EVOE	[7]	允许事件输出。当设置该位后，Cortex-M3 的 EVENTOUT 信号将连接到由 PORT[2:0]和 PIN[3:0]选定的 I/O 接口	0
PORT[2:0]	[6:4]	端口选择。选择用于输出 Cortex-M3 的 EVENTOUT 信号的端口 000：PA　　　001：PB　　　010：PC　　　011：PD　　　100：PE	0
PIN[3:0]	[3:0]	引脚选择(x=A…E)。选择用于输出 Cortex-M3 的 EVENTOUT 信号的引脚 0000：Px0　　　0001：Px1　　　…　　　1111：Px15	0

（2）复用功能重映射和调试 I/O 配置寄存器（AFIO_MAPR）

AFIO_MAPR 寄存器位定义见表 2.18。

表 2.18　AFIO_MAPR 寄存器位定义

位域名称	位	描述	复位值
保留	[31:27]	在互联型产品上有些位做了定义，定义内容参考产品手册	
SWJ_CFG[2:0]	[26:24]	串行线 JTAG 配置 000：完全 SWJ(JTAG-DP + SW-DP)，复位状态 001：完全 SWJ(JTAG-DP + SW-DP)，但没有 NJTRST 010：关闭 JTAG-DP，启用 SW-DP 100：关闭 JTAG-DP，关闭 SW-DP 其他组合无作用	0
保留	[23:21]		0
ADC2_ETRGREG_REMAP	[20]	ADC2 规则转换外部触发重映射，控制与 ADC2 规则转换外部触发相连的触发输入 0：与 EXTI11 相连　　　　　　1：与 TIM8_TRGO 相连	0
ADC2_ETRGINJ_REMAP	[19]	ADC2 注入转换外部触发重映射，控制与 ADC2 注入转换外部触发相连的触发输入 0：与 EXTI15 相连　　　　　　1：与定时器 TIM8 的通道 4 相连	0
ADC1_ETRGREG_REMAP	[18]	ADC1 规则转换外部触发重映射，控制与 ADC1 规则转换外部触发相连的触发输入 0：与 EXTI11 相连　　　　　　1：与 TIM8_TRGO 相连	0
ADC1_ETRGINJ_REMAP	[17]	ADC1 注入转换外部触发重映射 0：与 EXTI15 相连　　　　　　1：与定时器 TIM8 的通道 4 相连	0

位域名称	位	描述	复位值
TIM5CH4_IREMAP	[16]	定时器 TIM5 的通道 4 内部重映射 0：与 PA3 相连　　1：与 LSI 内部振荡器相连，目的是对 LSI 进行校准	0
PD01_REMAP	[15]	PD0、PD1 映射到 OSC_IN/OSC_OUT。使用内部 8MHz 阻容振荡器时，PD0 和 PD1 可映射到 OSC_IN 和 OSC_OUT 引脚 0：无　　　　1：PD0 映射到 OSC_IN，PD1 映射到 OSC_OUT	0
CAN_REMAP[1:0]	[14:13]	CAN 复用功能重映射，在只有单个 CAN 接口的产品上控制复用功能 CAN_RX 和 CAN_TX 的重映射 00：CAN_RX 映射到 PA11，CAN_TX 映射到 PA12 01：未用组合 10：CAN_RX 映射到 PB8，CAN_TX 映射到 PB9（不能用于 36 个引脚的封装） 11：CAN_RX 映射到 PD0，CAN_TX 映射到 PD1	00b
TIM4_REMAP	[12]	定时器 TIM4 的重映射 0：无　　　1：完全映射(CH1/PD12，CH2/PD13，CH3/PD14，CH4/PD15) 注：重映射不影响在 PE0 上的 TIM4_ETR	0
TIM3_REMAP[1:0]	[11:10]	定时器 TIM3 的重映射 00：没有重映射(CH1/PA6，CH2/PA7，CH3/PB0，CH4/PB1) 01：未用组合 10：部分映射(CH1/PB4，CH2/PB5，CH3/PB0，CH4/PB1) 11：完全映射(CH1/PC6，CH2/PC7，CH3/PC8，CH4/PC9) 注：重映射不影响在 PD2 上的 TIM3_ETR	00b
TIM2_REMAP[1:0]	[9:8]	定时器 TIM2 的重映射，控制定时器 TIM2 的通道 1~4 和外部触发(ETR)在 GPIO 的映射 00：没有重映射(CH1/ETR/PA0，CH2/PA1，CH3/PA2，CH4/PA3) 01：部分映射(CH1/ETR/PA15，CH2/PB3，CH3/PA2，CH4/PA3) 10：部分映射(CH1/ETR/PA0，CH2/PA1，CH3/PB10，CH4/PB11) 11：完全映射(CH1/ETR/PA15，CH2/PB3，CH3/PB10，CH4/PB11)	00b
TIM1_REMAP[1:0]	[7:6]	定时器 TIM1 的重映射，控制定时器 TIM1 的通道 1~4 和外部触发(ETR)在 GPIO 的映射 00：没有重映射(ETR/PA12，CH1/PA8，CH2/PA9，CH3/PA10，CH4/PA11，BKIN/PB12，CH1N/PB13，CH2N/PB14，CH3N/PB15) 01：部分映射(ETR/PA12，CH1/PA8，CH2/PA9，CH3/PA10，CH4/PA11，BKIN/PA6，CH1N/PA7，CH2N/PB0，CH3N/PB1) 10：未用组合 11：完全映射(ETR/PE7，CH1/PE9，CH2/PE11，CH3/PE13，CH4/PE14，BKIN/PE15，CH1N/PE8，CH2N/PE10，CH3N/PE12)	00b
USART3_REMAP[1:0]	[5:4]	USART3 的重映射 00：没有重映射(TX/PB10，RX/PB11，CK/PB12，CTS/PB13，RTS/PB14) 01：部分映射(TX/PC10，RX/PC11，CK/PC12，CTS/PB13，RTS/PB14) 10：未用组合 11：完全映射(TX/PD8，RX/PD9，CK/PD10，CTS/PD11，RTS/PD12)	00b
USART2_REMAP	[3]	USART2 的重映射 0：没有重映射(CTS/PA0，RTS/PA1，TX/PA2，RX/PA3，CK/PA4) 1：重映射(CTS/PD3，RTS/PD4，TX/PD5，RX/PD6，CK/PD7)	0
USART1_REMAP	[2]	USART1 的重映射 0：没有重映射(TX/PA9，RX/PA10)　　1：重映射(TX/PB6，RX/PB7)	0
I2C1_REMAP	[1]	I2C1 的重映射 0：没有重映射(SCL/PB6，SDA/PB7)　　1：重映射(SCL/PB8，SDA/PB9)	0
SPI1_REMAP	[0]	SPI1 的重映射 0：没有重映射(NSS/PA4，SCK/PA5，MISO/PA6，MOSI/PA7) 1：重映射(NSS/PA15，SCK/PB3，MISO/PB4，MOSI/PB5)	0

（3）外部中断配置寄存器 1（AFIO_EXTICR1）

AFIO_EXTICR1 寄存器位定义见表 2.19。

表 2.19 AFIO_EXTICR1 寄存器位定义

位域名称	位	描述	复位值
保留	[31:16]		
EXTIx[3:0]	[15:0]	EXTIx 配置(x = 0…3)，用于选择 EXTIx 外部中断的输入源 0000：PAx 引脚　　0001：PBx 引脚　　0010：PCx 引脚　　0011：PDx 引脚 0100：PEx 引脚　　0101：PFx 引脚　　0110：PGx 引脚	0

（4）外部中断配置寄存器 2（AFIO_EXTICR2）

AFIO_EXTICR2 寄存器位定义见表 2.20。

表 2.20 AFIO_EXTICR2 寄存器位定义

位域名称	位	描述	复位值
保留	[31:16]		
EXTIx[3:0]	[15:0]	EXTIx 配置(x = 4…7)，用于选择 EXTIx 外部中断的输入源 0000：PAx 引脚　　0001：PBx 引脚　　0010：PCx 引脚　　0011：PDx 引脚 0100：PEx 引脚　　0101：PFx 引脚　　0110：PGx 引脚	0

（5）外部中断配置寄存器 3（AFIO_EXTICR3）

AFIO_EXTICR3 寄存器位定义见表 2.21。

表 2.21 AFIO_EXTICR3 寄存器位定义

位域名称	位	描述	复位值
保留	[31:16]		
EXTIx[3:0]	[15:0]	EXTIx 配置(x = 8…11)，用于选择 EXTIx 外部中断的输入源 0000：PAx 引脚　　0001：PBx 引脚　　0010：PCx 引脚　　0011：PDx 引脚 0100：PEx 引脚　　0101：PFx 引脚　　0110：PGx 引脚	0

（6）外部中断配置寄存器 4（AFIO_EXTICR4）

AFIO_EXTICR4 寄存器位定义见表 2.22。

表 2.22 AFIO_EXTICR4 寄存器位定义

位域名称	位	描述	复位值
保留	[31:16]		
EXTIx[3:0]	[15:0]	EXTIx 配置(x = 12…15)，用于选择 EXTIx 外部中断的输入源。 0000：PAx 引脚　　0001：PBx 引脚　　0010：PCx 引脚　　0011：PDx 引脚 0100：PEx 引脚　　0101：PFx 引脚　　0110：PGx 引脚	0

JTAG/SWD 调试接口、定时器复用功能等诸多片内外设复用功能的重映射及相关配置寄存器的定义内容可参考 STM32 中文参考手册。

2.6.4 基于寄存器描述的 GPIO 编程

1. LED 电路原理图

LED 电路原理图如图 2.7 所示，图中 STM32 单片机的 PB12 引脚连接一个 LED（D2）。依据图 2.7 所示电路，PB12 输出 0 时控制 D2 点亮，PB12 输出 1 时控制 D2 熄灭。

可以通过对单片机内部寄存器编程使得 PB12 输出 1 或 0，控制 D2 的灭或亮。编程过程中涉及的寄存器有：

① APB2 片内外设时钟使能寄存器 RCC_APB2ENR，使能 GPIOB 端口时钟；

② 端口配置寄存器 GPIOB_CRH，配置 PB12 为输出模式；

③ 端口输出数据寄存器 GPIOB_ODR，使 PB12 输出 1 或 0。

2. 寄存器地址的描述

由表 2.3 中描述的私有寄存器的基地址，结合寄存器描述章节中私有寄存器的偏移地址，可以得到寄存器的物理地址。

表 2.3 中描述了复位与时钟控制 RCC 寄存器的基地址：0x4002_1000，表 2.5 中描述了 APB2 片内外设时钟使能寄存器 RCC_APB2ENR 的偏移地址：0x18，从而得到 RCC_APB2ENR 寄存器的物理地址：0x4002_1000+0x18。

GPIOB 端口的 7 个私有寄存器地址见表 2.23。

GPIOB 端口的基地址：0x4001_0C00。

表 2.23 GPIOB 端口的 7 个私有寄存器地址

GPIOB 端口私有寄存器	偏移地址	物理地址
GPIOB_CRL	0x00	0x4001_0C00+0x00 = 0x4001_0C00
GPIOB_CRH	0x04	0x4001_0C00+0x04 = 0x4001_0C04
GPIOB_IDR	0x08	0x4001_0C00+0x08 = 0x4001_0C08
GPIOB_ODR	0x0C	0x4001_0C00+0x0C = 0x4001_0C0C
GPIOB_BSRR	0x10	0x4001_0C00+0x10 = 0x4001_0C10
GPIOB_BRR	0x14	0x4001_0C00+0x04 = 0x4001_0C14
GPIOB_LCKR	0x18	0x4001_0C00+0x18 = 0x4001_0C18

C 语言中使用指针描述内存地址，内存地址 0x4002_1018 的描述方法如下：

```
*(volatile unsigned long *)0x40021018
```

其中，unsigned long 类型为无符号长整型，数据长度为 32 位，占用 4 个连续存储单元。

为了提高代码可读性，通过宏定义，使用寄存器名称作为标识符表示寄存器的物理地址。

```
#define    RCC_APB2ENR    *((volatile unsigned long *) (0x40021000 + 0x18))
#define    GPIOB_CRH      *((volatile unsigned int *) (0x40010C00 + 0x04))
#define    GPIOB_ODR      *((volatile unsigned int *) (0x40010C00 + 0x0C))
```

3. 配置寄存器

（1）配置 APB2 片内外设时钟使能寄存器 RCC_APB2ENR，使能 GPIOB 端口时钟

RCC_APB2ENR 寄存器的复位值为 0x0000_0000，初始禁用 APB2 所连的所有片内外设。依照 2.5.1 节中所述，需要将 RCC_APB2ENR[3](IOPBEN)位的内容软件置 1，开启 GPIOB 端口时钟，允许 GPIOB 端口工作。

直接描述地址的配置指令：

```
*(volatile unsigned long *)0x40021018 |= 1<<3;        //IOPBEN=1
```

通过宏定义，使用寄存器名称作为标识符表示寄存器物理地址的配置指令：

```
RCC_APB2ENR |= 1<<3;                                  //IOPBEN=1
```

上述指令通过移位和或逻辑操作，仅仅将 RCC_APB2ENR 寄存器的 IOPBEN 位置 1，即本次操作仅使能 GPIOB 端口时钟，APB2 所连其他片内外设的工作状态保持原态。

通过对比可见，使用寄存器名称作为标识符表示寄存器物理地址的配置指令，代码有较好的可读性。

（2）端口配置寄存器 GPIOB_CRH，配置 PB12 为输出模式

PB12 使用 GPIOB_CRH 寄存器的 MODE12 和 CNF12 进行配置，其中，MODE12 是 GPIOB_

CRH[16:17]位，配置为2MHz输出的对应内容，为10b(0x2)；CNF12是GPIOB_CRH[18:19]位，配置为通用推挽输出的对应内容，为00b(0x0)。

配置指令为：

```
GPIOB_CRH = (0x2<<17) | (0x0<<19);                    //2MHz输出，通用推挽输出
```

（3）端口输出数据寄存器GPIOB_ODR[12]，使得PB12输出0或1

```
GPIOB_ODR = GPIOB_ODR &(~(1<<12));                   //将第12位清0，点亮LED
GPIOB_ODR |= 1<<12;                                  //将第12位置1，熄灭LED
```

（4）配置PB12为输出的完整代码

```
#define   RCC_APB2ENR   *((volatile unsigned long *) (0x40021000 + 0x18))
#define   GPIOB_CRH     *((volatile unsigned int *) (0x40010C00 + 0x04))
#define   GPIOB_ODR     *((volatile unsigned int *) (0x40010C00 + 0x0C))

void main(void)
{ RCC_APB2ENR |= 1<<3;                                //使能GPIOB端口时钟
  GPIOB_CRH = (0x2<<17) | (0x0<<22);                  //PB12: 2MHz总线时钟，输出模式，通用推挽输出
  GPIOB_ODR = GPIOB_ODR &(~(1<<12));                  //将第12位清0，点亮LED
  GPIOB_ODR |= 1<<12;                                 //将第12位置1，熄灭LED
  while(1);
}
```

GPIOB私有寄存器复位值如图2.11所示。

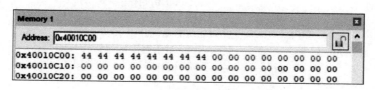

图2.11　GPIOB私有寄存器复位值

图2.11中显示，上电复位后，芯片内部存储器地址0x4001_0C00~0x4001_0C03单元的内容为0x44。由表2.23可知，该地址为GPIOB_CRL寄存器，也就是上电复位后GPIOB_CRL寄存器的内容被初始化为0x44444444，由表2.10可知，由GPIOB_CRL寄存器管理的PB0~PB7引脚被初始化为浮空输入模式。GPIOB私有寄存器配置PB12为输出模式后的寄存器值如图2.12所示。

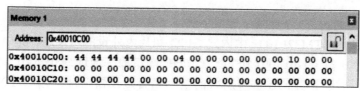

图2.12　配置PB12为输出模式后的寄存器值

2.6.5　基于库函数的GPIO编程

1. 工程文件中编写代码

① 编写与硬件有关的驱动层代码文件，其中LED.c文件中定义设置GPIOB工作模式的初始化函数，LED.h文件中定义了标识符和声明初始化函数。

LED.c文件（..\20221230 源码\1 STM32F103C8T6\3 C8T6(LED)\HARDWARE\LED\LED.c）：

```
void LED_Init(void)                                  //定义函数
{ GPIO_InitTypeDef   GPIO_InitStructure;
  RCC_APB2PeriphClockCmd(RCC_APB2Periph_GPIOB,ENABLE);    //使能GPIOB端口时钟
```

```
GPIO_InitStructure.GPIO_Pin = GPIO_Pin_12;          //LED 占用 PB12
GPIO_InitStructure.GPIO_Mode = GPIO_Mode_Out_PP;    //通用推挽输出
GPIO_InitStructure.GPIO_Speed = GPIO_Speed_50MHz;   //I/O 接口速度为 50MHz
GPIO_Init(GPIOB, &GPIO_InitStructure);              //根据设定参数初始化 PB12
}
```

上述代码是设置 GPIOB 端口的 PB12 引脚为通用推挽输出，同时速度为 50MHz。GPIO_InitTypeDef 类型的结构体 GPIO_InitStructure 声明了 3 个成员：GPIO_Pin，用来设置要初始化哪个或哪些 I/O 引脚；GPIO_Mode，用来设置对应 I/O 引脚的输入/输出模式；GPIO_Speed，用来设置 I/O 接口速度。

LED.h 文件（..\20221230 源码\1 STM32F103C8T6\3 C8T6(LED)\HARDWARE\LED\LED.h）：

```
#include "sys.h"
#define LED1 PBout(12)          //位输出函数
void LED_Init(void);            //声明初始化函数
```

② 在 main.c 文件中编写应用层代码，包含初始化和 while(1)两部分。

```
#include "stm32f10x.h"
#include "delay.h"              //定义延时函数
#include "led.h"                //定义 GPIO 初始化函数，有宏定义 LED1
int main(void)                  //主程序入口
{ delay_init();                 //延时函数初始化
  LED_Init();                   //GPIO 初始化
  while(1)
  {   LED1 = 1;                 //PB12 = 1
      delay_ms(100);            //延时函数
      LED1 = 0;                 //PB12 = 0
      delay_ms(100); }
}
```

2. 库函数中寄存器地址的描述

ST 公司为 STM32 的开发先后提供了标准库和 HAL 库。基于标准库编写的工程文件中，GPIO 相关函数和定义分布在标准库文件 stm32f10x_gpio.c、stm32f10x_gpio.h 中。在标准库开发中，操作寄存器 GPIOx_CRH 和 GPIOx_CRL 来配置 I/O 接口模式和速度，通过 GPIO 初始化函数完成。

（1）定义端口地址

表 2.3 列出了所用 STM32F103x 中内置 GPIO 和片内外设的基地址，其中 GPIOB 端口占用的地址范围为 0x4001_0C00~0x4001_0FFF。GPIOB 端口的基地址为 0x4001_0C00，通过基地址加上偏移量就能分别获得 GPIOB 端口所含的 7 个私有寄存器地址，如 GPIOB_CRH 寄存器的地址为 0x4001_0C00+0x04 =0x4001_0C04。

```
1274    #define PERIPH_BASE          ((uint32_t)0x40000000)
1283    #define APB2PERIPH_BASE      (PERIPH_BASE + 0x10000)
1316    #define GPIOB_BASE           (APB2PERIPH_BASE + 0x0C00)
1409    #define GPIOB                ((GPIO_TypeDef *) GPIOB_BASE)//GPIOB 端口的基地址指针

1284    #define AHBPERIPH_BASE       (PERIPH_BASE + 0x20000)
1352    #define RCC_BASE             (AHBPERIPH_BASE + 0x1000)
1443    #define RCC                  ((RCC_TypeDef *) RCC_BASE)    //RCC 的基地址指针
```

通过上述定义最终可得到：标识符 GPIOB 表示的为地址指针，指向地址 0x4001_0C00，即 GPIOB 端口的基地址；标识符 RCC 表示的为地址指针，指向地址 0x4002_1000，即 RCC 的基地址。

（2）定义片内外设端口私有寄存器地址

STM32 每个端口的 7 个私有寄存器占用的地址都是连续的，GPIOB 端口私有寄存器的物理地址见表 2.23。在 C 语言中，结构体中成员的地址分配是连续的，标准库中采用了结构体指针的方法来定义每个端口私有寄存器的地址。GPIO_TypeDef 结构体从 stm32f10x.h 文件的第 1001 行开始定义：

```
1001    typedef struct
        {
            __IO uint32_t CRL;                //定义寄存器（成员变量）地址，占用 4 字节
            __IO uint32_t CRH;   __IO uint32_t IDR;   __IO uint32_t ODR;
            __IO uint32_t BSRR;  __IO uint32_t BRR;   __IO uint32_t LCKR;
        } GPIO_TypeDef;
```

程序中以结构体指针的形式传递私有寄存器地址：GPIO_TypeDef* GPIOx。

GPIO_TypeDef 结构体中标识符__IO 的定义（..\Libraries\CMSIS\CM3\CoreSupport\core_cm3.h）如下：

```
116    #define      __IO      volatile          /*!< defines 'read / write' permissions    */
```

由上述定义可知，__IO uint32_t CRL 其实就是 volatile uint32_t CRL。

通过上述定义，在访问 GPIOB 端口私有寄存器 GPIOB_CRH 时，可以使用结构体成员的形式 GPIOB->CRH 来呈现寄存器 GPIOB_CRH 的地址。

同样，在 stm32f10x.h（1076 行开始）定义了结构体 RCC_TypeDef，可以使用 RCC->APB2ENR 来呈现寄存器 RCC_APB2ENR 的地址。

3. 库函数中定义的结构体

（1）结构体 GPIO_InitTypeDef（stm32f10x_gpio.h 的第 91 行开始）

```
91     typedef struct
        {   uint16_t GPIO_Pin;
            GPIOSpeed_TypeDef GPIO_Speed;
            GPIOMode_TypeDef GPIO_Mode;
        }GPIO_InitTypeDef;
```

（2）结构体 GPIOMode_TypeDef（stm32f10x_gpio.h 的第 71 行开始）

```
71     typedef enum
        {   GPIO_Mode_AIN = 0x0,               //模拟输入
            GPIO_Mode_IN_FLOATING = 0x04,      //浮空输入
            GPIO_Mode_IPD = 0x28,              //下拉输入
            GPIO_Mode_IPU = 0x48,              //上拉输入
            GPIO_Mode_Out_OD = 0x14,           //开漏输出
            GPIO_Mode_Out_PP = 0x10,           //通用推挽输出
            GPIO_Mode_AF_OD = 0x1C,            //复用功能开漏输出
            GPIO_Mode_AF_PP = 0x18             //复用功能推挽输出
        }GPIOMode_TypeDef;
```

GPIO_Mode 用来设置 I/O 接口的输入/输出模式，对应 8 个模式。

（3）结构体 GPIOSpeed_TypeDef（stm32f10x_gpio.h 的第 58 行开始）

```
58     typedef enum
        {   GPIO_Speed_10MHz = 1,
            GPIO_Speed_2MHz,
            GPIO_Speed_50MHz
        }GPIOSpeed_TypeDef
```

I/O 接口速度设置有 3 个可选值。

（4）定义 I/O 引脚（stm32f10x_gpio.h 的第 127 行开始）

SMT32 每个端口有 16 个 I/O 引脚。

```
127      #define GPIO_Pin_0      ((uint16_t)0x0001)    /*!< Pin 0 selected */
         #define GPIO_Pin_1      ((uint16_t)0x0002)    /*!< Pin 1 selected */
         #define GPIO_Pin_2      ((uint16_t)0x0004)    /*!< Pin 2 selected */
         #define GPIO_Pin_3      ((uint16_t)0x0008)    /*!< Pin 3 selected */
         #define GPIO_Pin_4      ((uint16_t)0x0010)    /*!< Pin 4 selected */
         #define GPIO_Pin_5      ((uint16_t)0x0020)    /*!< Pin 5 selected */
         #define GPIO_Pin_6      ((uint16_t)0x0040)    /*!< Pin 6 selected */
         #define GPIO_Pin_7      ((uint16_t)0x0080)    /*!< Pin 7 selected */
         #define GPIO_Pin_8      ((uint16_t)0x0100)    /*!< Pin 8 selected */
         #define GPIO_Pin_9      ((uint16_t)0x0200)    /*!< Pin 9 selected */
         #define GPIO_Pin_10     ((uint16_t)0x0400)    /*!< Pin 10 selected */
         #define GPIO_Pin_11     ((uint16_t)0x0800)    /*!< Pin 11 selected */
         #define GPIO_Pin_12     ((uint16_t)0x1000)    /*!< Pin 12 selected */
         #define GPIO_Pin_13     ((uint16_t)0x2000)    /*!< Pin 13 selected */
         #define GPIO_Pin_14     ((uint16_t)0x4000)    /*!< Pin 14 selected */
         #define GPIO_Pin_15     ((uint16_t)0x8000)    /*!< Pin 15 selected */
```

4．库函数中定义的函数

（1）RCC_APB2PeriphClockCmd

```
void RCC_APB2PeriphClockCmd(uint32_t RCC_APB2Periph, FunctionalState NewState)
{    /* Check the parameters */
     assert_param(IS_RCC_APB2_PERIPH(RCC_APB2Periph));
     assert_param(IS_FUNCTIONAL_STATE(NewState));
     if(NewState != DISABLE)
     {       RCC->APB2ENR |= RCC_APB2Periph;    }
     else
     {       RCC->APB2ENR &= ~RCC_APB2Periph;    }
}
```

使能端口总线时钟，其中 stm32f10x_rcc.h 的第 499 行定义如下：

```
499      #define RCC_APB2Periph_GPIOB      ((uint32_t)0x00000008)
```

其内容为 GPIOB 端口时钟的使能位在 RCC_APB2ENR 寄存器中的位置。

（2）GPIO_Init（stm32f10x_gpio.c 的第 173 行）

```
173      void GPIO_Init(GPIO_TypeDef* GPIOx, GPIO_InitTypeDef* GPIO_InitStruct)
```

这个函数有两个参数：第一个参数用来指定 GPIO 端口，x 的取值范围为 A~G；第二个参数为初始化结构体指针，结构体类型为 GPIO_InitTypeDef。

（3）I/O 引脚的读操作函数

IDR 是一个端口输入数据寄存器，只用了低 16 位。该寄存器为只读寄存器，并且只能以 16 位的形式读出。要想知道某个 I/O 接口的电平状态，只要读这个寄存器，再看某位的状态就可以了，使用起来比较简单。标准库中通过 GPIO_ReadInputDataBit 函数来操作 IDR 寄存器读取一个 I/O 引脚的值。

```
uint8_t GPIO_ReadInputDataBit(GPIO_TypeDef* GPIOx, uint16_t GPIO_Pin)
```

比如，要读 GPIOA.5 的电平状态，方法如下：

```
GPIO_ReadInputDataBit(GPIOA, GPIO_Pin_5);
```

返回值是 1（Bit_SET）或 0（Bit_RESET）。

（4）I/O 引脚的写操作函数

GPIOx_ODR 是一个端口输出数据寄存器，也只用了低 16 位。该寄存器为可读写的，从该寄存器读出来的数据可用于判断当前 I/O 引脚的输出状态。而向该寄存器写数据，则可以控制某个 I/O 接口的输出电平。

标准库中设置 GPIOx_ODR 寄存器的值来控制 I/O 接口输出状态是通过函数 GPIO_Write 来实现的。

```
void GPIO_Write(GPIO_TypeDef* GPIOx，uint16_t PortVal);
```

该函数可以用来设置一个 I/O 引脚的值。

2.6.6 I/O 引脚按位输出高、低电平的 3 种方法

方法 1：位带操作

在 led.h 文件中定义宏 LED1 后执行以下代码：

```
LED1=1;                                    //.h 中需要定义宏
LED1=0;                                    //
```

方法 2：使用标准库操作

直接调用两个函数即可控制 I/O 接口输出高、低电平，实现代码如下：

```
GPIO_SetBits(GPIOB，GPIO_Pin_12);          //调用函数，等同 LED1=1;
GPIO_ResetBits(GPIOB，GPIO_Pin_12);        //调用函数，等同 LED1=0;
```

方法 3：使用寄存器操作

直接调用两个函数即可控制 I/O 接口输出高、低电平，实现代码如下：

```
GPIOB->BRR=GPIO_Pin_12;                    //操作寄存器，等同 LED1=1;
GPIOB->BSRR=GPIO_Pin_12;                   //操作寄存器，等同 LED1=0;
```

上面的 3 种方法，读者根据自己的编程习惯选择一种即可（执行速度：方法 3>方法 2>方法 1；方便程度：方法 1>方法 2>方法 3）。

2.7　习　　题

2.1　如何通过引脚配置将 Flash 存储器选为启动区域？

2.2　简述 STM32F103C8T6 型号的命名规则。

2.3　在图 2.6 所示的时钟配置界面中，简述各时钟信号数值的含义。

2.4　使用 STM32CubeMX 软件环境配置时钟树。

2.5　简述 GPIO 的 8 种工作模式。

2.6　写出 APB 总线所有片内外设名称。

2.7　简述 GPIO 每组端口的私有寄存器名称。

2.8　简述 I/O 引脚按位输出高、低电平的方法。

2.9　简述 STM32F103x 单片机内部总线时钟的最高速率。

2.10　简述 BOOT 引脚的配置方法。

第3章 基于标准库的软件编程

ST 公司为 STM32 的开发先后提供了标准库和 HAL 库。标准库就是函数的集合,标准库中函数的作用是向下与寄存器直接打交道,向上提供用户函数调用的接口(API)。STM32 单片机有数百个寄存器,要开发者记住这些寄存器及其操作谈何容易。于是 ST 公司推出了 HAL 库,HAL 库将这些寄存器底层操作都封装起来,并提供一整套接口(API)供开发者调用,多数场合下开发者不需知道操作的是哪个寄存器,只需要知道调用哪些函数即可。

本章例程依据 ST 公司提供的标准库文件 STM32F10x_StdPeriph_Lib_V3.5.0 创建工程文件,例程中选用的 MCU 型号是 STM32F103C8。STM32F103x 系列各种型号的单片机,区别仅在于片内外设多少的不同,芯片引出引脚数量的不同。在创建工程文件时,需要选择对应的 MCU 型号,与使用相同片内外设的工程文件的结构完全相同。

对初学者而言,本章可以从以下几个方面入手。

① 运行本章所给例程,通过观察运行结果来了解单片机内部单元的功能和工程文件的结构。例程需要使用集成开发环境 Keil 5,Keil 5 的使用可参考第 10 章。

② 新建一个工程,参照所给例程自行移植和编写代码,实现与例程相同的功能。

③ 新建一个工程,将多个例程进行整合,较为熟练地编程使用单片机片内资源,实现多资源的整合。

④ 新建一个工程,参照所给例程自行移植和编写代码,编程实现功能的扩展。例如,在 3.6 节的例程中,仅给出了 ADC1_IN1 的初始化过程,读者可以参考初始化代码,尝试编写 ADC1~ADC3 其他通道的初始化代码。

⑤ 在工程代码的测试和调试过程中,熟练掌握一个好的测试环境必不可少。本章使用 Keil 5 调试模式下的测试工具,完成工程代码的仿真测试。建议有条件的读者使用评估板,搭建在线测试环境测试工程代码,同时还要准备必要的测试仪表和工具。

⑥ 受限于多方面原因,本章仅介绍部分功能单元的编程和调试方法。STM32F103x 的内部资源非常丰富,若已经走到了这一步,相信读者应该有能力自行编程使用片内的其他资源了。

⑦ 熟练编写代码后,可以通过书中的内容和一些参考资料来了解 STM32 单片机内部寄存器的使用方法并对寄存器编程,开始灵活使用单片机。

本章例程中部分底层代码借鉴了正点原子公司提供的代码。

3.1 创建 Template_Demo 工程

工程名:..\USER\Template_Demo.uvprojx。

工程文件存放路径:..\20221230 源码\1 STM32F103C8T6\1 Template(demo)\。

IDE 环境:Keil 5。

MCU 型号:STM32F103C8。

3.1.1　新建工程文件

本节默认 PC 已安装好 Keil 5，读者已初步了解 Keil 5 的使用。本节在指定的文件夹中使用 Keil 5 创建一个 STM32 的工程文件。

1．新建工程所需文件夹

在适当位置新建名为 Template 的文件夹：..\Template，用来存放新创建的工程文件。文件夹名称可以自行定义，不要与所提供的例程文件夹混淆。

为了便于对所建工程进行管理，需要将工程文件分类存放到不同的文件夹中。在 Template 文件夹下新建 5 个文件夹：

① CORE 文件夹，即..\Template\CORE；

② HARDWARE 文件夹，即..\Template\HARDWARE；

③ OBJ 文件夹，即..\Template\OBJ；

④ STM32F10x_FWLib 文件夹，即..\Template\STM32F10x_FWLib；

⑤ USER 文件夹，即..\Template\USER。

将..\20221230 源码\1 STM32F103C8T6\1 Template(demo)\路径下的 SYSTEM 文件夹及其所含文件，复制到 Template 文件夹下。

完成上述操作后，Template 文件夹中所含文件夹如图 3.1 所示。

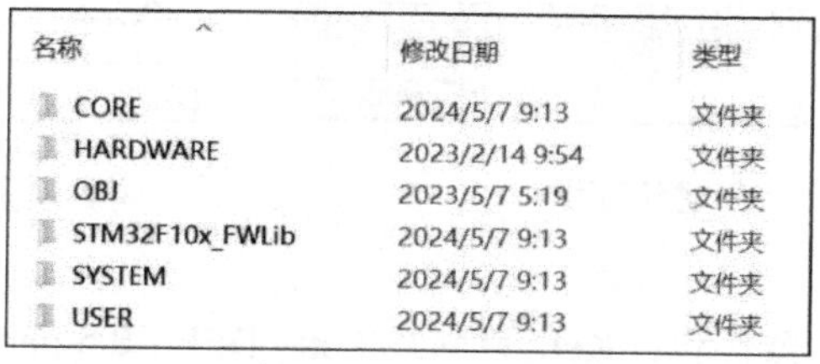

图 3.1　Template 文件夹中的文件夹

表 3.1 描述了 Template 文件夹中所含各文件夹的用途。

表 3.1　Template 文件夹中所含各文件夹的用途

序号	文件夹	用途
1	CORE	存放内核文件和启动文件
2	HARDWARE	存放与硬件有关的.c 和.h 文件
3	OBJ	存放编译过程文件及.hex 文件
4	STM32F10x_FWLib	存放 ST 公司提供的标准库函数源文件
5	SYSTEM	封装了 STM32F103x 系列底层核心驱动函数（这里使用的是标准库）
6	USER	存放核心工程文件

2．创建 Template_Demo 工程文件

（1）启动 Keil 5

Keil 5 编辑界面如图 3.2 所示。若有使用过的历史痕迹，打开的界面会与图 3.2 不一致。选择菜单命令"Project"→"Close Project"，关闭当前留有历史痕迹的工程。

（2）创建工程

选择菜单命令"Project"→"New μVision Project"，然后将文件夹定位到 USER 文件夹。

新创建的工程命名为 Template_Demo，如图 3.3 所示。单击【保存】按钮，弹出 STM32 MCU
型号选择窗口，如图 3.4 所示。

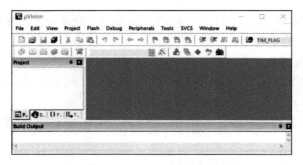

图 3.2　Keil 5 编辑界面

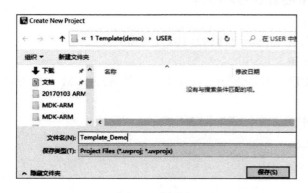

图 3.3　创建新工程

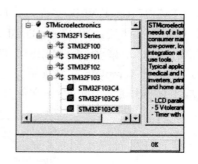

图 3.4　MCU 型号选择窗口

（3）选择 MCU 型号

需要安装 STM32F103x 器件包：Keil.STM32F1xx_DFP.1.0.5.pack。

在图 3.4 中选择 STM32F103C8。如果开发板中使用的是 STM32F1x 系列其他型号的 MCU，
需要选择相应型号。如果使用的是其他系列芯片，需要去 ST 官网下载对应的器件包，安装新
的器件包后再从中选择所需 MCU 型号。完成型号选择后，单击【OK】按钮，弹出 Manage
Run-Time Environment 界面，如图 3.5 所示。

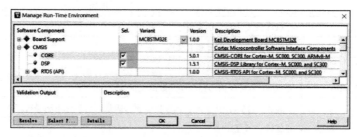

图 3.5　Manage Run-Time Environment 界面

在图 3.5 中可以添加工程需要的组件，从而方便构建开发环境。后续任务如 7.6 节使用
STM32F103x 实现 FIR 中的 DSP 运算，创建工程时就需要配置 DSP 组件选项。当前新建的工
程功能简单，无须额外组件，这里直接单击【Cancel】按钮即可。

在 Keil 5 中新建的 Template_Demo 工程编辑界面如图 3.6 所示。选择菜单命令 "File"→"Save
All"，保存新建的 Template_Demo 工程文件。可以选择菜单命令 "File"→"Exit"，退出 Keil 5。

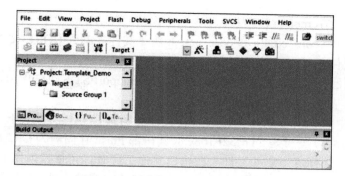

图 3.6　Template_Demo 工程编辑界面

3.1.2　复制官方标准库中的源文件

标准库：..\202221229 软件工具\1 Keil523\标准库\STM32F10x_StdPeriph_Lib_V3.5.0。

在新建工程的过程中，要将 ST 公司为 STM32 开发提供的标准库中的源文件或文件夹整合到新建工程中。需要复制标准库中的源文件或文件夹见表 3.2。

表 3.2　需要复制标准库中的源文件或文件夹

	源文件路径： ..\STM32F10x_StdPeriph_Lib_V3.5.0\	需复制的源文件或文件夹	目标路径： ..\Template\	说明
1	Libraries\STM32F10x_StdPeriph_Driver\	src、inc 文件夹	STM32F10x_FWLib\	标准库函数源文件
2	Libraries\CMSIS\CM3\CoreSupport\	core_cm3.c core_cm3.h	CORE\	内核文件
3	Libraries\CMSIS\CM3\DeviceSupport\ ST\STM32F10x\startup\arm\	startup_stm32f10x_md.s		依赖 MCU 的存储容量
4	Libraries\CMSIS\CM3\DeviceSupport\ ST\STM32F10x\	stm32f10x.h system_stm32f10x.c system_stm32f10x.h	USER\	片内外设驱动文件
5	Project\STM32F10x_StdPeriph_Template\	main.c stm32f10x_conf.h stm32f10x_it.c stm32f10x_it.h		主函数和配置文件

1．复制标准库中的源文件

（1）源文件路径：..\Libraries\STM32F10x_StdPeriph_Driver\。

当前文件夹下有 src 和 inc 文件夹。src 下存放的是标准库.c 文件，inc 下存放的是对应的.h 文件。

（2）目标文件路径：..\Template\STM32F10x_FWLib\。

将源文件路径中两个文件夹及所含文件全部复制到新建工程的 STM32F10x_FWLib 文件夹下，如图 3.7 所示。

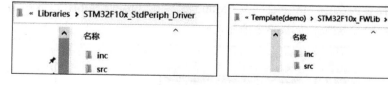

图 3.7　复制标准库中的源文件

2．复制内核文件

（1）源文件路径：..\Libraries\CMSIS\CM3\CoreSupport\。

（2）目标路径：..\Template\CORE\。

将源文件路径中的 core_cm3.c 和 core_cm3.h 两个文件复制到 CORE 文件夹下。

3．复制启动文件

（1）源文件路径：..\Libraries\CMSIS\CM3\DeviceSupport\ST\STM32F10x\startup\arm\。

（2）目标路径：..\Template\CORE\。

将源文件路径中的 startup_stm32f10x_md.s 文件复制到 CORE 文件夹下。

当前工程所用 MCU 型号是 STM32F103C8，其内部 Flash 存储器为 64KB，属于中容量 MCU（64~128KB），所以选择这个启动文件。在构建其他工程时，可依据所用 MCU 的存储器容量进行选择，低容量 MCU（16~32KB）选 startup_stm32f10x_ld.s 启动文件，高容量 MCU（256~512KB）选 startup_stm32f10x_hd.s 启动文件。

4．复制片内外设驱动文件

（1）源文件路径：..\Libraries\CMSIS\CM3\DeviceSupport\ST\STM32F10x\。

（2）目标路径：..\Template\USER\。

将源文件路径中的 3 个文件 stm32f10x.h、system_stm32f10x.c、system_stm32f10x.h 复制到 USER 文件夹下。

5．复制主函数和配置文件

（1）源文件路径：..\Project\STM32F10x_StdPeriph_Template\。

（2）目标路径：..\Template\USER\。

将源文件路径中的 main.c、stm32f10x_conf.h、stm32f10x_it.c、stm32f10x_it.h 复制到 USER 文件夹下。

注意：所有片内外设头文件全部通过#include 组织在 stm32f10x_conf.h 文件中，这样避免了为每个文件逐个添加这些头文件的过程，但在编译时过于烦琐。编写工程代码时，可以将未用到的片内外设在该文件中注释掉，以提高编译速度。

3.1.3 在工程中添加工作组和.c 文件

前面两节在 Template 文件夹下新建了 Template_Demo 工程，并将工程所需要的标准库中源文件复制到 Template 文件夹的相关文件夹下，随后需要将这些源文件利用 Keil 5 加入 Template_Demo 工程中。

1．Keil 5 中打开 Template_Demo 工程

工程文件：..\1 Template\USER\Template_Demo.uvprojx。

双击该文件，可在 Keil 5 中打开 Template_Demo 工程，如图 3.6 所示。也可先启动 Keil 5，选择菜单命令"File"→"Open"，加载该工程文件，打开 Template_Demo 工程。

2．打开 Project Items 窗口

在图 3.6 中选择菜单命令"Project"→"Manage"→"Project Items"，或单击工具栏中的 按钮，打开 Project Items 面板，如图 3.8 所示。

图 3.8　Project Items 面板

3．修改工程目标名称

在图 3.8 的 Project Targets 栏中，可根据需要双击 Target 1 后修改名称，此处略。

4．添加工作组

在图 3.8 的 Groups 栏中，单击 Source Group 1，Source Group 1 处于选中状态，单击工具栏中的 ✕ 按钮，将其删除。单击工具栏中的 ▢ 按钮，新建 3 个工作组：USER、CORE 和 FWLIB，如图 3.9 所示。

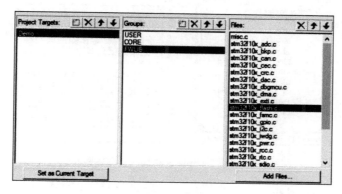

图 3.9　添加工作组

5．在工作组里添加文件

在图 3.9 中选择需要添加文件的工作组。

① 选择 FWLIB，单击【Add Files】按钮，定位到：..\1 Template(demo)\STM32F10x_FWLib\src\。如图 3.10 所示，选中文件夹里的所有文件（按组合键 Ctrl+A），单击【Add】按钮，然后单击【Close】按钮，完成添加过程。

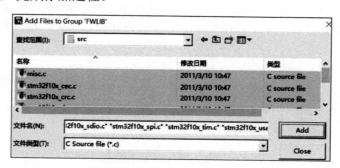

图 3.10　选择工程目录..\src\下需要添加到工程中的.c 文件

图 3.9 中的 FWLIB 组添加文件后，Files 栏中将显示所添加的文件。在编写代码时，如果只用到其中的某个片内外设，可以不用添加没有用到的片内外设文件。例如，工程中仅用到 GPIO，可只添加 stm32f10x_gpio.c。这里全部添加进来只是为了后面方便，不用每次添加。当然，这样做带来的问题是工程代码庞大，编译起来速度慢，读者可以自行选择。

② 选择 CORE，单击【Add Files】按钮，定位到：..\Template(demo)\CORE\，需要添加的文件为 core_cm3.c、startup_stm32f10x_md.s。

注意：添加文件时，默认显示的文件类型为.c，要添加 startup_stm32f10x_md.s 启动文件，需要选择文件类型为 All files 才能看到这个.s 文件。

③ 选择 USER，单击【Add Files】按钮，定位到：..\Template\USER\，需要添加的文件为 main.c、stm32f10x_it.c 和 system_stm32f10x.c。

至此所需要的文件都已经添加到工程中，最后单击【OK】按钮，关闭 Project Items 面板。

在 Keil 5 的 Project 窗口中可看到 Template_Demo 工程中已经添加的文件。单击其中的 main.c，在编辑窗口中可以打开文件，如图 3.11 所示。

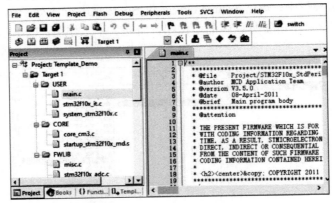

图 3.11　Template_Demo 工程文件

3.1.4　添加.h 文件路径

在 Keil 5 中需要添加 Template_Demo 工程依赖的.h 文件路径，用于告诉 Keil 5 在哪些路径之下搜索所需的头文件，也就是头文件目录。

① 在图 3.11 中单击工具栏中的 按钮或选择菜单命令"Project"→"Options for Target 'Target 1'"，打开 Options for Target 窗口。窗口内各选项卡的配置过程详见 10.2.1 节。

② 单击 C/C++选项卡的 Include Paths 栏后的 按钮，弹出 Folder Setup 窗口。

③ 在 Folder Setup 窗口中单击 按钮，添加.h 文件路径。当前工程需要添加.h 文件的路径如图 3.12 所示。

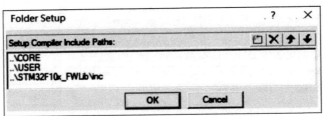

图 3.12　在工程中添加.h 文件路径

Keil 5 的编译环境只会在一级目录下查找，所以如果目录下面还有子目录，记得一定要定位到.h 文件所在的最后一级子目录，然后单击【OK】按钮。

3.1.5　在工程中添加 SYSTEM 组

SYSTEM 文件夹中的内容由正点原子公司提供，是 STM32F103x 系列的底层核心驱动函数，可以用在 STM32F103x 系列的各个型号上面，以方便开发者快速构建自己的工程。书中提供的基于标准库函数的 STM32 例程中均含有 SYSTEM 文件夹。

在 3.1.1 节中，复制到 Template 文件夹下的 SYSTEM 文件夹包含 delay、sys、usart 三个文件夹，分别包含 delay.c、sys.c、usart.c 及其头文件，这些文件中存放的是后续每个工程都要使用到的公共代码。

1. SYSTEM\delay 文件夹

delay 文件夹内包含 delay.c 和 delay.h 两个文件，这两个文件用来实现系统的延时功能，其中主要函数如下：

```
void delay_init(void);
void delay_ms(u16 nms);
void delay_us(u32 nus);
```

Cortex-M3 处理器内部包含一个 SysTick 定时器。SysTick 定时器是一个 24 位的倒计数定时器，当计数到 0 时，将从 RELOAD 寄存器中自动重装载定时初值，开始新一轮计数。delay 文件夹提供的延时函数就是利用 SysTick 定时器来实现延时的。

① delay_init 函数用来初始化两个重要参数：fac_us 和 fac_ms，配置 SysTick 定时器的时钟源，配置 SysTick 定时器的中断时间，开启 SysTick 定时器中断。

② delay_ms 函数用来延时指定的毫秒数，其参数 nms 为要延时的毫秒数。如果系统时钟为 72MHz，那么 nms 的最大值为 1864ms。

③ delay_us 函数用来延时指定的微秒数，其参数 nus 为要延时的微秒数。参数字长为 32 位，可以实现最长 2^{32}μs 的延时，大约为 4394s。

2. SYSTEM\sys 文件夹

sys 文件夹内包含 sys.c 和 sys.h 两个文件。在 sys.h 中定义了 STM32 的 I/O 接口输入读取宏定义和输出宏定义，sys.c 中只定义了一个中断分组函数。

（1）I/O 接口的位操作实现

该部分代码在 sys.h 文件中，实现对 STM32 各个 I/O 接口的位操作，包括读入和输出。在这些函数被调用之前，必须先进行 GPIO 时钟的使能和 I/O 接口功能定义。此处仅对 I/O 接口进行输入/输出读取和控制。

比如，要让 GPIOA 端口的第 7 个 I/O 接口输出 1，使用 PAout(6)=1;即可实现。若要判断 GPIOA 端口的第 15 个 I/O 接口是否等于 1，则可以使用 if(Pin(14)==1)…。

（2）在 sys.h 中定义全局宏

```
//0，不支持μC/OS；1，支持μC/OS
#define SYSTEM_SUPPORT_UCOS    0              //定义系统文件夹是否支持 UCOS
```

SYSTEM_SUPPORT_UCOS 这个宏定义用来定义 SYSTEM 文件夹是否支持μC/OS 操作系统，如果在μC/OS 中使用 SYSTEM 文件夹，那么该值设置为 1，否则设置为 0（默认）。本书没有介绍在 STM32 上移植和运行操作系统的相关内容。

3. SYSTEM\usart 文件夹

usart 文件夹内包含 usart.c 和 usart.h 两个文件，这两个文件用于串口的初始化和中断接收。这里只针对串口 1（USART1），如果要用串口 2（USART2）或其他串口，需要对代码稍作修改。

usart.c 文件里面包含两个函数，还有一段对串口 printf 的支持代码：

```
void USART1_IRQHandler(void);
void uart_init(u32, bound);
```

usart.h 定义了接收数据缓存和缓存长度，默认开启串口接收。

（1）printf 函数支持

printf 函数支持的代码在 usart.h 头文件的最上方，可实现将 printf 函数关联到串口 1，方便开发过程中查看代码执行情况及一些变量值。这段代码不需要修改，引入 usart.h 即可。

（2）uart_init 函数

```
void uart_init(u32 pclk2，u32 bound);                        //串口 1 初始化函数
```

该函数用于初始化串行通信模式，允许接收中断，初始化 USART1 用到的引脚：PA9(TXD)，PA10(RXD)。

（3）USART1_IRQHandler 函数

这是串口 1 中断服务函数。当串口 1 接收到数据，作为中断源触发中断机制后，就会跳到该函数执行。中断服务函数的名字需要遵循 MDK 定义的函数名。函数名在启动文件 startup_stm32f10x_md.s 的中断向量表字段有定义，如启动文件第 116 行定义了串口 1 中断服务函数的函数名。

| 116 | DCD | USART1_IRQHandler | ;USART1 |

4. SYSTEM 所辖文件添加过程

需要将上述 3 个文件夹下的文件加入 Template_Demo 工程中。

① 在 Keil 5 中为 Template_Demo 工程创建 SYSTEM 组，在 SYSTEM 组中依次添加 sys.c、delay.c 和 usart.c，添加结果如图 3.13 所示。

② 在 Keil 5 中添加 Template_Demo 工程中依赖的.h 文件路径，如图 3.14 所示。

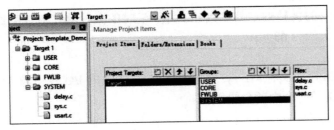

图 3.13　添加 SYSTEM 组和.c 文件

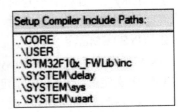

图 3.14　添加.h 文件路径

3.1.6 配置编译环境

在图 3.13 中单击工具栏中的 按钮，打开 Options for Target 窗口，Output 选项卡如图 3.15 所示。

1. Output 选项卡

① 单击【Select Folder for Objects】按钮，设置编译生成文件存放路径。这里选择编译后生成文件存放路径：..\1 Template\OBJ\。如果不设置 Output 路径，那么默认的编译文件存放文件夹就是系统自动生成的 Objects 文件夹和 Listings 文件夹。

② 勾选 Debug Information，生成支持在线调试的信息文件。勾选 Creat HEX File，生成可执行文件，存放路径：..\1 Template\OBJ\。Keil 5 编译后生成的 STM32 可执行文件类型是 HEX 格式。勾选 Browse Information，生成对变量或函数在工程文件中快速检索的定位信息。

③ 在 Name of Executable 栏中设置编译后生成的可执行文件名：Template_Demo。编译无误后，生成 STM32 可以执行的目标文件：..\1 Template\OBJ\Template_Demo.hex。

2. C/C++选项卡

C/C++选项卡如图 3.16 所示。

① 配置全局宏定义变量。因为基于标准库的工程文件预编译时，Keil 5 通过宏定义来选择配置和选择片内外设，所以需要为 Keil 5 编译器配置一个全局的宏定义变量。

在图 3.16 的 Define 框输入以下信息：STM32F10X_MD,USE_STDPERIPH_DRIVER。如果用的是大容量 MCU，需要将 STM32F10X_MD 修改为 STM32F10X_HD。

② 编译优化等级，默认 0 级。

③ 取消勾选 C99 Mode，然后单击【OK】按钮。

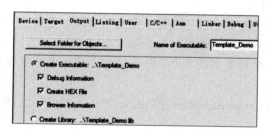

图 3.15 Output 选项卡

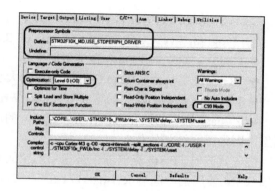

图 3.16 C/C++选项卡

3.1.7 编辑 main.c 文件

回到图 3.11 所示的编辑界面，在 Project 窗口中单击 main.c 文件，打开 main.c 文件。在编辑窗口中删除已有代码，输入以下代码后存盘。如图 3.17 所示。

新建工程 main.c 范例代码：

```
/********************************************
20230107 基于 STM32C8T6 工程模板范例
********************************************/
int main(void)
{  while(1);
{ }
}
```

记得在上述代码最后面加上一个空行。空行内不能存在空格，否则编译结果会有警告。

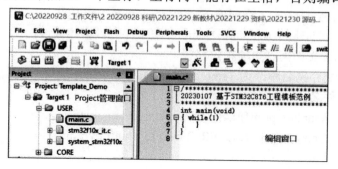

图 3.17 编辑 main.c 文件

3.1.8 工程的编译

选择菜单命令"Project"→"Build Target"，或单击工具栏中的█按钮，开始编译工程。编译结束后，会在 Build Output 窗口中输出编译结果信息，如图 3.18 所示。

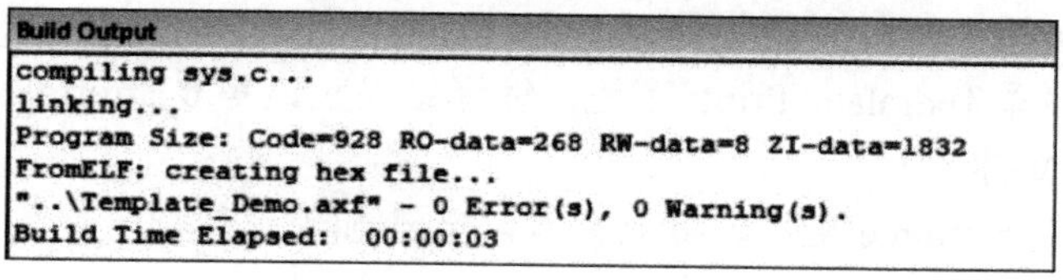

```
Build Output
compiling sys.c...
linking...
Program Size: Code=928 RO-data=268 RW-data=8 ZI-data=1832
FromELF: creating hex file...
"..\Template_Demo.axf" - 0 Error(s), 0 Warning(s).
Build Time Elapsed:  00:00:03
```

图 3.18 编译结果信息

① 编译结果：0 Error(s)，0 Warning(s)；生成了.hex 文件。

② Program Size: Code=928 RO-data=268 RW-data=8 ZI-data=1832，其中：

● Code 是代码占用 Flash 存储器的空间（Byte）；

● RO-data 是只读（Read Only）变量的大小（Byte）；

● RW-data 是已初始化的可读写（ReadWrite）变量的大小（Byte）；

● ZI-data 是未初始化（Zero Initialize）的可读写变量的大小（Byte）。ZI-data 不被算在代码里，因为不会被初始化。

烧写代码时，Flash 存储器中被占用的空间为 Code+RO-data+RW-data（Byte）。程序运行时，内部 RAM 使用的空间为 RW-data+ZI-data（Byte）。

经过上述步骤，所需要的工程创建完成。再次编译无误后，存盘退出 Keil 5。

由于工程 Template_Demo 实现的功能过于简单，接下来在 Template_Demo 的基础上添加代码，实现串口输出，以便了解工程文件的仿真调试过程和运行结果的观察方法。

3.2　创建 Template_Print 工程

工程名：..\USER\Template_Print.uvprojx。

工程文件存放路径：..\20221230 源码\1 STM32F103C8T6\2 Template(Print)\。

3.2.1　新建工程文件

为了进一步熟悉工程文件的编译和仿真调试过程，在 Template_Demo 工程的基础上添加测试用代码。

1. 基于 Template_Demo 工程创建 Template_Printf 工程文件

确认此时在 3.1 节创建的 Template_Demo 工程文件可以编译通过。

① 复制 Template 文件夹到当前指定路径。

② 将复制后的文件夹名称改为 Template(printf)。

③ 修改工程文件名。

原文件名称：..\Template(printf)\USER\Template_Demo.uvprojx。

修改后名称：..\Template(printf)\USER\Template_Printf.uvprojx。

④ 删除文件：

..\Template(printf)\USER\Template_Demo.uvprojx.XXX；

..\Template(printf)\USER\Template_Demo.uvoptx；

..\Template(printf)\OBJ\下所有文件均要删除。

2. 启动 Keil 5

① 打开 Template_Printf 工程文件。Template_Printf 工程的启动文件存放路径：..\Template(printf)\USER\Template_Printf.uvprojx。

② 修改编译输出的文件名。参考图 3.15 所示过程，修改为 Template_Printf。

③ 在 Keil 5 中编译 Template_Printf 工程，编译结果应该是 0 Error(s)，0 Warning(s)。

3. 修改 main.c 文件

① 在 Keil 5 中打开 main.c 文件，将原有内容全部删除。

② 按照下述代码重新编辑 main.c 文件：

```
#include "stm32f10x.h"
#include "delay.h"
#include "usart.h"
int main(void)
{   u8 t=0;
    delay_init();
    NVIC_PriorityGroupConfig(NVIC_PriorityGroup_2);
    uart_init(115200);
    printf("first test_demo\n");
    while(1)
    {   printf("t:%d\n",t);
        delay_ms(5);
        t++;  }
}
```

③ 编译工程文件。编译结果：0 Error(s)，0 Warning(s)。

3.2.2 配置 Options for Target 窗口

在 Keil 5 中单击工具栏中的 按钮，打开 Options for Target 窗口，Debug 选项卡如图 3.19 所示。

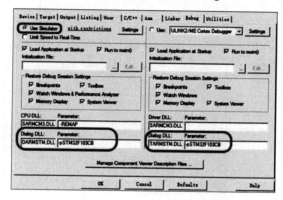

图 3.19 Debug 选项卡

1. Debug 选项卡

① 勾选 Use Simulator，使用软件仿真。

② 在左、右两个 Dialog DLL 输入框中分别填入 DARMSTM.DLL 和 TARMSTM.DLL。

③ 在左、右两个 Parameter 输入框中均填入-pSTM32F103C8，用于设置支持 STM32F103C8 软硬件仿真。

④ 单击【OK】按钮保存设置。

2. Target 选项卡

目前 STM32F1 系列开发板上的 CPU 外频通常为 8MHz，并且 ST 公司提供的标准库中的相关代码基于外频为 8MHz 来配置单片机时钟参数。为了保持代码的兼容性，仿真时在 Xtal 栏中填 8，如图 3.20 所示。

图 3.20 Target 选项卡

3.2.3 模拟仿真

1. Keil 5 的两个主要操作界面

① 编辑界面，如图 3.21 所示。编辑界面主要完成文件的编辑和修改、代码的编译及编译环境的设置等。单击工具栏中的@按钮，可切换到调试界面。

图 3.21 编辑界面

② 调试界面，如图 3.22 所示。

图 3.22 调试界面

调试界面的工具栏中提供了多种调试工具，如代码的运行控制、变量观察、串口打印、逻辑分析等。在调试过程中，可视情况打开或关闭某些辅助功能窗口。

在图 3.22 中选择菜单命令"Window"→"Reset View Defaults"，可以将调试界面显示窗口恢复为默认显示状态。在调试界面中单击工具栏中的@按钮，会切换到编辑界面。

2. Template_printf 工程的仿真调试

在编辑界面中编译 Template_printf 工程，结果显示无错误后进入调试界面。

① 在图 3.22 中，单击工具栏中的 ■▼ 按钮，选择打开 UART #1 窗口，如图 3.23 所示。

图 3.23 选择打开 UART #1 窗口

② 程序入口。图 3.22 中标记❷处为代码运行的当前位置（程序指针所指位置），程序运行初始时指向 main 函数的入口位置。

③ 设置断点。标记❸处是断点标志，单击该标志可取消断点，再次单击相同位置，可在该条指令（第 19 行）处添加断点。添加断点便于调试程序。

④ 运行程序。由于之前在图 3.19 中勾选了 Use Simulator，此时单击标记❹处的按钮，可以全速运行程序。因为在代码的第 19 行设置了断

点，程序运行到断点处会暂停，便于我们观察程序运行到断点处的一些信息，方便程序的调试。

⑤ 观察运行结果。当程序代码运行到第 19 行处暂停，在 UART #1 窗口中显示代码运行结果的信息：first test_demo 和 t:0（变量 *t* 的值），如图 3.24 所示，表明运行结果与工程文件需要完成的功能一致。

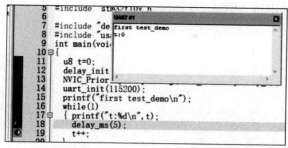

图 3.24　Template_Print 工程运行结果

3.3　GPIO

本节往后的内容将着重利用书中所给工程文件源码介绍 STM32 片内外设的使用方法，请读者依据前两节内容自行练习创建相应的工程文件。

工程名：..\USER\led.uvprojx。

工程文件存放路径：..\20221230 源码\1 STM32F103C8T6\3 C8T6(LED)\。

功能：PB12 引脚输出 10Hz 方波（软件实现延时），通过 Logic Analyzer（逻辑分析）窗口观看 PB12 引脚输出的波形。

本例是第一个面向片内外设的应用工程，对初学者而言，本节可从以下 4 个方面入手。

① 通过运行例程，了解 STM32 单片机编程的完整过程。

② 了解 GPIO 初始化代码的内容。GPIO 初始化代码的格式基本固定，只要掌握代码中与其 GPIO 端口及引脚有关的关键位置即可。编写其他 GPIO 端口的初始化代码时，可以采用整段复制并修改关键位置代码的方法，从而提高编程效率。

③ 了解工程中与硬件有关的.c 和.h 文件之间的关联关系，便于后期工程文件的结构管理。

④ 学习本节内容后，尝试修改代码，实现使用一个新的引脚（如 PB2、PA2 等）输出波形，进而创建一个新的工程并自行编写代码，从一个指定引脚输出波形。

3.3.1　HARDWARE 文件夹

在 Template_Demo 工程的基础上，增加..\3 CBT6(led)\HARDWARE 文件夹。

1. HARDWARE 文件夹的作用

HARDWARE 文件夹用来存储与硬件相关的文件。这些文件内容多与外围接口硬件或寄存器相关，需要开发人员自行编写或移植。

本例程使用 PB12 展开 GPIO 的编程过程介绍，实际应用中可外接 LED 灯。

本例程 HARDWARE 文件夹中仅有一个 LED 文件夹，LED 文件夹中有 led.c 和 led.h 两个文件。

2. Keil 5 中添加文件

① 添加 HARDWARE 组；

② 在 HARDWARE 组中添加 led.c 文件；

③ 为 led 工程添加 led.h 头文件。

3.3.2 GPIO 初始化

GPIO 初始化非常重要，需要学会编写。下面以 void LED_Init(void)函数为例介绍 GPIO 初始化：..\33 CBT6(led)\HARDWARE\LED\led.c。

1. 函数功能

初始化 PB12 功能为输出：

```
1    #include "led.h"
2    void LED_Init(void)
3    {
4    GPIO_InitTypeDef    GPIO_InitStructure;                           //声明结构体变量
5    RCC_APB2PeriphClockCmd(RCC_APB2Periph_GPIOB, ENABLE);        //使能 GPIOB 端口时钟
6    GPIO_InitStructure.GPIO_Pin = GPIO_Pin_12;                   //LED->PB12，需要初始化的引脚
7    GPIO_InitStructure.GPIO_Mode = GPIO_Mode_Out_PP;        //推挽输出
8    GPIO_InitStructure.GPIO_Speed = GPIO_Speed_50MHz;        //I/O 接口速度为 50MHz
9    GPIO_Init(GPIOB, &GPIO_InitStructure); }                  //根据设定参数初始化 GPIOB.12
```

2. 代码释义

第 1 行：led.c 中需要包含 led.h。

第 4 行：声明结构体变量。

GPIO_InitTypeDef 结构体类型定义在 stm32f10x_gpio.h 文件的第 91~101 行，GPIO_InitStructure 为结构体变量名。

第 5 行：使能 GPIOB 端口时钟。因为使用了 PB12，所以需要通过使能 GPIOB 端口时钟来启动 GPIOB 端口。RCC_APB2Periph_GPIOB 定义在 stm32f10x_rcc.h 文件的第 499 行。

例如，需要使用 USART1，在编写 USART1 初始化代码时，可以复制该语句并将语句中的 RCC_APB2Periph_GPIOB 替换为 RCC_APB2Periph_USART1。若片内外设悬挂于 APB1 总线，则要改为使用 RCC_APB1PeriphClockCmd 函数。

第 6~8 行为结构体变量 GPIO_InitStructure 中的成员赋值。

第 6 行：需要初始化的引脚。因为初始化的对象为 PB12，此处成员赋值为 GPIO_Pin_12。引脚名称在 stm32f10x_gpio.h 文件的第 127~143 行使用枚举方式定义。

第 7 行：因为 PB12 的功能为输出，此处成员赋值为 GPIO_Mode_Out_PP。

STM32F1 的 GPIO 用作输入/输出时，其 8 种工作模式在 stm32f10x_gpio.h 文件的第 71~80 行使用枚举方式定义。具体使用时，需要依据实际功能进行定义。本例 PB12 的功能为输出，在枚举定义 GPIOMode_TypeDef 中选 GPIO_Mode_Out_PP 来定义 PB12 为推挽输出模式。

第 8 行：定义 I/O 接口速度为 50MHz。在 stm32f10x_gpio.h 文件的第 58~63 行使用枚举方式定义 3 种 I/O 接口速度，一般选 I/O 接口速度为 50MHz 即可。

第 9 行：调用函数 GPIO_InitStructure，依据结构体成员的赋值初始化 PB12 引脚。

3. 格式

初始化 GPIO 函数是最基本的底层驱动函数，需要熟练掌握编写方法。该函数的格式固定，在编写时需要注意以下几点。

① GPIO 引脚名称固定格式，如 GPIO_Pin_12。

② 引脚所属端口的时钟名称固定格式，如 RCC_APB2Periph_GPIOB。

③ 确认端口归属的总线。在使能时钟时，APB1 和 APB2 总线上的设备需要分别调用 RCC_APB1PeriphClockCmd 和 RCC_APB2PeriphClockCmd 函数。

④ 正确选择 GPIO 引脚的工作模式。

⑤ 工程文件中跟踪宏 GPIO_Mode_Out_PP 的定义位置方法如下：

- 跟踪前，工程需要完成编译。
- Keil 5 编辑状态下，在编辑窗口中单击选中宏，右击弹出窗口，如图 3.25 所示。
- 在图 3.25 中单击 Go To De Definition OF 'GPIO_Mode_Out_PP'选项，将自动跳转到 stm32f10x_gpio.h 文件中宏的定义位置，如图 3.26 所示。

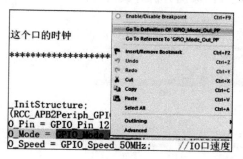

图 3.25　跟踪宏的定义位置

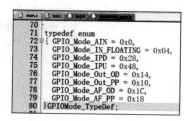

图 3.26　宏的定义位置

3.3.3　编写代码

在 Keil 5 中编写代码。

（1）main.c

```
#include "stm32f10x.h"
#include "delay.h"                //*定义有延时函数
#include "led.h"                  //定义有 GPIO 初始化函数，有宏定义 LED1

int main(void)                    //主程序入口
{   delay_init();                 //延时函数初始化
    LED_Init();                   //GPIO 初始化
    while(1)
    {   LED1 = 1;                 //GPIOB.12 = 1
        delay_ms(100);            //延时函数，获得软件延时的一种方法
        LED1 = 0;                 //GPIOB.12 = 0
        delay_ms(100); }
}
```

（2）led.c

led.c 参见 3.3.2 节。

（3）led.h

```
#include "sys.h"
#define LED1 PBout(12)            //定义宏 LED1
void    LED_Init(void);          //声明初始化函数
```

代码注释：PBout(12)是正点原子公司推出的 STM32F1 库函数版本中针对 GPIO 操作的一种描述方法。

3.3.4　仿真设置

编译 led.uvprojx 工程无错误后，可对代码进行软件仿真，通过 Keil 5 提供的仿真工具验证程序的运行结果。编辑状态下在 Options for Target 窗口中勾选 Use Simulator，设置软件仿真调试，单击 按钮，下载程序后进入调试模式。

在图 3.27 中打开 Setup Logic Analyzer 窗口，进行仿真前设置。

① 在 Keil 5 的调试界面单击标记❶，打开 Logic Analyzer 窗口。

② 在 Logic Analyzer 窗口单击标记❷，打开 Setup Logic Analyzer 窗口。

③ 在 Setup Logic Analyzer 窗口单击标记❸，添加分析对象。

④ 在 Setup Logic Analyzer 窗口单击标记❹，添加分析对象代码：

portb.12　或　(PORTB & 0X00001000) >>12

表示 Logic Analyzer 将获取 PB12 引脚对应位的内容进行显示分析。

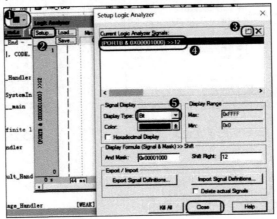

图 3.27　Setup Logic Analyzer 窗口

⑤ 单击标记❹处，选中对象后在 Setup Logic Analyzer 窗口单击标记❺，设置分析对象的数据类型为 Bit 型。

⑥ 单击【Close】按钮，关闭 Setup Logic Analyzer 窗口。

⑦ 设置 Logic Analyzer 窗口显示波形更新方式。

● 单击【Auto】按钮，可以手动更新显示波形。

● 在 Keil 5 的调试界面选择菜单命令"View"→"Periodic Window Update"，定时自动更新显示波形。

3.3.5　模拟仿真

① 全速运行程序，Logic Analyzer 窗口显示 PB12 的输出波形，如图 3.28 所示。

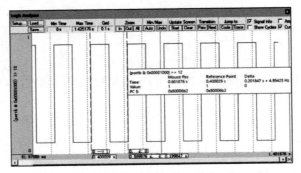

图 3.28　Logic Analyzer 窗口

② 利用 Logic Analyzer 提供的工具，可以对波形进行分析，如计算周期、多信号时序对比分析等。本例信号波形的周期为 0.2ms。

3.4 定时器/计数器

定时器实际是一个计数器，若是对频率固定的周期性信号计数，也就实现了定时器功能。定时器是单片机具有的基础功能之一，广泛应用在定时控制、信号特征的检测和测量等诸多领域。依据使用情况，可以设置定时器工作在定时模式或计数模式。

3.4.1 STM32 通用定时器简介

STM32F103x 片内有 8 个独立定时器，其中 TIM1 和 TIM8 是高级定时器，TIM6 和 TIM7 是基本定时器，TIM2~TIM5 为通用定时器。每个定时器核心是一个通过可编程预分频器（PSC）驱动的 16 位自动重装载计数器（CNT）。

STM32 单片机的定时器功能十分强大，可以用于测量输入信号的脉冲长度（输入捕获），产生输出波形（输出比较和 PWM 等）。使用与 STM32 定时器有关的两个预分频器（定时器预分频器和 RCC 时钟控制器预分频器），脉冲长度和波形周期可以在几微秒到几毫秒之间调整。

1. 接口特性

依据实际需求，在使用通用定时器过程中需要分配 GPIO 引脚。如：

① GPIO 引脚事件作为定时器的触发源；

② 用通用定时器产生的 PWM 信号通过 GPIO 引脚输出。

本节将利用定时器 TIM3 的中断功能，在中断服务程序中控制 PB12 引脚输出波形的翻转，以此产生周期性方波信号，主函数处于空闲状态。

2. 通用定时器主要功能

① 16 位自动重装载计数器（TIMx_CNT）。可以设置为向上计数模式、向下计数模式和中央对齐模式。在向上计数模式中，计数器从 0 计数到自动加载值（TIMx_ARR 计数器的内容），然后重新从 0 开始计数并且产生一个计数器溢出事件。

计数器时钟可由下列时钟源提供：内部时钟（CK_INT）、外部时钟模式 1（TIx 引脚）、外部时钟模式 2、外部触发输入（ETR）、内部触发输入（ITRx）。

② 16 位可编程预分频器（TIMx_PSC），计数器时钟频率的分频系数为 1~65535 之间的任意值。

③ 4 个独立通道（TIMx_CH1~4），这些通道可用来作为输入捕获、输出比较、PWM 生成（边缘或中央对齐模式）、单脉冲模式输出。

④ 可使用外部信号（TIMx_ETR）控制定时器和定时器互联（可以用一个定时器控制另外一个定时器）的同步电路。

⑤ 计数器溢出、触发事件（计数器启动、停止、初始化或由内部/外部触发计数）、输入捕获等发生时可以产生中断或启动 DMA。

⑥ 输出比较模式，用来控制一个输出波形，或者指示一段给定的时间已到。

⑦ PWM 模式，可以产生一个由 TIMx_ARR 寄存器确定频率、由 TIMx_CCRx 寄存器确定占空比的信号。

⑧ 单脉冲模式，是前述众多模式的一个特例。这种模式允许计数器响应一个激励，并在程序可控的延时之后，产生一个脉宽可由程序控制的脉冲。

⑨ 编码器接口模式。

⑩ 定时器输入异或功能。

⑪ 定时器和外部触发的同步。

⑫ 定时器同步。所有定时器 TIMx 在内部相连，用于定时器同步。当一个定时器处于主模式时，它可以对另一个处于从模式的定时器进行复位、启动、停止或提供时钟等操作。

3.4.2 通用定时器的寄存器

STM32F103x 内部的 8 个独立定时器，高级定时器 TIM1 和 TIM8 挂接到 APB1 总线，通用定时器 TIM2~TIM5 和基本定时器 TIM6、TIM7 挂接到 APB2 总线。

定时器 TIMx 所含寄存器见表 3.3，寄存器的基地址为 0x4000_0400。

表 3.3 定时器 TIMx 所含寄存器

序号	名称	偏移地址	读写	描述	复位值
1	TIMx_CR1	0x00	R/W	控制寄存器	0x0000
2	TIMx_CR2	0x04	R/W		0x0000
3	TIMx_SMCR	0x08	R/W	从模式控制寄存器	0x0000
4	TIMx_DIER	0x0C	R/W	DMA/中断使能寄存器	0x0000
5	TIMx_SR	0x10	R/W	状态寄存器	0x0000
6	TIMx_EGR	0x14	R/W	事件产生寄存器	0x0000
7	TIMx_CCMR1	0x18	R/W	捕获/比较模式寄存器	0x0000
8	TIMx_CCMR2	0x1C	R/W		0x0000
9	TIMx_CCER	0x20	R/W	捕获/比较使能寄存器	0x0000
10	TIMx_CNT	0x24	R/W	计数器	0x0000
11	TIMx_PSC	0x28	R/W	预分频器	0x0000
12	TIMx_ARR	0x2C	R/W	自动重装载寄存器	0x0000
13	TIMx_RCR	0x3C	R/W	TIM1、TIM8 重复计数寄存器	0x0000
14	TIMx_CCR1	0x34	R/W	捕获/比较寄存器	0x0000
15	TIMx_CCR2	0x38	R/W		0x0000
16	TIMx_CCR3	0x3C	R/W		0x0000
17	TIMx_CCR4	0x40	R/W		0x0000
18	TIMx_BDTR	0x44	R/W	TIM1、TIM8 刹车和死区寄存器	0x0000
19	TIMx_DCR	0x48	R/W	DMA 控制寄存器	0x0000
20	TIMx_DMAR	0x4C	R/W	连续模式的 DMA 地址寄存器	0x0000

注：TIMx 中的 x 取 1~8。

（1）控制寄存器 1（TIMx_CR1）（见表 3.4）

表 3.4 TIMx_CR1 寄存器

位域名称	位	描述	复位值
保留	[15:10]		
CKD[1:0]	[9:8]	时钟分频因子 00：$t_{DTS}=t_{CK\_INT}$ 01：$t_{DTS}=2×t_{CK\_INT}$ 10：$t_{DTS}=4×t_{CK\_INT}$ 11：保留	00b
ARPE	[7]	自动重装载预装载允许位 0：TIMx_ARR 寄存器没有缓冲 1：TIMx_ARR 寄存器被装入缓冲器	0

位域名称	位	描述	复位值
CMS[1:0]	[6:5]	选择中央对齐模式 00：边沿对齐模式　　　　　　　　01：中央对齐模式 1 10：中央对齐模式 2　　　　　　　　11：中央对齐模式 3	00b
DIR	[4]	方向 0：计数器向上计数　　　　　　　　1：计数器向下计数 注：当计数器配置为中央对齐模式或编码器模式时，该位为只读	0
OPM	[3]	单脉冲模式 0：当发生更新事件时，计数器不停止 1：当发生下一次更新事件（清除 CEN 位）时，计数器停止	0
URS	[2]	更新请求源 0：如果使能更新中断或 DMA 请求，则下述任一事件产生更新中断或 DMA 请求：计数器溢出/下溢、设置 UG 位、从模式控制器产生的更新 1：如果使能更新中断或 DMA 请求，则只有计数器溢出/下溢才产生更新中断或 DMA 请求	0
UDIS	[1]	禁止更新 0：允许 UEV　　　　　　　　　　1：禁止 UEV，不产生更新事件	0
CEN	[0]	使能计数器 0：禁止计数器　　　　　　　　　　1：使能计数器	0

（2）控制寄存器 2（TIMx_CR2）（见表 3.5）

表 3.5　TIMx_CR2 寄存器

位域名称	位	描述	复位值
保留	[15:8]		
TI1S	[7]	TI1 选择 0：TIMx_CH1 引脚连到 TI1 输入 1：TIMx_CH1、TIMx_CH2 和 TIMx_CH3 引脚经异或后连到 TI1 输入	0
MMS[2:0]	[6:4]	主模式选择 000：复位，TIMx_EGR 寄存器的 UG 位被用于作为触发输出（TRGO） 001：使能，计数器使能信号 CNT_EN 被用于作为触发输出（TRGO） 010：更新，更新事件被选为触发输入脉冲信号 011：比较脉冲，在发生一次捕获或一次比较成功时，当要设置 CC1IF 标志时（即使它已经为高），触发输出一个正脉冲（TRGO） 100：OC1REF 信号被用于触发输出（TRGO） 101：OC2REF 信号被用于触发输出（TRGO） 110：OC3REF 信号被用于触发输出（TRGO） 111：OC4REF 信号被用于触发输出（TRGO）	000b
CCDS	[3]	捕获/比较的 DMA 选择 0：发生 CCx 事件，请求 DMA　　　1：发生更新事件，请求 DMA	
保留	[2:0]		

（3）从模式控制寄存器（TIMx_SMCR）（见表 3.6）

表 3.6　TIMx_SMCR 寄存器

位域名称	位	描述	复位值
ETP	[15]	外部触发极选择 0：ETR 高电平或上升沿有效　　　　1：ETR 低电平或下降沿有效	0
ECE	[14]	外部时钟使能位 0：禁止外部时钟模式 2　　　　　　1：使能外部时钟模式 2	0

位域名称	位	描述	复位值
ETPS[1:0]	[13:12]	外部触发预分频位 00：关闭预分频　　　　　　01：ETRP 频率除以 2 10：ETRP 频率除以 4　　　　11：ETRP 频率除以 8	00b
ETF[3:0]	[11:8]	外部触发滤波 0000：无滤波器，以 f_{DTS} 采样　　　　　　1000：$f_{SAMPLING}=f_{DTS}/8$，$N=6$ 0001：采样频率 $f_{SAMPLING}=f_{CK\_INT}$，$N=2$　　1001：$f_{SAMPLING}=f_{DTS}/8$，$N=8$ 0010：$f_{SAMPLING}=f_{CK\_INT}$，$N=4$　　　　1010：$f_{SAMPLING}=f_{DTS}/16$，$N=5$ 0011：$f_{SAMPLING}=f_{CK\_INT}$，$N=8$　　　　1011：$f_{SAMPLING}=f_{DTS}/16$，$N=6$ 0100：$f_{SAMPLING}=f_{DTS}/2$，$N=6$　　　　1100：$f_{SAMPLING}=f_{DTS}/16$，$N=8$ 0101：$f_{SAMPLING}=f_{DTS}/2$，$N=8$　　　　1101：$f_{SAMPLING}=f_{DTS}/32$，$N=5$ 0110：$f_{SAMPLING}=f_{DTS}/4$，$N=6$　　　　1110：$f_{SAMPLING}=f_{DTS}/32$，$N=6$	0000b
MSM	[7]	主/从模式 0：无作用　　　　1：允许当前定时器通过 TRGO 脉冲与它的从定时器间完美同步	0
TS[2:0]	[6:4]	触发选择 000：内部触发 0（ITR0），定时器 TIM1　　100：TI1 的边沿检测器（TI1F_ED） 001：内部触发 1（ITR1），定时器 TIM2　　101：滤波后的定时器输入 1（TI1FP1） 010：内部触发 2（ITR2），定时器 TIM3　　110：滤波后的定时器输入 2（TI2FP2） 011：内部触发 3（ITR3），定时器 TIM4　　111：外部触发输入（ETRF）	000b
保留	[3]		0
SMS[2:0]	[2:0]	从模式选择 000：关闭从模式　　　　100：复位模式 001：编码器模式 1　　　101：门控模式 010：编码器模式 2　　　110：触发模式 011：编码器模式 3　　　111：外部时钟模式	000b

（4）DMA/中断使能寄存器（TIMx_DIER）（见表 3.7）

表 3.7　TIMx_DIER 寄存器

位域名称	位	描述	复位值
保留	[15]		
TDE	[14]	0：禁止触发 DMA 请求　　　　　　1：允许触发 DMA 请求	0
保留	[13]		
CC4DE	[12]	0：禁止捕获/比较 4 的 DMA 请求　　　1：允许捕获/比较 4 的 DMA 请求	0
CC3DE	[11]	0：禁止捕获/比较 3 的 DMA 请求　　　1：允许捕获/比较 3 的 DMA 请求	0
CC2DE	[10]	0：禁止捕获/比较 2 的 DMA 请求　　　1：允许捕获/比较 2 的 DMA 请求	0
CC1DE	[9]	0：禁止捕获/比较 1 的 DMA 请求　　　1：允许捕获/比较 1 的 DMA 请求	0
UDE	[8]	0：禁止更新的 DMA 请求　　　　　　1：允许更新的 DMA 请求	0
保留	[7]		
TIE	[6]	0：禁止触发中断　　　　　　1：使能触发中断	0
保留	[5]		
CC4IE	[4]	0：禁止捕获/比较 4 中断　　　　　　1：允许捕获/比较 4 中断	0
CC3IE	[3]	0：禁止捕获/比较 3 中断　　　　　　1：允许捕获/比较 3 中断	0
CC2IE	[2]	0：禁止捕获/比较 2 中断　　　　　　1：允许捕获/比较 2 中断	0
CC1IE	[1]	0：禁止捕获/比较 1 中断　　　　　　1：允许捕获/比较 1 中断	0
UIE	[0]	0：禁止更新中断　　　　　　1：允许更新中断	0

（5）状态寄存器（TIMx_SR）（见表3.8）

该寄存器用来标记当前与定时器相关的各种事件/中断是否发生。

表3.8 TIMx_SR 寄存器

位域名称	位	描述	复位值
保留	[15:13]		
CC4OF	[12]	捕获/比较 4 重复捕获标记	0
CC3OF	[11]	捕获/比较 3 重复捕获标记	
CC2OF	[10]	捕获/比较 2 重复捕获标记	0
CC1OF	[9]	捕获/比较 1 重复捕获标记 0：无重复捕获产生 1：当计数器的值被捕获到 TIMx_CCR1 寄存器时，CC1IF 的状态已经为 1	0
保留	[8:7]		
TIF	[6]	触发器中断标记 0：无触发器事件产生　　　　　　1：触发器中断等待响应	0
保留	[5]		
CC4IF	[4]	捕获/比较 4 中断标记	0
CC4IF	[3]	捕获/比较 3 中断标记	0
CC4IF	[2]	捕获/比较 2 中断标记	
CC1IF	[1]	捕获/比较 1 中断标记 （1）如果通道 CC1 配置为输出模式，当计数器值与比较值匹配时，该位由硬件置 1，但在中央对齐模式下除外（参考 TIMx_CR1 寄存器的 CMS 位），它由软件清 0 0：无匹配发生　　　　　　1：TIMx_CNT 的值与 TIMx_CCR1 的值匹配 （2）如果通道 CC1 配置为输入模式，当捕获事件发生时，该位由硬件置 1，它由软件清 0 或通过读 TIMx_CCR1 清 0 0：无输入捕获产生　　　　　　1：计数器值已被捕获（复制）至 TIMx_CCR1	0
UIF	[0]	更新中断标记 0：无更新事件产生　　　　　　1：更新中断等待响应	0

（6）事件产生寄存器（TIMx_EGR）（见表3.9）

表3.9 TIMx_EGR 寄存器

位域名称	位	描述	复位值
保留	[15:7]		
TG	[6]	产生触发事件 0：无动作 1：TIMx_SR[6]=1，若开启对应的中断和 DMA，则产生相应的中断和 DMA	0
保留	[5]		
CC4G	[4]	产生捕获/比较 4 事件，参考 CC1G 描述	0
CC3G	[3]	产生捕获/比较 3 事件，参考 CC1G 描述	0
CC2G	[2]	产生捕获/比较 2 事件，参考 CC1G 描述	
CC1G	[1]	产生捕获/比较 1 事件 0：无动作　　　　　　1：在通道 CC1 上产生一个捕获/比较事件	0
UG	[0]	产生更新事件 0：无动作　　　　　　1：重新初始化计数器，并产生一个更新事件	0

（7）捕获/比较模式寄存器 1（TIMx_CCMR1）

通道可用于输入（捕获模式）或输出（比较模式），通道的方向由相应的 CCxS 定义，定义内容如图 3.29 所示。

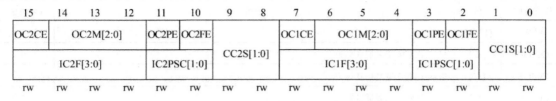

图 3.29　TIMx_CCMR1 寄存器位定义图

该寄存器其他位的作用在输入和输出下不同。OCxx 描述了通道在比较模式下的功能，ICxx 描述了通道在捕获模式下的功能。因此必须注意，同一个位在比较模式和捕获模式下的功能是不同的，见表 3.10 和表 3.11。

表 3.10　TIMx_CCMR1 寄存器（比较模式）

位域名称	位	描述	复位值
OC2CE	[15]	输出比较 2 清 0 使能（定义与输出比较 1 格式相同）	0
OC2M[2:0]	[14:12]	输出比较 2 模式（定义与输出比较 1 格式相同）	000b
OC2PE	[11]	输出比较 2 预装载使能（定义与输出比较 1 格式相同）	0
OC2FE	[10]	输出比较 2 快速使能（定义与输出比较 1 格式相同）	0
CC2S[1:0]	[9:8]	捕获/比较 2 选择 00：CC2 通道输出　　　　　　　　　　01：CC2 通道输入，IC2 映射在 TI2 上 10：CC2 通道输入，IC2 映射在 TI1 上　　11：CC2 通道输入，IC2 映射在 TRC 上	00b
OC1CE	[7]	输出比较 1 清 0 使能 0：OC1REF 不受 ETRF 输入的影响　1：一旦检测到 ETRF 输入高电平，清除 OC1REF=0	0
OC1M[2:0]	[6:4]	输出比较 1 模式 000：冻结 001：匹配时设置通道 1 为有效电平 010：匹配时设置通道 1 为无效电平 011：翻转。当 TIMx_CCR1=TIMx_CNT 时，翻转 OC1REF 的电平 100：强制为无效电平。强制 OC1REF 为低 101：强制为有效电平。强制 OC1REF 为高 110：PWM 模式 1 在向上计数时，一旦 TIMx_CNT<TIMx_CCR1 时，通道 1 为无效电平，否则为有效电平 111：PWM 模式 2 在向上计数时，一旦 TIMx_CNT<TIMx_CCR1 时，通道 1 为有效电平，否则为无效电平	000b
OC1PE	[3]	输出比较 1 预装载使能 0：禁止 TIMx_CCR1 寄存器的预装载功能，可随时写入 TIMx_CCR1 寄存器 1：开启 TIMx_CCR1 寄存器的预装载功能，读写操作仅对预装载寄存器操作	0
OC1FE	[2]	输出比较 1 快速使能 0：无效　　　　　　　　　　　　　　1：允许	0
CC1S[1:0]	[1:0]	捕获/比较 1 选择 00：CC1 通道输出　　　　　　　　　　01：CC1 通道输入，IC1 映射在 TI1 上 10：CC1 通道输入，IC1 映射在 TI2 上　　11：CC1 通道输入，IC1 映射在 TRC 上	00b

表 3.11 TIMx_CCMR1 寄存器（捕获模式）

位域名称	位	描述	复位值
IC2F[3:0]	[15:12]	输入捕获 2 滤波器	
IC2PSC[1:0]	[11:10]	输入/捕获 2 预分频器	
CC2S[1:0]	[9:8]	捕获/比较 2 选择 00：CC2 通道输出　　　　　　　　　　01：CC2 通道输入，IC2 映射在 TI2 上 10：CC2 通道输入，IC2 映射在 TI1 上　　11：CC2 通道输入，IC2 映射在 TRC 上	
IC1F[3:0]	[7:4]	输入捕获 1 滤波器 0000：无滤波器，以 f_{DTS} 采样　　　　　0001：采样频率 $f_{SAMPLING}=f_{CK\_INT}$，$N=2$ 0010：$f_{SAMPLING}=f_{CK\_INT}$，$N=4$　　　0011：$f_{SAMPLING}=f_{CK\_INT}$，$N=8$ 0100：$f_{SAMPLING}=f_{DTS}/2$，$N=6$　　　0101：$f_{SAMPLING}=f_{DTS}/2$，$N=8$ 0110：$f_{SAMPLING}=f_{DTS}/4$，$N=6$　　　0111：$f_{SAMPLING}=f_{DTS}/4$，$N=8$ 1000：$f_{SAMPLING}=f_{DTS}/8$，$N=6$　　　1001：$f_{SAMPLING}=f_{DTS}/8$，$N=8$ 1010：$f_{SAMPLING}=f_{DTS}/16$，$N=5$　　1011：$f_{SAMPLING}=f_{DTS}/16$，$N=6$ 1100：$f_{SAMPLING}=f_{DTS}/16$，$N=8$　　1101：$f_{SAMPLING}=f_{DTS}/32$，$N=5$ 1110：$f_{SAMPLING}=f_{DTS}/32$，$N=6$　　1111：$f_{SAMPLING}=f_{DTS}/32$，$N=8$	
IC1PSC[1:0]	[3:2]	输入/捕获 1 预分频器 00：无预分频器，捕获输入口上检测到的每一个边沿都触发一次捕获 01：2 个事件触发一次捕获　　10：4 个事件触发一次捕获　　11：8 个事件触发一次捕获	
CC1S[1:0]	[1:0]	捕获/比较 1 选择 00：CC1 通道输出　　　　　　　　　　01：CC1 通道输入，IC1 映射在 TI1 上 10：CC1 通道输入，IC1 映射在 TI2 上　　11：CC1 通道输入，IC1 映射在 TRC 上	

（8）捕获/比较模式寄存器 2（TIMx_CCMR2）

该寄存器描述的是输出比较 3、4 单元，用法与 TIMx_CCMR1 相同。

（9）捕获/比较使能寄存器（TIMx_CCER）（见表 3.12）

表 3.12 TIMx_CCER 寄存器

位域名称	位	描述	复位值
保留	[15:14]		
CC4P	[13]	输入/捕获 4 输出极性，参考 CC1P 的描述	0
CC4E	[12]	输入/捕获 4 输出使能，参考 CC1E 的描述	0
保留	[11:10]		
CC3P	[9]	输入/捕获 3 输出极性，参考 CC1P 的描述	0
CC3E	[8]	输入/捕获 3 输出使能，参考 CC1E 的描述	0
保留	[7:6]		
CC2P	[5]	输入/捕获 2 输出极性，参考 CC1P 的描述	0
CC2E	[4]	输入/捕获 2 输出使能，参考 CC1E 的描述	0
保留	[3:2]	保留，始终读为 0	
CC1P	[1]	CC1P：输入/捕获 1 输出极性 （1）CC1 通道配置为输出： 0：OC1 高电平有效　　　　　　　　　1：OC1 低电平有效 （2）CC1 通道配置为输入，该位选择是 IC1 还是 IC1 的反相信号作为触发或捕获信号 0：不反相，捕获发生在 IC1 的上升沿；当用作外部触发器时，IC1 不反相 1：反相，捕获发生在 IC1 的下降沿；当用作外部触发器时，IC1 反相	0
CC1E	[0]	CC1E：输入/捕获 1 输出使能 （1）CC1 通道配置为输出： 0：关闭，OC1 禁止输出　　　　　　　1：开启，OC1 信号输出到对应的输出引脚 （2）CC1 通道配置为输入，该位决定了计数器的值是否能捕获 TIMx_CCR1 寄存器 0：捕获禁止　　　　　　　　　　　　0：捕获使能	0

注：连接到标准 OCx 通道的外部 I/O 引脚状态，取决于 OCx 通道状态和 GPIO 及 AFIO 寄存器。

（10）计数器（TIMx_CNT）（见表 3.13）

表 3.13 TIMx_CNT 寄存器

位域名称	位	描述	复位值
CNT[15:0]	[15:0]	计数器的值	0x0000

（11）预分频器（TIMx_PSC）（见表 3.14）

表 3.14 TIMx_PSC 寄存器

位域名称	位	描述	复位值
PSC[15:0]	[15:0]	预分频器的值，计数器的时钟频率 $f_{CK\_CNT}=f_{CK\_PSC}/(PSC[15:0]+1)$	0x0000

（12）自动重装载寄存器（TIMx_ARR）（见表 3.15）

表 3.15 TIMx_ARR 寄存器

位域名称	位	描述	复位值
ARR[15:0]	[15:0]	自动重装载值，包含将要传送至实际的自动重装载寄存器的数值	0x0000

16 位的内容是自动重装载的值。

（13）捕获/比较寄存器 1（TIMx_CCR1）（见表 3.16）

表 3.16 TIMx_CCR1 寄存器

位域名称	位	描述	复位值
CCR1[15:0]	[15:0]	捕获/比较寄存器 1 的值 （1）若 CC1 通道配置为输出： CCR1 包含了装入当前捕获/比较寄存器 1 的值（预装载值）。如果在 TIMx_CCMR1 寄存器（OC1PE 位）中未选择预装载特性，写入的数值会被立即传输至当前寄存器中。否则只当有更新事件发生时，此预装载值才传输至当前捕获/比较寄存器 1 中。当前捕获/比较寄存器参与同计数器 TIMx_CNT 的比较，并在 OC1 上产生输出信号 （2）若 CC1 通道配置为输入： CCR1 包含了由上一次输入捕获事件 1（IC1）传输的计数器值	0x0000

（14）捕获/比较寄存器 2~4（TIMx_CCR2~4）

其用法与 TIMx_CCR1 相同。

（15）DMA 控制寄存器（TIMx_DCR）（见表 3.17）

表 3.17 TIMx_DCR 寄存器

位域名称	位	描述	复位值
保留	[15:13]		
DBL[4:0]	[12:8]	DMA 连续传送长度 00000~10001：对应 1~18 字节	00000b
保留	[7:5]		
DBA[4:0]	[4:0]	DMA 基地址，定义了 DMA 在连续模式下的基地址（当对 TIMx_DMAR 寄存器进行读或写时），DBA 定义为从 TIMx_CR1 寄存器所在地址开始的偏移量： 00000：TIMx_CR1 00001：TIMx_CR2 00010：TIMx_SMCR ……	00000b

（16）连续模式的 DMA 地址寄存器（TIMx_DMAR）（见表 3.18）

表 3.18 TIMx_DMAR 寄存器

位域名称	位	描述	复位值
DMAB[15:0]	[15:0]	DMA 连续传送寄存器 对该寄存器读或写会导致对以下地址所在寄存器的存取操作：TIMx_CR1 地址 ＋ DBA ＋ DMA 索引，其中，"TIMx_CR1 地址"是控制寄存器 1（TIMx_CR1）所在的地址；"DBA"是 TIMx_DCR 寄存器中定义的基地址；"DMA 索引"是由 DMA 自动控制的偏移量，它取决于 TIMx_DCR 寄存器中定义的 DBL	0x0000

3.4.3　定时器 TIM3 编程

1．工程文件描述

工程名：..\USER\time3.uvprojx。

工程文件存放路径：..\20221230 源码\1 STM32F103C8T6\4 CBT6(TIME3)\。

功能：启用定时器 TIM3，在 PB12 引脚输出 2Hz 方波（TIM3 定时中断方式获得延时）。

2．定时器 TIM3 编程步骤

① 定时器 TIM3 时钟使能；

② 初始化定时器参数，设置自动重装载值、分频系数、计数方式等；

③ 设置 TIM3_DIER，允许更新中断；

④ 设置定时器 TIM3 中断优先级；

⑤ 使能定时器 TIM3，开启定时；

⑥ 编写中断服务程序。

3．定时器 TIM3 初始化函数

与定时器 TIM3 有关的初始化代码定义于..\HARDWARE\TIMER\timer.c 和 timer.h 两个文件。创建自己的工程文件时，需要在 Keil 5 中将两个文件添加到工程。

（1）函数代码

```
1     void TIM3_Int_Init(u16 arr, u16 psc)         //arr：自动重装载值；psc：时钟预分频数
2     {
3        TIM_TimeBaseInitTypeDef   TIM_TimeBaseStructure;
4        NVIC_InitTypeDef NVIC_InitStructure;
5        RCC_APB1PeriphClockCmd(RCC_APB1Periph_TIM3, ENABLE);          //时钟使能
6        //定时器 TIM3 初始化
7        TIM_TimeBaseStructure.TIM_Period = arr;                        //设置自动重装载值
8        TIM_TimeBaseStructure.TIM_Prescaler =psc;//设置时钟预分频数
9        TIM_TimeBaseStructure.TIM_ClockDivision = TIM_CKD_DIV1;       //设置时钟
10       TIM_TimeBaseStructure.TIM_CounterMode = TIM_CounterMode_Up;   //向上计数模式
11       TIM_TimeBaseInit(TIM3, &TIM_TimeBaseStructure); //初始化 TIM3 的时间基数单位
12
13       TIM_ITConfig(TIM3,TIM_IT_Update,ENABLE);                      //使能允许 TIM3 更新中断
14       //中断优先级 NVIC 设置
15       NVIC_InitStructure.NVIC_IRQChannel = TIM3_IRQn;               //TIM3 中断
16       NVIC_InitStructure.NVIC_IRQChannelPreemptionPriority = 0;     //抢占优先级 0 级
17       NVIC_InitStructure.NVIC_IRQChannelSubPriority = 3;            //子优先级 3 级
18       NVIC_InitStructure.NVIC_IRQChannelCmd = ENABLE;              //IRQ 通道被使能
19       NVIC_Init(&NVIC_InitStructure);                              //初始化 NVIC 寄存器
20       TIM_Cmd(TIM3, ENABLE);                                      //使能 TIM3
21       }
```

（2）代码注释

第 5 行：定时器 TIM3 时钟使能。定时器 TIM3 挂载在 APB1 总线之下，所以通过 APB1 总线下的使能函数来使能定时器 TIM3 的工作时钟。

第 7~9 行：初始化定时器参数，设置自动重装载值、分频系数、计数方式等。

第 11 行：初始化定时器 TIM3。参数 1 确定是哪个定时器；参数 2 是定时器初始化参数结构体指针，结构体类型为 TIM_TimeBaseInitTypeDef，定义在 stm32f10x_tim.h 文件的第 51~74 行。

第 13 行：设置 TIM3_DIER 允许更新中断。因为要使用定时器 TIM3 更新中断，寄存器的相应位便可使能更新中断。在库函数中，定时器中断使能是通过 TIM_ITConfig 函数来实现的：参数 1 用来选择定时器号，取值为 TIM1~TIM8。参数 2 用来指明使能的定时器中断的类型，触发定时器中断的事件类型定义在 stm32f10x_tim.h 文件的第 601~609 行。本例定义计数溢出事件作为中断源，触发定时器 TIM3 中断。参数 3 使能中断。

第 14~19 行：启动 TIM3 定时中断功能后需要的一些基本配置。

第 20 行：开启定时器 TIM3。

（3）入口参数的计算方法

系统初始化函数 SystemInit 初始化 APB1 总线的时钟为系统时钟（72MHz）2 分频，所以 APB1 总线的时钟为 36MHz。从图 2.6 得知，当 APB1 的时钟分频系数为 1 时，定时器 TIM2~7 的时钟源为 APB1 的时钟，如果 APB1 的时钟分频系数不为 1（图中 APB1 Prescaler =2），那么定时器 TIM2~7 的时钟频率将为 APB1 时钟的两倍。因此，当前定时器 TIM3 的输入时钟为 72MHz，再根据我们设计的 arr 和 psc 的值，就可以计算中断源发生的时间间隔。计算公式如下：

$$Tout=((arr+1)*(psc+1))/Tclk$$

其中，Tclk 是定时器 TIM3 的输入时钟频率（单位为 MHz）。

例如，定时器 TIM3 的输入时钟频率是 72MHz，定时时间为 0.5s 时计算 arr 和 psc 的值。

由题意知，Tclk =72MHz。

由于定时器 TIM3 的计数器为 16 位，最多能够记录 65536 个时钟信号。为了便于计算，可以令一个时钟信号的周期为 0.1ms，当计数器记录了 5000 个时钟信号后就可得到所需的 0.5s。所以需要将定时器 TIM3 计数的时钟信号周期设定为 0.1ms（10kHz）。

定时器 TIM3 计数用时钟信号=定时器 TIM3 的输入时钟频率/时钟预分频数

即

$$psc = (72MHz / 10kHz) -1 = 7199$$

定时器 TIM3 在初始化时设置为向上计数模式。从 0 开始计数，计数到 arr，再来一个计数脉冲，定时器 TIM3 的计数器会产生溢出事件，触发中断事件处理，此时计数器归零，从 0 开始重新计数。

按照题目要求，定时器 TIM3 对频率为 10kHz 的信号持续记录 4999 个可以满足设计要求，即

$$arr = 5000-1$$

4．中断服务程序

（1）TIM3 的中断向量

中断服务程序的函数名称不能随便定义，一般都遵循 MDK 定义的函数名。这些函数名称在启动文件 startup_stm32f10x_hd.s 中可以找到：

```
108      DCD      TIM3_IRQHandler                 ; TIM3 的中断向量
```

在 startup_stm32f10x_md.s 的中断向量表里，定义了 TIM3 的中断向量名称，因此 TIM3 中断服务程序的函数名称需要命名为 TIM3_IRQHandler，与 TIM3 的中断向量保持一致。

当正确初始化 TIM3 并启动中断功能后，TIM3 的计数器计数溢出后会触发中断，程序指针会在中断向量表里自动加载 TIM3 的中断向量，随后自动跳转到函数 TIM3_IRQHandler 的入口，执行中断服务程序。

（2）TIM3_IRQHandler 中断服务程序

① 判断触发 TIM3 的中断源；

② 满足触发条件，则清除 TIM3 的本次中断标志，以便下次溢出事件再次触发中断；

③ 定义用户代码，PB12 输出逻辑求反（目的是在 PB12 引脚输出 1Hz 方波）。

（3）函数（timer.c）代码

```
1     void TIM3_IRQHandler(void)                              //TIM3 中断
2     {
3       if(TIM_GetITStatus(TIM3, TIM_IT_Update) != RESET) //检查 TIM3 更新中断发生与否
4       {
5         TIM_ClearITPendingBit(TIM3, TIM_IT_Update);      //清除 TIM3 更新中断标志
6         LED1=!LED1;                                      //需要处理的事件
7       }
8     }
```

（4）代码注释

本例工程中，中断服务程序每隔 0.5s 执行一次。

第 1 行：TIM3 中断服务程序入口。函数名称需要与中断向量表中的定义一致。

第 3 行：过滤 TIM3 中断源。

第 5 行：清除中断源事件标志，允许下次中断源事件发生，激活 TIM3 中断，再次执行中断服务程序。

第 6 行：PB12 引脚输出逻辑反转一次。中断服务程序中用户定义的代码，可以在此修改或添加需要周期性运行的事件代码。

5. 主函数（main.c）关键代码

```
1     #include "timer.h"
2     int main(void)                    //主程序入口
3     {
4       delay_init();                   //延时函数初始化
5       LED_Init();                     //GPIO 初始化
6       //TIM3_Int_Init(4999,7199);     //外部晶振 8MHz，计数精度 0.1ms，0.05s 溢出一次
7       TIM3_Int_Init(4999,7199);       //外部晶振 8MHz，计数精度 0.1ms，0.5s 溢出一次
8       while(1)
9       {}
10    }
```

3.4.4 模拟仿真

1. 观察配置窗口

（1）寄存器的赋值

库函数 stm32f10x_tim.c 中为寄存器赋值的语句举例如下：

```
252    TIMx->CR1 = tmpcr1;
```

其中，tmpcr1 中存储的是依据初始化参数生成的命令字。

TIM_TimeBaseInit 函数生成寄存器所需命令字的过程参见 stm32f10x_tim.c 文件的第 228~252 行。本节代码中初始化定时器 TIM3 后，TIM3->CR1 中存储的命令字内容可以通过打开 TIM3

观察窗口查看。

TIM3->CR1 是工程文件中对 TIM3 所属寄存器的一种描述方法，命名与本书对寄存器的命名保持一致，这里所指的寄存器就是 TIM3_CR1。

在 Keil 5 的调试模式，单步执行到 while(1)语句，随后选择菜单命令"Peripherals"→"System Viewer"→"TIM"→"TIM3"，打开 TIM3 观察窗口。

（2）解读 TIM3_CR1 寄存器的内容

图 3.30(a)所示当前 TIM3_CR1=0x00000001。依照表 3.4 中的位定义，当前 TIM3_CR1 的值可以解读为：CEN[0]=1，使能 TIM3，定时器开始计数；DIR[4]=0，向上计数方式，即为增 1 计数器，计数器值每次在初值的基础上加 1；CMS[1:0]=00，边沿对齐模式；CKD[1:0]=00，时钟分频因子为 1。

2. 全速运行代码

打开 Logic Analyzer 窗口添加 PB12，全速运行代码，仿真结果波形如图 3.30 所示。

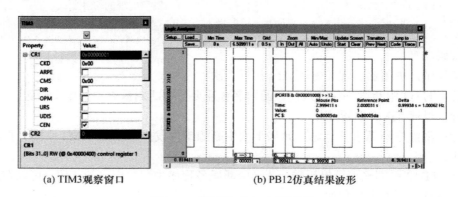

(a) TIM3观察窗口　　　　(b) PB12仿真结果波形

图 3.30　定时器 TIM3 工程仿真

3.5　通用同步/异步收发器（USART）

串行通信是 MCU 设备与外界通信的方式之一，可以实现设备与设备或设备与主机之间的数据传输。串行通信具有传输线少、成本低的特点，在数据采集、集散控制、物联网等领域有着广泛应用。串口是 MCU 中最常用的片内外设。

3.5.1　USART 简介

STM32 单片机的串行通信功能相当强大，其内置的通用同步/异步收发器（Universal Synchronous/Asynchronous Receiver/Transmitter，USART），可以使用多种协议在外设之间进行全双工的串行数据通信。

1. 接口特性

STM32F103x 单片机最多可提供 5 路串口，其中 USART1~3 支持同步模式和异步模式，UART4~5 仅支持异步模式（Universal Asynchronous Receiver/Transmitter，UART），其中 STM32F103ZET6 的 5 路串口对应引脚见表 3.19。简版型号如 STM32F103C8T6，受引出引脚数量限制，片内仅有 USART1~3 可提供给用户编程使用。

基于 USART 双向通信的两个设备之间，采用有线方式连接时至少需要两条连接线：接收外部数据输入（Receive eXternal Data，RXD）和发送数据输出（Transmit eXternal Data，TXD）。STM32 单片机上每路串口相互独立，分别使用各自的引脚实现数据收发，每路串口使用引脚重映射可以参见 AFIO_MAPR 寄存器的说明。

表 3.19　STM32F103ZET6 串口对应的引脚

序号	串口名称	工作模式	RXD（接收数据）	TXD（发送数据）
1	USART1	同步/异步	PA10	PA9
2	USART2	同步/异步	PA3	PA2
3	USART3	同步/异步	PB11	PB10
4	UART4	异步	PC11	PC10
5	UART5	异步	PD2	PC12

STM32 的 GPIO 引脚使用 TTL 电平，逻辑 1 代表 3.3V，逻辑 0 代表 0V，在与通信的另一方连接时要注意接口电平的匹配。如在使用 STM32 的 USART1 与 PC 通信时，PA9 和 PA10 引脚就要外接适配器，通常使用 TTL 转 USB 模块实现与 PC 之间建立物理连接。初期调试阶段也可搭建模拟调试环境，实现与 PC 之间建立虚拟连接，随后编程实现通信代码的调试。

2．USART 的主要功能

（1）5 路串口均支持全双工的异步通信

具有可编程的数据字长度（8 位或 9 位）、可配置的停止位（0.5 个、1 个、1.5 个、2 个停止位）、校验控制（支持奇偶校验）、使用独立的接收器和发送器、接收器具有使能位等特点。

异步通信时，8 位数据字、1 个停止位、无校验位的字符帧结构如图 3.31 所示。在 USART 发送数据期间，TXD 引脚上首先移出数据最低有效位（Least Significant Bit，LSB）。

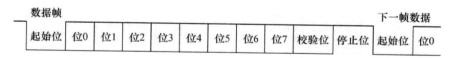

数据帧											下一帧数据	
起始位	位0	位1	位2	位3	位4	位5	位6	位7	校验位	停止位	起始位	位0

图 3.31　异步通信时 USART 字符帧结构

（2）分数波特率发生器

允许编程定义波特率的数值。本例程中使用外频 8MHz，配置 APB1 总线时钟频率为 36MHz，APB2 总线时钟频率为 72MHz。调用标准库函数可以实现波特率的计算和校准，依据句柄和结构体传递的内容初始化指定串口。

在工程中的uart.c文件里编写uart_init函数，句柄指向USART1，初始化了结构体变量成员的内容，其中波特率由函数入口参数传递，便于调整波特率。

```
void uart_init(u32 bound){              //定义函数体，入口参数 bound
…
USART_InitStructure.USART_BaudRate = bound;   //成员变量赋值串口波特率
…
USART_Init(USART1, &USART_InitStructure);     //调用函数初始化串口 1
…}
```

在工程中的main.c文件里编写代码，调用uart_init函数：

```
int main(void)
{ …
uart_init(115200);                      //调用串口初始化函数，传递波特率参数
…}
```

（3）多处理器通信

通过 USART 可以实现多处理器通信，多机通信系统结构如图 3.32 所示，主设备的 TXD 输出统一连接到从设备的 RXD 输入；从设备各自的 TXD 输出逻辑与在一起，并且和主设备的 RXD 输入相连接。此种连接结构通过扩展 RS-485 接口，可以增加系统内所带从设备的数量并延长数据传输的距离。

在多处理器配置中，主设备首先发送地址帧，从设备接收地址帧并验证身份正确后被激活，与主设备开始进行数据传输，此时未被寻址的从设备可启用其静默功能置于静默模式。

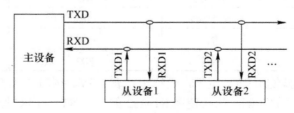

图 3.32　多机通信系统结构

（4）硬件流控制

硬件流控制就是在收发双方之间再使用两条控制线，来传递通信双方当前的串口工作状态，并对发送方发送数据的条件进行约束。当检测到接收端处于忙状态时，发送端暂停发送数据。

STM32 单片机利用 nCTS 输入和 nRTS 输出，实现两个设备间的串行数据流控制，实现硬件流控制的连接关系如图 3.33 所示。通过将 USART_CR3 中的 RTSE 和 CTSE 置位，可以分别独立地使能 RTS 和 CTS 流控制。

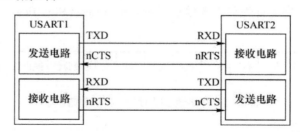

图 3.33　实现两个 USART 间硬件流控制的连接关系

① RTS 流控制。如果 RTS 流控制被使能（RTSE=1），只要 USART 接收器准备好接收新的数据，nRTS 就变成有效（被拉成低电平）。当接收寄存器内有数据到达时，nRTS 被释放，由此表明希望在当前帧结束时停止数据传输。

② CTS 流控制。如果 CTS 流控制被使能（CTSE=1），发送器在发送下一帧数据前检查 nCTS 输入。如果 nCTS 有效（低电平），则发送下一帧数据，否则下一帧数据不被发出去。

目前 MCU 组建的应用系统结构比较简单，传输的数据量不大，多采用主从方式通信。对于初学者来说，编程时只要保证对接收到的数据进行实时处理，在数据传输时可以不使用硬件流控制，以简化电路的设计和编程。本节例程没有使用硬件流控制。

（5）单线半双工通信

在某些场合下需要进行三线制串口通信（只有一根信号线），这就要求双方以单线半双工式进行通信。在这种情况下，用于传输信号的引脚需要频繁切换输入、输出模式。STM32 通过设置 USART_CR3 寄存器的 HDSEL 位，配置为单线半双工模式。

在单线半双工模式下，TXD 和 RXD 引脚在芯片内部互联。外部使用 TXD 引脚，当没有数据传输时，TXD 引脚总是被释放，因此它在空闲状态或接收状态时表现为一个标准 I/O 接口。

初始化时，TXD 引脚须配置成悬空输入（或开漏输出）。

（6）同步模式

USART1~3 支持同步模式，同步模式下需要由主设备提供时钟信号。

（7）DMA

USART 收发数据均可以使用 DMA 模式。使用多缓冲器配置的 DMA 方式，可以实现高速数据通信。

3. 中断

（1）中断源

STM32 的每个 USART 有以下事件可以作为中断源触发中断：发送完成、清除发送、发送数据寄存器空、空闲总线检测、溢出错误、接收数据就绪可读、校验错误、LIN 断开符号检测、噪声标志（仅在多缓冲器通信）和帧错误（仅在多缓冲器通信）。USART 各个中断源及其使能位见表 3.20。

表 3.20 USART 各个中断源及其使能位

序号	中断事件	事件标志	使能位
1	发送数据寄存器空	TXE	TXEIE
2	消除发送	CTS	CTSIE
3	发送完成	TC	TCIE
4	接收数据就绪可读	RXNE	RXNEIE
5	检测到数据溢出	ORE	
6	检测到空闲线路	IDLE	IDLEIE
7	奇偶检验错	PE	PEIE
8	LIN 断开检测标志	LBD	LBDIE
9	噪声标志、多缓冲通信中的溢出错误和帧错误	NE 或 ORE 或 FE	EIE

USART 的中断映射连接结构如图 3.34 所示。每个中断源均设置了对应的使能位，软件使能这些位后，允许中断事件发生后产生各自的中断申请。

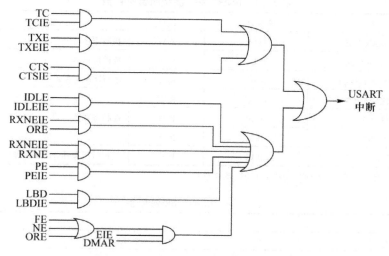

图 3.34 USART 的中断映射连接结构

（2）中断向量

USART 的各个中断事件通过或逻辑被连接到同一个中断向量，在 ST 公司提供的启动文件（startup_stm32f10x_md.s 文件的第 116 行）中，已经配置好中断向量表。中断向量表中在

USART1 中断源的入口地址处，填写有中断服务程序的入口地址，代码中呈现的是中断服务程序函数名称。

| 116 | DCD | USART1_IRQHandler | ;USART1 的中断向量，即中断服务程序函数名称 |

在所编写的工程文件中，中断服务程序函数名称要与对应的中断向量内容保持一致。由于中断向量在启动文件的中断向量表中已经填好，如 USART1_IRQHandler（在 uart.c 文件的第 113 行），因此在编写 USART1 的中断服务程序时，函数名称必须为 USART1_IRQHandler。

| 113 | USART1_IRQHandler() | //USART1 的中断服务程序 |
| | {...} | |

在编写其他中断服务程序时，函数名称可以通过查看启动文件的中断向量表中填写的中断向量内容来得到。

（3）过滤中断源

USART 的所有中断源公用一个中断向量，即当 USART 内多个被使能的中断源提交中断申请时，均会从同一个入口跳转到 USART1_IRQHandler 函数。因此在 USART1_IRQHandler 函数中首先需要编写代码，对中断源进行过滤后处理。

uart.c 文件的第 116 行对提交的是否为接收数据就绪可读（RXNE）事件进行过滤后处理：

| 116 | if(USART_GetITStatus(USART1, USART_IT_RXNE) != RESET) | //过滤 RXNE 事件 |

标准库中对 USART 的中断源名称做了宏定义。

3.5.2 USART 寄存器

STM32F103x 单片机内部的 5 路串口如图 2.3 所示，其中 USART1 挂接在 APB2 总线上，USART2、USART3、UART4 和 UART5 挂接在 APB1 总线上。

以 USART1 为例，USART 寄存器组所含寄存器见表 3.21，内部寄存器组基地址为 0x4001_3800。

表 3.21 USART 寄存器组所含寄存器

序号	名称	偏移地址	读写	描述	复位值
1	USART_SR	0x00	R/W	状态寄存器	0x00C0
2	USART_DR	0x04	R/W	数据寄存器	0x0000
3	USART_BRR	0x08	R/W	波特比率寄存器	0x0000
4	USART_CR1	0x0C	R/W		0x0000
5	USART_CR2	0x10	R/W	控制寄存器	0x0000
6	USART_CR3	0x14	R/W		0x0000
7	USART_GTPR	0x18	R/W	保护时间和预分频寄存器	0x0000

（1）状态寄存器（USART_SR）（见表 3.22）

表 3.22 USART_SR 寄存器

位域名称	位	描述		复位值
保留	[31:10]			
CTS	[9]	CTS 标志 0：nCTS 状态线上没有变化	1：nCTS 状态线上发生变化	0
LBD	[8]	LIN 断开检测标志 0：没有检测到 LIN 断开	1：检测到 LIN 断开	0

位域名称	位	描述		复位值
TXE	[7]	发送数据寄存器空 0：数据还没有被转移到移位寄存器	1：数据已经被转移到移位寄存器	
TC	[6]	发送完成 0：发送还未完成	1：发送完成	0
RXNE	[5]	接收数据寄存器非空 0：数据没有收到	1：收到数据，可以读出	0
IDLE	[4]	监测到总线空闲 0：没有检测到空闲总线	1：检测到空闲总线	0
ORE	[3]	过载错误 0：没有过载错误	1：检测到过载错误	1
NE	[2]	噪声错误标志 0：没有检测到噪声	1：检测到噪声	1
FE	[1]	帧错误 0：没有检测到帧错误	1：检测到帧错误或者断开字符	0
PE	[0]	校验错误 0：没有奇偶校验错误	1：有奇偶校验错误	0

（2）数据寄存器（USART_DR）（见表 3.23）

表 3.23　USART_DR 寄存器

位域名称	位	描述	复位值
保留	[31:9]		
DR[8:0]	[8:0]	数据值，包含发送或接收的数据。由于它由两个寄存器组成，一个用于发送（TDR），一个用于接收（RDR），该寄存器兼具读和写的功能	

（3）波特比率寄存器（USART_BRR）（见表 3.24）

表 3.24　USART_BRR 寄存器

位域名称	位	描述	复位值
保留	[31:16]		
DIV_Mantissa[11:0]	[15:4]	USARTDIV 整数部分，定义 USART 分频器除法因子的整数部分	0
DIV_Fraction[3:0]	[3:0]	USARTDIV 小数部分，定义 USART 分频器除法因子的小数部分	0

（4）控制寄存器 1（USART_CR1）（见表 3.25）

表 3.25　USART_CR1 寄存器

位域名称	位	描述		复位值
保留	[31:14]			
UE	[13]	USART 使能 0：USART 分频器和输出被禁止	1：USART 模块使能	0
M	[12]	字长 0：1 个起始位，8 个数据位，n 个停止位	1：1 个起始位，9 个数据位，n 个停止位	0
WAKE	[11]	唤醒方法 0：被空闲总线唤醒	1：被地址标记唤醒	0
PCE	[10]	校验控制使能 0：禁止校验控制	1：使能校验控制，在数据字中添加校验位	0
PS	[9]	校验选择 0：偶校验	1：奇校验	0

位域名称	位	描述	复位值
PEIE	[8]	PE 中断使能 0：禁止产生中断　　　　　　　　　　　　1：当 PE=1 时产生 USART 中断	0
TXEIE	[7]	发送缓冲区空中断使能 0：禁止产生中断　　　　　　　　　　　　1：当 TXE=1 时产生中断	0
TCIE	[6]	发送完成中断使能 0：禁止产生中断　　　　　　　　　　　　1：当 TC=1 时产生中断	0
RXNEIE	[5]	接收缓冲区非空中断使能 0：禁止产生中断　　　　　　　　　　　　1：当 ORE=1 或 RXNE=1 时产生中断	0
IDLEIE	[4]	IDLE 中断使能 0：禁止产生中断　　　　　　　　　　　　1：当 IDLE=1 时产生中断	0
TE	[3]	发送使能 0：禁止发送　　　　　　　　　　　　　　1：使能发送	0
RE	[2]	接收使能 0：禁止接收　　　　　　　　　　　　　　1：使能接收	0
RWU	[1]	接收唤醒 0：接收器处于正常工作模式　　　　　　　1：接收器处于静默模式	0
SBK	[0]	发送断开帧 0：没有发送断开字符　　　　　　　　　　1：将要发送断开字符	0

（5）控制寄存器 2（USART_CR2）（见表 3.26）

表 3.26　USART_CR2 寄存器

位域名称	位	描述	复位值
保留	[31:15]		
LINEN	[14]	LIN 模式使能 0：禁止 LIN 模式　　　　　　　　　　　1：使能 LIN 模式	0
STOP	[13:12]	停止位 00：1 个停止位　　　01：0.5 个停止位　　　10：2 个停止位　　　11：1.5 个停止位	00b
CLKEN	[11]	时钟使能 0：禁止 CK 引脚　　　　　　　　　　　　1：使能 CK 引脚	0
CPOL	[10]	时钟极性。在同步模式下，可用该位选择 SLCK 引脚上时钟输出的极性。和 CPHA 位一起来产生需要的时钟/数据的采样关系 0：总线空闲时 CK 引脚上保持低电平　　　1：总线空闲时 CK 引脚上保持高电平	0
CPHA	[9]	时钟相位。在同步模式下，可用该位选择 SLCK 引脚上时钟输出的相位 0：在时钟的第一个边沿进行数据捕获　　　1：在时钟的第二个边沿进行数据捕获	0
LBCL	[8]	最后一位时钟脉冲。在同步模式下，使用该位来控制是否在 CK 引脚上输出最后发送的那个数据字节（MSB）对应的时钟脉冲 0：不输出　　　　　　　　　　　　　　1：从 CK 输出	0
保留位	[7]		
LBDIE	[6]	LIN 断开符检测中断使能 0：禁止中断　　　　　　　　　　　　　1：LBD=1 时产生中断	0
LBDL	[5]	LIN 断开符检测长度 0：10 位的断开符检测　　　　　　　　　1：11 位的断开符检测	0
保留位	[4]		
ADD[3:0]	[3:0]	本设备的 USART 节点地址	0000b

（6）控制寄存器 3（USART_CR3）（见表 3.27）

表 3.27　USART_CR3 寄存器

位域名称	位	描述		复位值
保留	[31:11]			
CTSIE	[10]	CTS 中断使能 0：禁止中断	1：CTS=1 时产生中断	0
CTSE	[9]	CTS 使能 0：禁止 CTS 硬件流控制	1：CTS 模式使能	0
RTSE	[8]	RTS 使能 0：禁止 RTS 硬件流控制	1：RTS 中断使能	0
DMAT	[7]	DMA 使能发送 0：禁止发送时的 DMA 模式	1：使能发送时的 DMA 模式	0
DMAR	[6]	DMA 使能接收 0：禁止接收时的 DMA 模式	1：使能接收时的 DMA 模式	0
SCEN	[5]	智能卡模式使能 0：禁止智能卡模式	1：使能智能卡模式	0
NACK	[4]	智能卡 NACK 使能 0：校验错误出现时，不发送 NACK	1：校验错误出现时，发送 NACK	0
HDSEL	[3]	半双工选择 0：不选择半双工模式	1：选择半双工模式	0
IRLP	[2]	红外低功耗 0：通常模式	1：低功耗模式	0
IREN	[1]	红外模式使能 0：不使能红外模式	1：使能红外模式	0
EIE	[0]	错误中断使能 0：禁止中断	1：DMAR=1 且 FE=1（或 ORE=1 或 NE=1），则产生中断	0

（7）保护时间和预分频寄存器（USART_GTPR）（见表 3.28）

表 3.28　USART_GTPR

位域名称	位	描述	复位值
保留	[31:16]		
GT[7:0]	[15:8]	保护时间值。该位域规定了以波特时钟周期数为单位的保护时间。在智能卡模式下，需要这个功能。当保护时间过去后，才会设置发送完成标志	0
PSC[7:0]	[7:0]	预分频器值 （1）在红外（IrDA）低功耗模式下：PSC[7:0]=红外低功耗波特率 使用寄存器中给出的值（8 位有效位）作为对源时钟的分频因子，对源时钟进行分频。 00000000：保留（不要写入该值）； 00000001：对源时钟 1 分频； 00000010：对源时钟 2 分频； … （2）在红外（IrDA）的正常模式下：PSC 只能设置为 00000001 （3）在智能卡模式下：PSC[4:0]=预分频值 使用寄存器中给出的值（低 5 位有效）乘以 2 后作为对源时钟的分频因子，对源时钟进行分频。 00000：保留（不要写入该值）； 00001：对源时钟进行 2 分频； 00010：对源时钟进行 4 分频； 00011：对源时钟进行 6 分频； …	0

3.5.3　USART1 编程

1．工程文件描述

工程名：..\1 cbt6(USART1)\USER\Usart1.uvprojx；

..\2 cbt6(USART2)\USER\Usart2.uvprojx。

工程文件存放路径：..\20221230 源码\1 STM32F103C8T6\5 C8T6(UART)\。

功能：使用 USART1 与外界通信。

2．STM32 串口编程步骤

基于标准库函数，编写串口通信程序的一般步骤如下：

① 串口时钟使能，串口复位（可选，案例中未调用串口复位函数）；

② GPIO 时钟使能，设置串口使用的 GPIO 工作模式；

③ 串口参数初始化（如：8、None、1、115200）、使能串口；

④ 开启中断，初始化 NVIC，一般接收使用中断或 DMA 模式，发送是 STM32 主动进行的，视情况选择相应的工作模式；

⑤ 编写串口中断服务程序；

⑥ 设置收发数据缓冲区；

⑦ 编写代码实现通信协议（字符编码、协议内容、结束条件及数据接收后的解析）；

⑧ 搭建串口调试环境，测试代码。

3．USART1 初始化函数

工程源文件：..\20221230 源码\1 STM32F103C8T6\5 cbt6(UART)\1 cbt6(USART1)\。

与 USART1 有关的初始化代码定义于..\1 cbt6(USART1)\SYSTEM\usart\usart.c 和 usart.h 两个文件中，对需要的库函数进行了分类和整理，比较适合入门级读者的使用。读者也可以使用库函数自行编写初始化代码，相关库函数声明可以参考 stm32f10x_usart.h。

USART1 使用的引脚：PA10（RXD）、PA9（TXD）。

初始化函数仅开通 USART1，数据格式为：8 位字长、无奇偶校验位、1 个停止位，双向的收发模式、不支持硬件流控制，中断方式接收数据，函数被调用时传递波特率参数。

工程中的 usart.c 文件代码如下：

```
1    u8 USART_RX_BUF[USART_REC_LEN];    //接收缓冲，最大 USART_REC_LEN 个字节
2    u16 USART_RX_STA=0;                //接收状态标志
3    //接收状态
4    //bit15,    接收到有效的完成结束符
5    //bit14,    接收到 0x0d
6    //bit13~0,  接收到的有效字节数
7
8    void uart_init(u32 bound){         //定义初始化函数
9    GPIO_InitTypeDef      GPIO_InitStructure;       //GPIO 结构体变量
10   USART_InitTypeDef     USART_InitStructure;      //USART 结构体变量
11   NVIC_InitTypeDef      NVIC_InitStructure;       //NVIC 结构体变量
     //使能挂接在 APB2 总线的 USART1 和 GPIOA 时钟
12   RCC_APB2PeriphClockCmd(RCC_APB2Periph_USART1|RCC_APB2Periph_GPIOA, ENABLE);13
14   GPIO_InitStructure.GPIO_Pin = GPIO_Pin_9;       //PA9
15   GPIO_InitStructure.GPIO_Speed = GPIO_Speed_50MHz;
16   GPIO_InitStructure.GPIO_Mode = GPIO_Mode_AF_PP;  //复用功能推挽输出
17   GPIO_Init(GPIOA, &GPIO_InitStructure);           //初始化 PA9
18   GPIO_InitStructure.GPIO_Pin = GPIO_Pin_10;       //PA10
```

```
19        GPIO_InitStructure.GPIO_Mode = GPIO_Mode_IN_FLOATING;        //浮空输入
20        GPIO_Init(GPIOA, &GPIO_InitStructure);                       //初始化 PA10
21
22        NVIC_InitStructure.NVIC_IRQChannel = USART1_IRQn;            //USART1 NVIC 配置
23        NVIC_InitStructure.NVIC_IRQChannelPreemptionPriority=3;       //抢占优先级 3
24        NVIC_InitStructure.NVIC_IRQChannelSubPriority = 3;           //子优先级 3
25        NVIC_InitStructure.NVIC_IRQChannelCmd = ENABLE;             //IRQ 通道使能
26        NVIC_Init(&NVIC_InitStructure);        //根据指定的参数初始化 NVIC 寄存器
27
28        //USART 初始化设置
29        USART_InitStructure.USART_BaudRate = bound;                  //串口波特率
30        USART_InitStructure.USART_WordLength = USART_WordLength_8b;  //字长 8 位
31        USART_InitStructure.USART_StopBits = USART_StopBits_1;       //1 个停止位
32        USART_InitStructure.USART_Parity = USART_Parity_No;          //无奇偶校验位
33        USART_InitStructure.USART_HardwareFlowControl = USART_HardwareFlowControl_None;
                                                                        //无硬件流控制
34        USART_InitStructure.USART_Mode = USART_Mode_Rx | USART_Mode_Tx;//收发模式
35        USART_Init(USART1, &USART_InitStructure);                    //初始化串口 1
36
37        USART_ITConfig(USART1, USART_IT_RXNE, ENABLE);               //开启串口接收中断
38        USART_Cmd(USART1, ENABLE);                                   //使能串口 1
39    }
```

（1）代码注释

第 1 行：接收缓冲。长度宏 USART_REC_LEN 定义在 usart.h 中：

```
#define USART_REC_LEN                200        //定义最大接收字节数 200
```

第 2 行：定义接收状态标志，bit15=1 表示接收到有效数据包，主程序用来判断接收状态。

第 8 行：定义 void uart_init 函数。

第 9~11 行：申请 3 个结构体变量。

第 12 行：使用位或方式同时使能串口和 GPIOA 时钟。

第 14~20 行：设置串口使用的 GPIO 工作模式。

第 22~26 行：先初始化 NVIC，后续将开启中断接收模式。

第 28~35 行：串口参数初始化，参数宏的定义在 stm32f10x_usart.h 文件。

第 37 行：开启中断，接收使用中断模式。

第 38 行：使能串口 1。

（2）补充说明

在 usart.c 中对宏 EN_USART1_RX 做了条件判断：当 EN_USART1_RX=1 时，才会编译 void uart_init 函数，所以需要在 usart.h 中定义宏的内容。

```
#define EN_USART1_RX        1        //使能（1）/禁止（0）串口 1 接收
```

初始化函数中没有调用串口复位函数。当串口初始化或工作过程中出现异常时，可以通过调用复位函数实现该串口的复位，然后配置这个串口达到让其重新工作的目的。读者可视情况自行编写代码调用复位函数，复位函数调用方法为：

```
USART_DeInit(USART1);                //复位串口 1
```

复位函数原型定义在 stm32f10x_usart.c 文件中的第 130~163 行。

4．USART1_IRQHandler 函数

（1）USART1 中断向量

```
116    DCD        USART1_IRQHandler                ;USART1
```

在启动文件 startup_stm32f10x_md.s 的中断向量表中，定义了 USART1 中断服务程序的入口是 USART1_IRQHandler。正确初始化 USART1 并启动中断功能后，当接收到 1 字节数据时，

程序指针会在中断向量表里自动加载 USART1 的中断向量，随后自动跳转到函数 USART1_IRQHandler 的入口，执行中断服务程序。

（2）USART1_IRQHandler 中断服务程序

定义于：..\6 cbt6(UART)\1 cbt6(USART1)\SYSTEM\usart\usart.c。

当 USART1 收到 1 字节数据时会触发中断，执行 USART1_IRQHandler 中断服务程序：

```
1        void USART1_IRQHandler(void)                              //串口 1 中断服务程序
2          {
3          u8 Res;
4          if(USART_GetITStatus(USART1, USART_IT_RXNE) != RESET)    //过滤中断源
5            {
6            Res =USART_ReceiveData(USART1);         //读取接收到的数据
7            if((USART_RX_STA&0x8000)==0)            //接收未完成
8              {
9              if(USART_RX_STA&0x4000)              //接收到 0x0d
10               {
11               if(Res!=0x0a)USART_RX_STA=0;        //接收错误,重新开始，必须是连续的 0x0d、0x0a
12               else USART_RX_STA|=0x8000;          //接收完成
13               }
14             else                                //还没收到 0x0D
15               {
16               if(Res==0x0d)USART_RX_STA|=0x4000;
17               else
18                 {
19                 USART_RX_BUF[USART_RX_STA&0X3FFF]=Res;
20                 USART_RX_STA++;
21                 if(USART_RX_STA>(USART_REC_LEN-1))USART_RX_STA=0;//接收数据错误
22         }}}}}
```

（3）代码注释

第 1 行：USART1 中断服务程序入口。函数名称需要与中断向量表中的内容一致。

第 4 行：仅对接收事件过滤。在中断服务程序中需要查询中断源是接收还是发送，所调用的函数定义于 stm32f10x_usart.c 文件的第 938~1001 行，该函数的原型如下：

```
        ITStatus USART_GetITStatus(USART_TypeDef * USARTx, uint16_t USART_IT)
```

其中，参数 1：指定串口号。

参数 2：在 stm32f10x_usart.h 文件的第 242~252 行使用宏定义，宏名注释如下。

```
242    #define USART_IT_PE                    ((uint16_t)0x0028)
       #define USART_IT_TXE                   ((uint16_t)0x0727)
       #define USART_IT_TC                    ((uint16_t)0x0626)
       #define USART_IT_RXNE                  ((uint16_t)0x0525)
       #define USART_IT_IDLE                  ((uint16_t)0x0424)
       #define USART_IT_LBD                   ((uint16_t)0x0846)
       #define USART_IT_CTS                   ((uint16_t)0x096A)
       #define USART_IT_ERR                   ((uint16_t)0x0060)
       #define USART_IT_ORE                   ((uint16_t)0x0360)
       #define USART_IT_NE                    ((uint16_t)0x0260)
252    #define USART_IT_FE                    ((uint16_t)0x0160)
```

若发送采用中断方式，此处可添加发送数据中断过滤代码来进行判断，并添加相应的发送数据处理代码：

```
        USART_GetFlagStatus(USART1，USART_FLAG_TC);
```

此时可以在 main 函数中首先发送 1 字节，用来激活中断服务程序，随后的数据再由中断服务程序发送。

第 5~20 行：将接收到的数据存储到数组 USART_RX_BUF[]，并判断数据包结束符。

把接收到的数据保存在 USART_RX_BUF[]中，同时在接收状态寄存器（USART_RX_STA）中计数接收到的有效数据个数，当收到回车（回车的表示由 2 字节组成：0x0D 和 0x0A）的第一个字节 0x0D 时，计数器将不再增加，等待 0x0A 的到来，而如果 0x0A 没有来到，则认为这次接收失败，重新开始下一次接收。

如果顺利接收到 0x0A，则标记 USART_RX_STA 的第 15 位，这样完成一次接收，并等待该位被其他程序清除，从而开始下一次接收。而如果迟迟没有收到 0x0D，那么在接收数据长度超过 USART_REC_LEN 时，则会丢弃前面的数据，重新接收。

第 11 行：要注意此处判断必须是连续的 0x0d、0x0a，否则认为接收出错。如果传输的是文本，这样判断没有问题。若协议中定义传输的是二进制数据（在数据采集领域经常传输的是二进制数据），这样接收数据时会出现偶发问题（数据包中小概率出现连续的 0x0d、0x0a），此时需要在数据传输协议中自定义结束符，以保证可靠的数据传输。

第 12 行：收到数据包结束符，置接收完成标志。

第 21 行：接收缓存数组溢出处理。

5．printf 函数重定向 USART

printf 是格式化输出函数，在 C 语言编程中经常用来输出一些信息到控制台，可以作为一种重要的调试手段。单片机中使用 printf 输出数据到串口，可以非常方便输出用户信息或调试信息。在 USART 的初始化文件中加入以下代码，可以将 printf 函数关联到 USART。

（1）函数代码

usart.h 文件：

```
    #include "stdio.h"                          //需要包含的标准输入/输出头文件
```

usart.c 文件：

```
1       #pragma import(_ _use_no_semihosting)    //使用标准的输入/输出功能，而不使用半主机模式
2       struct _ _FILE                           //标准库需要的支持函数
3       { int handle; };
4       FILE _ _stdout;                          //FILE 在 stdio.h 文件中
5       void _sys_exit(int x)                    //定义_sys_exit()，以避免使用半主机模式
6       {   x = x; }
7       int fputc(int ch, FILE *f)               //重定向 fputc 函数，使 printf 关联到 USART1
8       {   while((USART1 ->SR&0x40)==0);        //等待数据发送结束
9           USART1 ->DR = (u8) ch;               //串口 1 发送新数据
10          return ch;
11      }
```

（2）代码注释

第 8~9 行：为 printf 指定 USART1。本例开通了 USART1，以下代码将 fputc 指向了 USART1，若开通多个串口，代码中可以将 fputc 指向需要输出的 USART 端口号。

6．main.c 函数

工程文件：..\5 cbt6(UART)\1 cbt6(USART1)\USER\main.c。

main 函数功能：没有接收到有效数据包，发送提示信息；接收到有效数据包，返回接收到的数据。

（1）函数代码

```
1       #include "stm32f10x.h"
2       #include "delay.h"
3       #include "led.h"
```

```
4              #include "usart.h"
5
6              int main(void)
7              { u16 t;    u16 len;    u16 times=0;
10               NVIC_PriorityGroupConfig(NVIC_PriorityGroup_2);                //设置 NVIC 中断分组
11               uart_init(115200);                                             //串口初始化为 115200b/s
12               delay_init();
13               while(1)
14                 { if(USART_RX_STA&0x8000)
15                   { len=USART_RX_STA&0x3fff;                                 //得到此次接收到的数据长度
16                     printf("\r\n 您发送的消息为:\r\n\r\n");
17                     for(t=0;t<len;t++)
18                       { USART_SendData(USART1, USART_RX_BUF[t]);   //向串口 1 发送数据
19                         while(USART_GetFlagStatus(USART1,USART_FLAG_TC)!=SET); }//等待发送结束
20                     printf("\r\n\r\n");                                       //插入换行
21                     USART_RX_STA=0; }                                        //清接收标志
22                   else
23                     { times++;                                              //记录通信空闲时间
26                       if(times%5000==0)    printf("\r\n 等待接收数据中\r\n");
27                       if(times%200==0)     printf("请输入数据,以回车键结束\n");
28                       delay_ms(10);    }
29                 } }
```

（2）代码注释

第 1~4 行：添加所有的.h 文件。

第 10 行：设置 NVIC 中断分组，有关 NVIC 部分代码，可以直接移植。

第 11~12 行：调用初始化函数。

第 15 行：判断接收到有效数据包标志。

第 18 行：调用 STM32 库函数向 USART1 发送 1 字节数据。

发送数据函数定义在 stm32f10x_usart.c 文件的第 529~600 行，该函数的原型如下：

    void USART_SendData(USART_TypeDef* USARTx，uint16_t Data);

接收数据函数定义在 stm32f10x_usart.c 文件的第 609~616 行，该函数的原型如下：

    uint16_t USART_ReceiveData(USART_TypeDef* USARTx);

通过该函数可以读取串口接收到的数据。

第 19 行：查询发送数据是否结束，在发送下一个数据之前，需要等待当前数据发送结束。

查询发送状态的函数：

    USART_GetFlagStatus(USART1,USART_FLAG_TC)

查询接收状态的函数：

    USART_GetFlagStatus(USART1,USART_FLAG_RXNE)

3.5.4 USART1 代码的仿真调试

1. 虚拟串口工具软件

虚拟串口是计算机通过软件模拟的串口。当没有外接串口设备时，可以通过虚拟串口工具软件，在 PC 环境中虚拟出一对串口，为调试串口通信提供便利条件。SPD（Virtual Serial Port Drive）软件由 Eltima 公司开发，读者可从其官方网站下载和注册后使用。

（1）添加虚拟串口 COM1、COM2

添加虚拟串口内容可参见图 3.35。

（2）查看虚拟设备

使用 SPD 软件创建串口后，可在"设备管理器"中看到两个虚拟串口设备 COM3 和 COM4，此时可以使用这两个虚拟串口搭建串口调试环境，如图 3.36 所示。

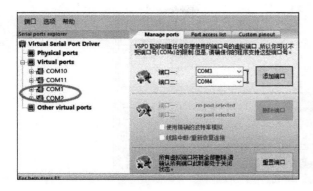

图 3.35　添加虚拟串口

图 3.36　虚拟串口设备

2. 串口调试助手

在调试串口代码的初期阶段，PC 端通常使用串口调试助手软件来实现与外界设备的数据通信。实现串口调试助手功能的软件有很多，XCOM 串口调试助手是一款非常小巧易用的串口调试器。串口调试助手工作界面如图 3.37 所示。

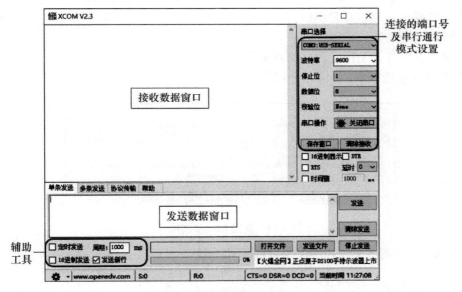

图 3.37　串口调试助手工作界面

PC 端有外部串口设备时，会显示端口号。目前本机有虚拟出来的 COM3 和 COM4 两个端口号。

使用两个串口调试助手组建联机测试环境的步骤如下：

① 打开两个串口调试助手，分别连到 COM3 和 COM4。

② 设置相同的通信模式：115200、1、8、None。

③ 在发送数据窗口输入需要发送的数据，单击【发送】按钮，数据从虚拟的 COM3 发送。在另一方的接收数据窗口显示接收到的数据。双方都能够正确接收到数据，结果如图 3.38 所示。

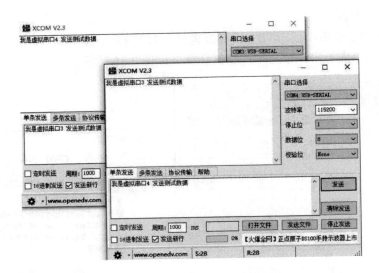

图 3.38　串口调试助手联机测试

3. 代码测试步骤

（1）打开并设置串口调试助手（见图 3.37）

① 选择端口号：COM4。

② 通信模式需要与 STM32 程序所设置的相同：115200，1，8，None。

③ 在串口操作一栏中打开串口。

（2）进入调试模式

① 在 Keil 5 中打开工程文件，编译无误。

② 设置 Debug 选项卡，如图 3.39 所示。

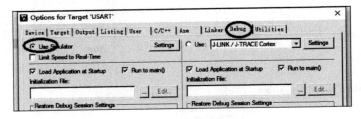

图 3.39　设置 Debug 选项卡

（3）在 Keil 5 中将 USART1 绑定到 PC 的 COM3

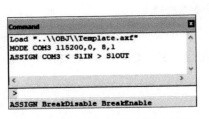

图 3.40　将 USART1 绑定到 COM3

① 确认当前 Keil 5 为调试模式。

② 选择菜单命令"View"→"Command Window"，打开 Command 窗口，如图 3.40 所示。

③ 在 Command 窗口的命令输入框中依次输入以下两条命令。输入每条命令后，需要以回车结束。命令执行结果如图 3.40 所示。

>MODE COM3 115200,0,8,1
>ASSIGN COM3 < S1IN > S1OUT

MODE 命令的作用是设置被绑定计算机串口的参数，其基本使用方式为：

MODE COMx baudrate, parity, databits, stopbits

其中，COMx（x=1，2，…）代表计算机的串口号；baudrate 代表串口的波特率；parity 代表校验方式；databits 代表数据位长度；stopbits 代表停止位长度。

例如，"MODE COM1 9600，n，8，1"用于设置串口 1，波特率为 9600b/s，无校验位，8位数据，1 个停止位。

ASSIG 命令用于关联通信端口号，其基本使用方式为：

ASSIGN COMx <S1IN> S1OUT

其中，COMx 代表计算机的串口号，可以是 COM1、COM2、COM3 或其他。

例如，"ASSIGN COM1 < S1IN > S1OUT "表示将计算机的串口 COM1 关联到单片机的 USART1。

（4）注意

① 每次重新进入调试模式，均需要在 Command 窗口输入以上两条命令，再次执行绑定串口操作。

② 若上述操作无法打开 Command 窗口，可以在图 3.41 处单击【Reset View to Defaults】，复位调试模式到初始默认状态，可弹出 Command 窗口。

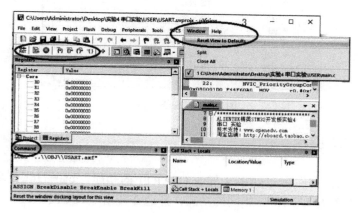

图 3.41　调试模式窗口

（5）全速运行程序

在 Keil 5 中的调试模式下，选择菜单命令"Debug"→"Run"，全速运行程序。

（6）观察结果

① 使用串口调试助手发送数据，在接收数据窗口可看到 STM32 处理后返回的数据。串口调试助手运行界面如图 3.42 所示。

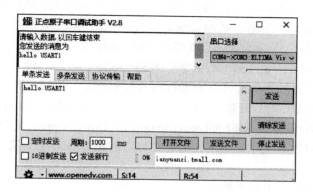

图 3.42　串口调试助手运行界面

② 在 Watch 窗口查看变量。

打开 Watch 窗口的方法 1：选择菜单命令"View"→"Watch Windows"→"Watch 1"，打开 Watch 窗口。在 Watch 窗口的 Name 栏中单击【Enter expression】，输入 USART_RX_BUF（接收数据缓存数组）后，在 Value 栏可以看到当前数组中元素的值，如图 3.43 所示。

打开 Watch 窗口的方法 2：在程序窗口中选中 USART_RX_BUF 变量后右击，在弹出窗口中依次选择"Add'USART_RX_BUF'to"→"Watch1"，即可将变量加入 Watch 1 窗口并同时打开窗口，如图 3.43 所示。

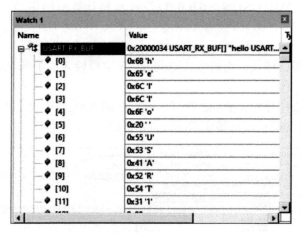

图 3.43　Watch 1 窗口

3.5.5　USART2 编程

依据 USART1 工程文件在 USART2 复现 USART1 的功能，这一过程可称为代码的移植。移植后，USART2 具有与 USART1 相同的功能：开通并使用串口 USART2，以中断方式接收数据、查询方式发送数据。

USART2 引脚定义：PA3(RXD)、PA2(TXD)。

移植过程如下。

1．准备 USART2 文件

（1）复制工程文件夹 1 cbt6(USART1)，重新命名为 2 cbt6(USART2)。

源文件夹存放路径：..\20221230 源码\1 STM32F103C8T6\6 cbt6(UART) \1 cbt6(USART1)。

复制后存放路径：..\20221230 源码\1 STM32F103C8T6\6 cbt6(UART)\2 cbt6(USART2)。

（2）复制文件夹 usart，重新命名为 usart2。

源文件夹保存路径：..\1 cbt6(USART1)\SYSTEM\usart。

复制后路径：..\2 cbt6(USART2)\HARDWARE\usart2。

（3）将此时 usart2 目录下的文件分别重新命名为 usart2.c 和 usart2.h。

（4）将..\2 cbt6(USART2)\USER\Usart1.uvprojx 文件更名为 Usart2.uvprojx。

（5）删除..\2 cbt6(USART2)\USER\Usart1.uvoptx 和 Usart1.uvguix.XXX 文件。

（6）删除..\2 cbt6(USART2)\OBJ\下的所有文件，但保留 OBJ 文件夹。

2．配置 Keil 5

在 Keil 5 中打开 usart2 工程文件。

（1）在 HAARDWARE 组中添加 usart2.c。

（2）单击 Keil 5 工具栏中的✍按钮，弹出 Options for Target 'Target'对话框，如图 3.44 所示。

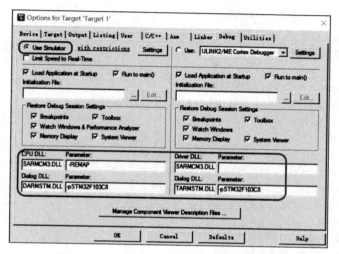

图 3.44 Options for Target 'Target1'对话框

- 在 Target 选项卡下修改 Xtal（MHz）：8。
- 在 Output 选项卡下修改输出文件名：usart2。
- 在 C/C++选项卡下添加 usart2.h 文件路径。
- 确认 Debug 选项卡，如图 3.44 所示。

因为使用模拟器调试代码，图 3.44 中需要勾选 User Simulator。因为需要在线方式调试代码，相应参数设置沿用之前工程的参数，单击【OK】按钮，确认完成。移植后的工程文件：..\20221230 源码\1 STM32F103C8T6\6 cbt6(UART)\2 cbt6(USART2)。

3. 修改..\2 cbt6(USART2)\SYSTEM\usart.c 中的代码

在代码中将 USART1 均改为 USART2。

```
int fputc(int ch, FILE *f)
{   while((USART2->SR&0x40)==0);        //改为 USART2，将 printf 函数绑定为 USART2
    USART2->DR = (u8) ch;
    return ch;
}
```

4. 修改..\2 cbt6(USART2)\HARDWARE\usart2.c 中的代码

（1）void usart2_init(u32 bound)函数

```
#include "sys.h"
#include "usart2.h"                                   //加载 USART2 的头文件

#if EN_USART2_RX                                      //USART2 使能
u8 USART2_RX_BUF[USART2_REC_LEN];                     //USART2 接收缓冲数组长度
u16 USART2_RX_STA=0;                                  //USART2 接收状态标记
void usart2_init(u32 bound){                          //USART2 初始化函数
                                                     //GPIO 设置 PA2，PA3

GPIO_InitTypeDef          GPIO_InitStructure;
USART_InitTypeDef         USART_InitStructure;
NVIC_InitTypeDef          NVIC_InitStructure;
```

```
RCC_APB1PeriphClockCmd(RCC_APB1Periph_USART2, ENABLE);        //使能 USART2 时钟
RCC_APB2PeriphClockCmd(RCC_APB2Periph_GPIOA, ENABLE);        //使能 GPIOA 时钟
GPIO_InitStructure.GPIO_Pin = GPIO_Pin_2;                    //GPIOA.2
GPIO_InitStructure.GPIO_Speed = GPIO_Speed_50MHz;
GPIO_InitStructure.GPIO_Mode = GPIO_Mode_AF_PP;
GPIO_Init(GPIOA, &GPIO_InitStructure);                       //初始化 GPIOA.2

GPIO_InitStructure.GPIO_Pin = GPIO_Pin_3;                    //PA3
GPIO_InitStructure.GPIO_Mode = GPIO_Mode_IN_FLOATING;
GPIO_Init(GPIOA, &GPIO_InitStructure);                       //初始化 GPIOA.3
//USART2 NVIC 配置
NVIC_InitStructure.NVIC_IRQChannel = USART2_IRQn;            //
NVIC_InitStructure.NVIC_IRQChannelPreemptionPriority=3;
NVIC_InitStructure.NVIC_IRQChannelSubPriority = 3;
NVIC_InitStructure.NVIC_IRQChannelCmd = ENABLE;
NVIC_Init(&NVIC_InitStructure);
//USART2 初始化设置, 工作模式与 USART1 相同
USART_InitStructure.USART_BaudRate = bound;
USART_InitStructure.USART_WordLength = USART_WordLength_8b;
USART_InitStructure.USART_StopBits = USART_StopBits_1;
USART_InitStructure.USART_Parity = USART_Parity_No;
USART_InitStructure.USART_HardwareFlowControl = USART_HardwareFlowControl_None;
USART_InitStructure.USART_Mode = USART_Mode_Rx | USART_Mode_Tx;
USART_Init(USART2, &USART_InitStructure);                    //初始化 USART2

USART_ITConfig(USART2, USART_IT_RXNE, ENABLE);              //开启 USART2 接收中断
USART_Cmd(USART2, ENABLE);                                  //使能 USART2
}
```

（2）void USART2_IRQHandler 函数

```
void USART2_IRQHandler(void)              //USART2 中断服务程序，需要与中断向量表中的一致
{ u8 Res;                                 //
  if(USART_GetITStatus(USART2, USART_IT_RXNE) != RESET)   //
  { Res =USART_ReceiveData(USART2);       //
    if((USART2_RX_STA&0x8000)==0)         //
    { if(USART2_RX_STA&0x4000)            //
      {  if(Res!=0x0a)USART2_RX_STA=0;    //
         else USART2_RX_STA|=0x8000;      //
      }
  else
  {  if(Res==0x0d)USART2_RX_STA|=0x4000;  //
     else
     { USART2_RX_BUF[USART2_RX_STA&0x3FFF]=Res; //
       USART2_RX_STA++;
       if(USART2_RX_STA>(USART2_REC_LEN-1))USART2_RX_STA=0; //
  }}}}}
```

5. 修改..\2 cbt6(USART2)\HARDWARE\usart2.h 中的代码

```
#define USART2_REC_LEN          200        //定义 USART2 缓存数组最大接收字节数为200
#define EN_USART2_RX            1          //使能 USART2
```

```
extern u8   USART2_RX_BUF[USART2_REC_LEN]; //
extern u16 USART2_RX_STA;                   //
void usart2_init(u32 bound);                //
```

6．修改..\2 cbt6(USART2)\USER\main.c 中的代码

```
#include "usart2.h"                                //添加 usart2.h 头文件
#include "usart.h"
int main(void)
{ u16 t;u16 len;    u16 times=0;       u8 temp;
  NVIC_PriorityGroupConfig(NVIC_PriorityGroup_2);
  usart2_init(115200);                              //USART2 初始化为 115200b/s

  while(1)
  { if(USART2_RX_STA&0x8000)
    { len=USART2_RX_STA&0x3fff;                     //得到 USART2 此次接收到的数据长度
      printf("\r\n 您发送的消息为:\r\n\r\n");        //测试 printf 绑定 USART2
      delay_ms(10);
      for(t=0;t<len;t++)
        { USART_SendData(USART2, USART2_RX_BUF[t]); //向 USART2 发送数据
          while(USART_GetFlagStatus(USART2,USART_FLAG_TC)!=SET);//等待 USART2 发送结束
          temp++;}
      printf("\r\n\r\n");
      USART2_RX_STA=0; }                            //USART2 缓存下标清 0
      else
      { times++;
        if(times%5000==0) printf("\r\n 等待接收数据中\r\n");
        if(times%200==0)   printf("请输入数据,以回车键结束\n");
        delay_ms(10); }
  }}
```

7．编译

在 Keil 5 中打开 usart2 工程文件后进行编译，编译结果应为"0 Error、0 Warning"。若存在错误，返回修改代码环节，查找原因直到编译结果无误。

至此，所有移植工作结束。

8．搭建模拟仿真环境

在 Keil 5 中将 USART2 绑定到 PC 的 COM3。

（1）在 Keil 5 中进入调试模式。

（2）选择菜单命令"View"→"Command Window"，打开 Command 窗口。在 Command 窗口中依次输入以下两条命令：

```
MODE COM3 115200,0, 8,1
ASSIGN COM3 < S2IN > S2OUT
```

9．观察结果

（1）使用串口调试助手。当使用串口调试助手发送数据后，可在接收窗口看到 STM32 返回的数据。串口调试助手运行界面如图 3.45 所示。

（2）在 Watch 窗口查看变量

打开 Watch 窗口，在 Name 栏添加变量 USART2_RX_BUF，在 Value 栏可以看到当前数组中元素的值，如图 3.46 所示。

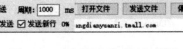

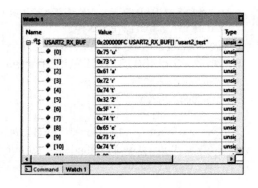

图 3.45　串口调试助手运行界面	图 3.46　Watch1 窗口观察变量

3.6　模数转换器（ADC）

模数转换器（Analog-to-Digital Converter，ADC）是指可以将输入的模拟信号转换为数字量，并将转换结果输出的一个功能单元。以单片机为核心的智能终端设备，一般在工作时需要对外部环境（如温度、位移等）有所感知，此时可以使用 ADC 来获取相应的数字信息，并进行必要的分析和处理。

3.6.1　ADC 功能简介

STM32F103x 系列芯片内部集成有 3 个独立的 ADC，均是 12 位逐次逼近型 ADC。这些 ADC 可以使用 18 个通道，最多测量 16 个外部和 2 个内部的模拟源。各个通道可以单次、连续、扫描或间断模式执行 A/D 转换过程，转换结果可以左对齐或右对齐方式存储在 16 位数据寄存器中。

1. 接口特性

（1）3 个 ADC 的 16 个外部通道，均复用 GPIO 引脚接入被测量的模拟信号。

ADC 供电要求：默认使用 3.3V。

ADC 输入模拟信号电压范围：0~3.3V。

（2）3 个 ADC 的 16 个外部通道对应的引脚见表 3.29。

表 3.29　ADC 通道对应的引脚

通道号	ADC1	ADC2	ADC3	通道号	ADC1	ADC2	ADC3
IN0	PA0	PA0	PA0	IN8	PB0	PB0	PF10
IN1	PA1	PA1	PA1	IN9	PB1	PB1	
IN2	PA2	PA2	PA2	IN10	PC0	PC0	PC0
IN3	PA3	PA3	PA3	IN11	PC1	PC1	PC1
IN4	PA4	PA4	PF6	IN12	PC2	PC2	PC2
IN5	PA5	PA5	PF7	IN13	PC3	PC3	PC3
IN6	PA6	PA6	PF8	IN14	PC4	PC4	PC4
IN7	PA7	PA7	PF9	IN15	PC5	PC5	PC5

2．主要功能

（1）分辨率是 12 位。

（2）ADC 转换时间。最大转换速率为 1MHz，也就是转换一次所需时间不少于 1μs。

ADC 挂接在 APB2 总线上，其工作时钟由 PCLK2（参考图 2.6）分频得到，分频后的 ADC 工作时钟不能高于 14MHz。

（3）通道选择。通过配置寄存器，可以将 16 个外部通道分别接入不同的 ADC 和多个通道接入一个相同的 ADC。另外，温度传感器固定和 ADC1_IN16 相连接，内部参照电压 VREFINT 固定和 ADC1_IN17 相连接。

（4）自校准。ADC 可以自校准，通过校准可大幅降低因内部电容器组的变化而造成的精度误差。在校准期间，在每个电容器上都会计算出一个误差修正码，用于消除在随后的转换中每个电容器上产生的误差。ADC 上电初始化时需要执行一次校准过程，校准阶段结束后，校准码存储在 ADC_DR 寄存器中。

（5）转换模式。ADC 支持的转换模式有单次转换模式、连续转换模式、模拟看门狗和扫描模式。转换结束后，可以产生中断或 DMA 请求，转换结果支持数据对齐。

（6）通道采样时间可编程。ADC 使用若干个 ADC_CLK 时钟周期对输入电压采样，采样所需要的周期数可以通过 ADC_SMPR1 和 ADC_SMPR2 寄存器中的 SMP[2:0] 位更改。每个通道可以分别用不同的时间采样。总转换时间如下计算：

$$TCONV = 采样时间 + 12.5 个时钟周期$$

例如，当 ADCCLK=14MHz，采样时间为 1.5 个时钟周期，则

$$TCONV = 1.5 + 12.5 = 14 个时钟周期 = 1μs$$

（7）支持外部触发转换。A/D 转换可以由外部事件触发（如定时器捕获、EXTI 线）。如果设置了 EXTTRIG 控制位，则外部事件就能够触发转换。若禁止外部触发，可以使用软件启动 ADC 的转换过程。

（8）温度传感器。内置的温度传感器可以用来测量芯片工作时的温度。温度传感器连接到 ADC1_IN16，温度传感器模拟输入推荐采样时间为 17.1μs。

温度传感器的输出电压会随温度线性变化，由于生产过程的变化，温度变化曲线的偏移在不同芯片上会有不同（最多相差 45℃）。内置的温度传感器更适合于检测温度的变化，而不是测量精确的温度。如果需要测量精确的温度，应使用一个外置的温度传感器。

（9）ADC 中断。ADC 每次转换结束时都可以产生中断，ADC1 和 ADC2 的中断映射在同一个中断向量上，ADC3 的中断有自己的中断向量。

为了描述 3 个 ADC 的中断向量，本例选用的芯片型号是 STM32F103ZE，工程中使用的启动文件是 startup_stm32f10x_hd.s，启动文件中定义 ADC 中断向量表的代码如下：

```
97      DCD     ADC1_2_IRQHandler       ;ADC1 & ADC2 的中断向量
...
127     DCD     ADC3_IRQHandler         ;ADC3 的中断向量
```

3.6.2 ADC 寄存器描述

STM32F103x 系列芯片内部拥有 3 个独立的 ADC，均挂接到 APB2 总线上。以 ADC1 为例，ADC 寄存器组所含寄存器见表 3.30，ADC 寄存器组的基地址：0x40012400。

表 3.30 ADC 寄存器组所含寄存器

序号	名称	偏移地址	读写	描述	复位值
1	ADC_SR	0x00	R/W	ADC 状态寄存器	0x000
2	ADC_CR1	0x04	R/W	ADC 控制寄存器	0x000
3	ADC_CR2	0x08	R/W		0x000
4	ADC_SMPR1	0x0C	R/W	ADC 采样时间寄存器	0x000
5	ADC_SMPR2	0x10	R/W		0x000
6	ADC_JOFR1	0x14	R/W	ADC 注入通道数据偏移寄存器	0x000
7	ADC_JOFR2	0x18	R/W		0x000
8	ADC_JOFR3	0x1C	R/W		0x000
9	ADC_JOFR4	0x20	R/W		0x000
10	ADC_HTR	0x24	R/W	ADC 看门狗高阈值寄存器	0x000
11	ADC_LRT	0x28	R/W	ADC 看门狗低阈值寄存器	0x000
12	ADC_SQR1	0x2C	R/W	ADC 规则序列寄存器	0x000
13	ADC_SQR2	0x30	R/W		0x000
14	ADC_SQR3	0x34	R/W		0x000
15	ADC_JSQR	0x38	R/W	ADC 注入序列寄存器	0x000
16	ADC_JDR1	0x3C	R	ADC 注入数据寄存器	0x000
17	ADC_JDR2	0x40	R		0x000
18	ADC_JDR3	0x44	R		0x000
19	ADC_JDR4	0x48	R		0x000
20	ADC_DR	0x4C	R	ADC 规则数据寄存器	0x000

（1）ADC 状态寄存器（ADC_SR）（见表 3.31）

表 3.31 ADC_SR 寄存器

位域名称	位	描述		复位值
保留	[31:5]			
STRT	[4]	规则通道开始位 0：规则通道转换未开始	1：规则通道转换已开始	0
JSTRT	[3]	注入通道开始位 0：注入通道转换未开始	1：注入通道转换已开始	0
JEOC	[2]	注入通道转换结束位 0：转换未完成	1：转换完成	0
EOC	[2]	转换结束位 0：转换未完成	1：转换完成	0
AWD	[1]	模拟看门狗标志位 0：没有发生模拟看门狗事件	1：发生模拟看门狗事件	0

（2）ADC 控制寄存器 1（ADC_CR1）（见表 3.32）

表 3.32 ADC_CR1 寄存器

位域名称	位	描述		复位值
保留	[31:24]			
AWDEN	[23]	在规则通道上开启模拟看门狗 0：在规则通道上禁用模拟看门狗	1：在规则通道上使用模拟看门狗	0
JAWDEN	[22]	在注入通道上开启模拟看门狗 0：在注入通道上禁用模拟看门狗	1：在注入通道上使用模拟看门狗	0

位域名称	位	描述	复位值
保留	[21:20]		0
DUALMOD[3:0]	[19:16]	双模式选择 0000：独立模式 0001：混合的同步规则+注入同步模式 0010：混合的同步规则+交替触发模式 0011：混合同步注入+快速交叉模式 0100：混合同步注入+慢速交叉模式 0101：注入同步模式 0110：规则同步模式 0111：快速交叉模式 1000：慢速交叉模式 1001：交替触发模式	0000b
DISCNUM[2:0]	[15:13]	间断模式通道计数 000：1个通道 001：2个通道 … 111：8个通道	000b
JDISCEN	[12]	注入通道上的间断模式 0：注入通道上禁用间断模式 1：注入通道上使用间断模式	0
DISCEN	[11]	规则通道上的间断模式 0：规则通道上禁用间断模式 1：规则通道上使用间断模式	0
JAUTO	[10]	自动注入通道转换 0：关闭自动注入通道转换 1：开启自动注入通道转换	0
AWDSGL	[9]	扫描模式中在单一通道上使用看门狗 0：在所有的通道上使用模拟看门狗 1：在单一通道上使用模拟看门狗	0
SCAN	[8]	扫描模式 0：关闭扫描模式 1：使用扫描模式	0
JEOCIE	[7]	允许产生注入通道转换结束中断 0：禁止 JEOC 中断 1：允许 JEOC 中断	0
AWDIE	[6]	允许产生模拟看门狗中断 0：禁止模拟看门狗中断 1：允许模拟看门狗中断	0
EOCIE	[5]	允许产生 EOC 中断 0：禁止 EOC 中断 1：允许 EOC 中断	0
AWDCH[4:0]	[4:0]	模拟看门狗通道选择位 00000：ADC 模拟输入通道 0 00001：ADC 模拟输入通道 1 … 01111：ADC 模拟输入通道 15 10000：ADC 模拟输入通道 16 10001：ADC 模拟输入通道 17 保留所有其他数值。 注：ADC1 模拟输入通道 16、17 在芯片内部分别连到了温度传感器和 VREFINT；ADC2 的模拟输入通道 16 和通道 17 在芯片内部连到了 Vss；ADC3 的模拟输入通道 9、14、15、16、17 与 Vss 相连。	00000b

（3）ADC 控制寄存器 2（ADC_CR2）（见表 3.33）

表 3.33   ADC_CR2 寄存器

位域名称	位	描述	复位值
保留	[31:24]		
TSVREFE	[23]	温度传感器和 VREFINT 使能 0：禁止温度传感器和 VREFINT 1：启用温度传感器和 VREFINT	0

位域名称	位	描述		复位值
SWSTART	[22]	开始转换规则通道 0：复位状态	1：开始转换规则通道	0
JSWSTART	[21]	开始转换注入通道 0：复位状态	1：开始转换注入通道	0
EXTTRIG	[20]	规则通道外部触发转换模式 0：不使用外部事件启动转换	1：使用外部事件启动转换	0000b
EXTSEL[2:0]	[19:17]	选择启动规则通道转换的外部事件 ADC1 和 ADC2 的触发配置如下 000：定时器 TIM1 的 CC1 事件 001：定时器 TIM1 的 CC2 事件 110：EXTI 线 11/TIM8_TRGO 事件 011：定时器 TIM2 的 CC2 事件 ADC3 的触发配置如下 000：定时器 TIM3 的 CC1 事件 001：定时器 TIM2 的 CC3 事件 010：定时器 TIM1 的 CC3 事件 011：定时器 TIM8 的 CC1 事件	100：定时器 TIM3 的 TRGO 事件 101：定时器 TIM4 的 CC4 事件 010：定时器 TIM1 的 CC3 事件 111：SWSTART 100：定时器 TIM8 的 TRGO 事件 101：定时器 TIM5 的 CC1 事件 110：定时器 TIM5 的 CC3 事件 111：SWSTART	000b
保留	[16]			0
JEXTTRIG	[15]	注入通道外部触发转换模式 0：不用外部事件启动转换	1：使用外部事件启动转换	0
JEXTSEL[2:0]	[14:12]	选择启动注入通道转换的外部事件 ADC1 和 ADC2 的触发配置如下 000：定时器 TIM1 的 TRGO 事件 010：定时器 TIM2 的 TRGO 事件 100：定时器 TIM3 的 CC4 事件 110：EXTI 线 15/TIM8_CC4 事件 ADC3 的触发配置如下 000：定时器 TIM1 的 TRGO 事件 001：定时器 TIM1 的 CC4 事件 010：定时器 TIM4 的 CC3 事件 011：定时器 TIM8 的 CC2 事件	001：定时器 TIM1 的 CC4 事件 011：定时器 TIM2 的 CC1 事件 101：定时器 TIM4 的 TRGO 事件 111：JSWSTART 100：定时器 TIM8 的 CC4 事件 101：定时器 TIM5 的 TRGO 事件 110：定时器 TIM5 的 CC4 事件 111：JSWSTART	0
ALIGN	[11]	数据对齐 0：右对齐	1：左对齐	0
保留	[10:9]			0
DMA	[8]	直接存储器访问模式 0：不使用 DMA 模式	1：使用 DMA 模式	0
保留	[7:4]			0
RSTCAL	[3]	复位校准 0：校准寄存器已初始化	1：初始化校准寄存器	0
CAL	[2]	A/D 校准 0：校准完成	1：开始校准	00000b
CONT	[1]	连续转换 0：单次转换模式	1：连续转换模式	0
ADON	[0]	开/关 ADC 0：关闭 ADC 转换/校准	1：开启 ADC 并启动转换	0

（4）ADC 采样时间寄存器 1（ADC_SMPR1）（x=0...17）（见表 3.34）

表 3.34　ADC_SMPR1 寄存器

位域名称	位	描述	复位值
保留	[31:24]		
SMPx[2:0]	[29:0]	选择通道 x 的采样时间 000：1.5 个周期　　100：41.5 个周期　　001：7.5 个周期　　101：55.5 个周期 010：13.5 个周期　　110：71.5 个周期　　011：28.5 个周期　　111：239.5 个周期 注：ADC1 的模拟输入通道 16 和通道 17 在芯片内部分别连到了温度传感器和 REFINT；ADC2 的模拟输入通道 16 和通道 17 在芯片内部连到了 Vss；ADC3 的模拟输入通道 14、15、16、17 与 Vss 相连。 表中的周期为 ADCCLK 时钟信号的周期。	000b

（5）ADC 采样时间寄存器 2（ADC_SMPR2）（x=0...17）（见表 3.35）

表 3.35　ADC_SMPR2 寄存器

位域名称	位	描述	复位值
保留	[31:24]		
SMPx[2:0]	[29:0]	SMPx[2:0]：选择通道 x 的采样时间 000：1.5 个周期　　100：41.5 个周期　　001：7.5 个周期　　101：55.5 个周期 010：13.5 个周期　　110：71.5 个周期　　011：28.5 个周期　　111：239.5 个周期 注：ADC3 模拟输入通道 9 与 Vss 相连。 表中的周期为 ADCCLK 时钟信号的周期。	000b

（6）ADC 注入通道数据偏移寄存器 x（ADC_JOFRx）（x=1...4）（见表 3.36）

表 3.36　ADC_JOFRx 寄存器

位域名称	位	描述	复位值
保留	[31:12]		
JOFFSETx[11:0]	[11:0]	注入通道 x 的数据偏移 当转换注入通道时，这些位定义了从原始转换数据中减去的数值，转换的结果可以在 ADC_JDRx 寄存器中读出	0

（7）ADC 看门狗高阈值寄存器（ADC_HTR）（见表 3.37）

表 3.37　ADC_HTR 寄存器

位域名称	位	描述	复位值
保留	[31:12]		
HT[11:0]	[11:0]	模拟看门狗高阈值	0

（8）ADC 看门狗低阈值寄存器（ADC_LRT）（见表 3.38）

表 3.38　ADC_LTR 寄存器

位域名称	位	描述	复位值
保留	[31:12]		
HT[11:0]	[11:0]	模拟看门狗低阈值	0

（9）ADC 规则序列寄存器 1（ADC_SQR1）（见表 3.39）

表 3.39　ADC_SQR1 寄存器

位域名称	位	描述	复位值
保留	[31:24]		
L[3:0]	[23:20]	规则通道序列长度，这些位由软件定义在规则通道转换序列中的通道数目 0000：1 个转换 0001：2 个转换 … 1111：16 个转换	0

位域名称	位	描述	复位值
SQ16[4:0]	[19:15]	规则序列中的第 16 个转换。这些位由软件定义转换序列中的第 16 个转换通道的编号（0~17）	0
SQ15[4:0]	[14:10]	规则序列中的第 15 个转换	0
SQ14[4:0]	[9:5]	规则序列中的第 14 个转换	0
SQ13[4:0]	[4:0]	规则序列中的第 13 个转换	0

（10）ADC 规则序列寄存器 2（ADC_SQR2）（见表 3.40）

表 3.40　ADC_SQR2 寄存器

位域名称	位	描述	复位值
保留	[31:30]		
SQ12[4:0]	[29:25]	规则序列中的第 12 个转换。这些位由软件定义转换序列中的第 12 个转换通道的编号（0~17）	0
SQ11[4:0]	[24:20]	规则序列中的第 11 个转换	0
SQ10[4:0]	[19:15]	规则序列中的第 10 个转换	0
SQ9[4:0]	[14:10]	规则序列中的第 9 个转换	0
SQ8[4:0]	[9:5]	规则序列中的第 8 个转换	0
SQ7[4:0]	[4:0]	规则序列中的第 7 个转换	0

（11）ADC 规则序列寄存器 3（ADC_SQR3）（见表 3.41）

表 3.41　ADC_SQR3 寄存器

位域名称	位	描述	复位值
保留	[31:30]		
SQ6[4:0]	[29:25]	规则序列中的第 6 个转换。这些位由软件定义转换序列中的第 6 个转换通道的编号（0~17）	0
SQ5[4:0]	[24:20]	规则序列中的第 5 个转换	0
SQ4[4:0]	[19:15]	规则序列中的第 4 个转换	0
SQ3[4:0]	[14:10]	规则序列中的第 3 个转换	0
SQ2[4:0]	[9:5]	规则序列中的第 2 个转换	0
SQ1[4:0]	[4:0]	规则序列中的第 1 个转换	0

（12）ADC 注入序列寄存器（ADC_JSQR）（见表 3.42）

表 3.42　ADC_JSQR 寄存器

位域名称	位	描述	复位值
保留	[31:22]		
JL[1:0]	[21:20]	注入通道序列长度 00：1 个转换　　　01：2 个转换　　　10：3 个转换　　　11：4 个转换	0
JSQ4[4:0]	[19:15]	注入序列中的第 4 个转换。这些位由软件定义转换序列中的第 4 个转换通道的编号（0~17）。 注：不同于规则转换序列，如果 JL[1:0]的长度小于 4，则转换的序列顺序从（4-JL）开始。例如，ADC_JSQR[21:0] = 10 00011 00011 00111 00010，意味着扫描转换将按下列通道顺序转换：7、3、3，而不是 2、7、3	0

位域名称	位	描述	复位值
JSQ3[4:0]	[14:10]	注入序列中的第 3 个转换	0
JSQ2[4:0]	[9:5]	注入序列中的第 2 个转换	0
JSQ1[4:0]	[4:0]	注入序列中的第 1 个转换	0

（13）ADC 注入数据寄存器 x（ADC_JDRx）（x=1...4）（见表 3.43）

表 3.43　ADC_JDRx 寄存器

位域名称	位	描述	复位值
保留	[31:16]		0
JDATA[15:0]	[15:0]	注入转换的数据	0

（14）ADC 规则数据寄存器（ADC_DR）（见表 3.44）

表 3.44　ADC_DR 寄存器

位域名称	位	描述	复位值
ADC2DATA[15:0]	[31:16]	ADC2 转换的数据	0
JDATA[15:0]	[15:0]	规则转换的数据，包含规则通道的转换结果	0

3.6.3　ADC 编程

1．工程文件描述

工程名：..\6 ADC\USER\ADC.uvprojx。

工程文件存放路径：..\20221230 源码\1 STM32F103C8T6\6 ADC\。

功能：使用 ADC1 的通道 1 采集模拟电压。

2．ADC 编程步骤

本例使用 ADC1 的通道 1 实现 A/D 转换，使用到的库函数分布在 stm32f10x_adc.c 文件和 stm32f10x_adc.h 文件中。

（1）使能 GPIOA 端口时钟和 ADC1 通道时钟，设置 PA1 为模拟输入。

（2）设置 ADC1 的分频因子，同时复位 ADC1。

（3）初始化 ADC1 参数，设置 ADC1 的工作模式和规则序列的相关信息。

（4）使能 ADC1 并校准。

（5）读取 ADC1 的值。

3．ADC1 初始化函数

adc.c 文件中定义了 ADC1 初始化函数：

```
Void Adc_Init(void)
{ ADC_InitTypeDef ADC_InitStructure;
  GPIO_InitTypeDef GPIO_InitStructure;
  //使能 ADC1 通道时钟
  RCC_APB2PeriphClockCmd(RCC_APB2Periph_GPIOA |RCC_APB2Periph_ADC1, ENABLE);
  //ADC1 的通道 1 使用 PA1 引脚，设置 PA1 为模拟输入
  GPIO_InitStructure.GPIO_Pin = GPIO_Pin_1;
  GPIO_InitStructure.GPIO_Mode = GPIO_Mode_AIN;
  GPIO_Init(GPIOA, &GPIO_InitStructure);
```

```
//设置 ADC1 的分频因子 6：ADC 时钟为 72/6=12MHz，满足 ADC 的输入时钟不得超过 14MHz
RCC_ADCCLKConfig(RCC_PCLK2_Div6);
//复位 ADC1，将 ADC1 的全部寄存器重设为默认值
ADC_DeInit(ADC1);

ADC_InitStructure.ADC_Mode = ADC_Mode_Independent;      //ADC1 工作在独立模式
ADC_InitStructure.ADC_ScanConvMode = DISABLE;           //ADC1 工作在单通道模式
ADC_InitStructure.ADC_ContinuousConvMode = DISABLE;     //ADC1 工作在单次转换模式
ADC_InitStructure.ADC_ExternalTrigConv = ADC_ExternalTrigConv_None;//非硬件触发启动
ADC_InitStructure.ADC_DataAlign = ADC_DataAlign_Right;  //数据右对齐
ADC_InitStructure.ADC_NbrOfChannel = 1;                 //顺序进行规则转换的通道数目
ADC_Init(ADC1, &ADC_InitStructure);                     //初始化 ADC1 的寄存器

ADC_Cmd(ADC1, ENABLE);                                  //使能 ADC1
ADC_ResetCalibration(ADC1);                             //使能复位校准
while(ADC_GetResetCalibrationStatus(ADC1));             //等待复位校准结束
ADC_StartCalibration(ADC1);                             //开启 ADC1 校准
while(ADC_GetCalibrationStatus(ADC1));                  //等待校准结束
}
```

4．读取转换结果

Get_Adc 函数：指定 ADC1 采样通道，调用库函数编写 A/D 采样过程，入口参数传递通道号。
Get_Adc 函数定义在 adc.c 文件中

```
u16 Get_Adc(u8 ch)
{
//设置 ADC1 指定的通道，一个序列，采样时间为 239.5 个周期
ADC_RegularChannelConfig(ADC1, ch, 1, ADC_SampleTime_239Cycles5);
ADC_SoftwareStartConvCmd(ADC1, ENABLE);                 //开始一次 A/D 采样过程
while(!ADC_GetFlagStatus(ADC1, ADC_FLAG_EOC));          //等待转换结束
return ADC_GetConversionValue(ADC1);                    //返回转换结果
}
```

Get_Adc_Average 函数：ADC1 采样 n 次后求平均值（平滑滤波），入口参数传递需要的采样次数 n。

```
u16 Get_Adc_Average(u8 ch,u8 times)                     //采集并求平均值
{  u32 temp_val=0;
   u8 t;
   for(t=0;t<times;t++)
   {  temp_val+=Get_Adc(ch);                            //采集一次转换结果
      delay_ms(5);    }
   return temp_val/times;
}
```

5．主函数

```
int main(void)
{ u16 adcx;
  float temp;
  delay_init();                                         //延时函数初始化
  NVIC_PriorityGroupConfig(NVIC_PriorityGroup_2);       //设置中断优先级分组
  uart_init(115200);                                    //串口波特率初始化为 115200b/s
  Adc_Init();                                           //初始化 ADC1
  while(1)
  { adcx=Get_Adc_Average(ADC_Channel_1,10);             //得到 ADC1 采集结果
```

```
        temp = adcx*3.3/4096;                    //转换为对应的电压值
        printf("ADC_Value : %.2f\r\n",temp);      //串口输出结果
        delay_ms(250); }
    }
```

3.6.4 ADC 代码的仿真调试

1. 进入调试模式

（1）在 Keil 5 中打开工程文件，编译无误。

（2）设置调试模式。在配置选项窗口（单击 Keil 5 工具栏中的 按钮可打开该窗口）中，单击 Debug 选项卡，确认 Debug 选项卡中设置的参数如图 3.44 所示。

（3）单击【OK】按钮，进入调试模式。

2. 使用函数编辑器编辑信号函数

（1）选择菜单命令"Debug"→"Function Editor"，打开已存在文件或新建一个文件后进入编辑状态。信号 AIN1_Saw 编辑器窗口如图 3.47 所示。

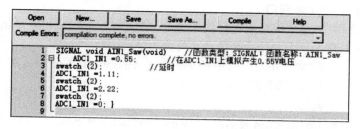

图 3.47　信号 AIN1_Saw 编辑器窗口

（2）在编辑器窗口输入函数代码：

```
SIGNAL void AIN1_Saw(void)        //函数类型：SIGNAL；函数名称：AIN1_Saw
{ ADC1_IN1 =0.55;                  //在 ADC1_IN1 上模拟产生 0.55V 电压
  swatch(2);                       //延时
  ADC1_IN1 =1.11; `
  swatch(2);
  ADC1_IN1 =2.22;
  swatch(2);
  ADC1_IN1 =0; }
```

（3）编译代码。单击图 3.47 中的【Compile】按钮。若无语法错误，编译后在提示栏显示"compilation complete no error."。

每次进入调试模式后，均需要通过上述编译过程，将代码加载到 Keil 5 中。

3. 在 Command 窗口输入操作命令

单击工具栏中的 按钮或选择菜单命令"View"→"Command Window"，打开 Command 窗口。在 Command 窗口的命令输入栏中输入 dir 命令（命令字母不分大小写）。

（1）dir func 显示当前加载的函数

```
>dir func
…
signal:        void AIN1_Saw()
```

注意：>是 Command 窗口自带的命令输入提示符，在命令输入栏中直接输入命令字符即可。这里使用提示符，是为了将显示的命令和结果信息加以区分。

Command 窗口的信息栏中显示当前的加载函数，可看到加载的自定义函数 AIN1_Saw()。

（2）DIR VTREG 显示当前定义的端口名称

```
>DIR VTREG        //显示单片机资源名称
…
ADC1_IN1:   float, value = 0…
```

由显示的内容可知，ADC1 通道 1 在 Keil 5 中定义的端口名称是 ADC1_IN1。

4．添加按钮

在 Command 窗口的命令输入栏中输入添加按钮命令：

```
>DEFINE BUTTON "test_AIN1","AIN1_Saw()"
```

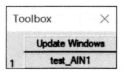

图 3.48　定义按钮 test_AIN1

按钮名称：test_AIN1，按钮关联的函数：AIN1_Saw()。

定义按钮后，会自动弹出 Toolbox（工具箱）窗口，图 3.48 中显示已经添加了 1 个按钮。使用工具栏中的 ✕· 按钮或选择菜单命令"View"→"Toolbox Windows"，可以打开工具箱窗口。

执行以下命令，可以删除工具箱中的按钮：

```
>kill Button 1                    //删除工具箱中指定的第 1 个按钮
```

5．打开 Logic Analyzer 窗口

（1）使用工具栏中的 ▦· 按钮或选择菜单命令"View"→"Toolbox Windows"，可以打开工具箱窗口。添加变量 ADC1_IN1，设置显示类型为 Analog。

（2）打开"View"菜单，并勾选其中的 Periodic Window Update 项。在随后仿真过程中，启动 Logic Analyzer 窗口中波形数据的周期性更新功能。

6．打开 UART #1 窗口

使用工具栏中的 ▦· 按钮或选择菜单命令"View"→"Serial Windows"，可以打开 UART #1 窗口。

7．代码仿真步骤

（1）单击工具栏中的 ⟲ 按钮，软件复位。

（2）单击工具栏中的 ▤ 按钮，全速运行代码。

（3）运行 AIN1_Saw()函数代码，为 ADC 提供模拟信号。

方法 1：单击工具箱中按钮运行信号源。

方法 2：在 Command 窗口中输入命令

```
>AIN1_Saw()                       //运行自定义函数 Myhello
```

注意：AIN1_Saw()函数本次运行结束后，才可以再次运行。

可以使用以下命令卸载 AIN1_Saw()函数：

```
>kill func Myhello                //卸载函数
```

（4）仿真结果如图 3.49 所示。

Logic Analyzer 窗口显示了加载到 ADC1_IN1 输入端的信号源波形。UART #1 窗口显示的是工程代码的运行结果，采集到模拟电压后，从 USART1 输出结果。

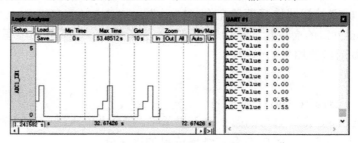

图 3.49　ADC 仿真结果

3.7 PWM

脉冲宽度调制（Pulse Width Modulation，PWM）简称脉宽调制。借助硬件电路的执行机构，可以将单片机产生的 PWM 信号（有效值）转换成模拟信号，单片机通过调整 PWM 信号参数，间接实现输出一个频率和幅度可控的模拟信号。脉冲宽度调制在呼吸灯、电机调速、工业温度调节等诸多领域都有广泛应用。

等脉宽 PWM 法是产生 PWM 信号的一种方法。它是把每一脉冲宽度均相等的脉冲列作为 PWM 波，改变脉冲列的周期可以实现调频，改变脉冲的宽度或占空比可以实现调压。

以等周期 PWM 信号为例，PWM 信号的特征如下：

① 在完整的工作时间段内 PWM 信号的频率不变，如在工作过程中 PWM 信号的频率始终保持在 10kHz。

② 在工作过程中的一个时间段（如 1s）内，PWM 信号的占空比不变。如在工作过程中的 1~5s，PWM 信号的占空比保持为 20%。

③ 在完整的工作时间段内 PWM 信号的占空比软件编程可调。在正常工作过程中，通过编程可以实现在 1~5s 内 PWM 信号的占空比保持为 20%，6~10s 内 PWM 信号的占空比保持为 50%，11s 以后 PWM 信号的占空比保持为 80%，以此来实现脉冲宽度调制的过程。

3.7.1 PWM 功能简介

STM32 内部的定时器除了 TIM6 和 TIM7，其他都可以用来产生 PWM 输出。其中，高级定时器 TIM1 和 TIM8 可以同时产生多达 7 路的 PWM 输出，而通用定时器也能同时产生多达 4 路的 PWM 输出，这样 STM32 最多可以同时产生 30 路的 PWM 输出。

本节以 TIM3 为例介绍 PWM 的特性和编程。

1. 接口特性

本节使用通用定时器 TIM3 产生 4 路 PWM，使用 GPIO 引脚输出。TIM3 的 4 路 PWM 信号输出引脚见表 3.45。

表 3.45 TIM3 的 4 路 PWM 信号输出引脚

复用功能	TIM3_REMAP[1:0] = 00 （没有重映射）	TIM3_REMAP[1:0] = 10 （部分重映射）	TIM3_REMAP[1:0] = 11 （完全重映射）
TIM3_CH1	PA6	PB4	PC6
TIM3_CH2	PA7	PB5	PC7
TIM3_CH3	PB0		PC8
TIM3_CH4	PB1		PC9

表 3.45 中，TIM3_CH1 的 PWM 信号默认使用 PA6 引脚输出。若 PA6 被定义为其他功能，可以使用 STM32 提供的重映射功能，将 TIM3_CH1 的 PWM 信号映射到 PB4 输出。本节例程选用的 STM32F103C8，由于引脚数量限制，无 PC6 引出引脚。

例程中使用没有重映射的 4 个引脚输出 PWM 信号，同时介绍了使用代码编程开通部分重映射功能的方法。

2. 主要功能

PWM 是 STM32 定时器特有的一种工作模式，详细内容参见 3.4 节。

3．PWM 信号频率

通过设置 TIM3 的工作模式，可以启动 PWM 功能，并设置 PWM 信号频率。

（1）计数脉冲的基准频率=主频/psc。本书中 STM32 单片机的工作主频为 72MHz，psc 为函数传递形参。

（2）计数器计数预装值（arr）。

（3）向上计数模式。在设定为向上计数模式时，TIM3 的计数器从 0 开始，对频率为基准频率的脉冲计数。每来一个脉冲，计数器的值增 1。当计数值与 arr 相等时，计数器的值清零后从 0 开始计数，并且产生一个计数器溢出事件。

4．PWM 信号占空比

TIM3 的 4 路 PWM 信号可以分别设置。

（1）设置捕获/比较寄存器（TIMx_CCR1~4）的值 Compare1~4。该寄存器共有 4 个，对应 4 路 PWM 输出。

以 TIMx_CCR1 为例介绍，设置 TIMx_CCR1 寄存器的值为 Compare1。在 PWM 信号的一个周期内，计数器 TIM3 的值会与 Compare1 比较，当两个值相等时，TIM3_PWM1 会将 PA6 引脚的输出信号反转。利用这点，可以通过修改 TIMx_CCR1 寄存器的值，来控制 PWM 的输出脉宽。

（2）TIMx_CCR1 内设置的值不能超过计数器计数预装值（arr）。

（3）通过设置 TIMx_CCMRx 寄存器，使能捕获/比较寄存器。

5．PWM 信号特征

使用 TIM3 产生的 PWM 信号如图 3.50 所示，图中所示序号的含义如下。

（1）TIM3 需要计数的时钟信号。图 2.6 中 TIM3 挂接在 APB1 总线上，将 PCLK1 倍频后，提供给 TIM3 计数的时钟信号频率是 72MHz。

（2）PWM 信号的初始电平，图中显示 PWM 信号在一个周期内的初始电平是逻辑 0 。

（3）由 psc 参数值决定周期。当 TIM3 对时钟信号计数到 psc 个（需要一个周期），开始进入一个新的周期，立即将 PWM 输出信号恢复成初始电平逻辑 0。

（4）由 arr 决定信号电平的反转位置。在一个周期内，当 TIM3 对时钟信号计数到 arr 个，PWM 输出信号的电平反转为逻辑 1。通过调节 arr，可以改变在一个周期内 PWM 输出信号电平反转的位置。

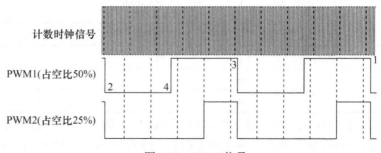

图 3.50 PWM 信号

注意：图 3.50 中显示的内容仅示意说明计数时钟信号是一个频率很高的信号，与产生的 PWM 信号没有做严格意义上的时序对应。

占空比（Duty Ratio）：对周期性信号而言，是指在一个周期内脉冲持续时间与周期时间的比值。

周期=psc/72MHz（s）

占空比=arr/psc（%）

3.7.2　PWM 寄存器描述

本节在初始化 TIM3 的基础上，使用了 TIM3 的 3 组寄存器来控制产生 PWM：捕获/比较模式寄存器（TIM3_CCMR1~2）、捕获/比较使能寄存器（TIM3_CCER）、捕获/比较寄存器（TIM3_CCR1~4），上述寄存器的定义参见 3.4 节。

另外，使用了复用功能重映射和调试 I/O 配置寄存器（AFIO_MAPR）。

在复位初始条件下，AFIO_MAPR 寄存器的 TIM3_REMAP[1:0]=00b，由表 2.18 可知，TIM3 没有启动重映射，TIM3_CH1~TIM3_CH4 分别接在引脚 PA6、PA7、PB0 和 PB1 上。

若让 TIM3_CH2 映射到引脚 PB5 上，需要设置 TIM3_REMAP[1:0]=10b，即部分重映射，这里需要注意，此时 TIM3_CH1 也被映射到引脚 PB4 上。

在 TIM3_PWM_Ini 函数中，可以启动 TIM3 的部分重映射功能的部分代码如下：

```
//TIM3 部分重映射：TIM3_CH1->PB4，TIM3_CH2->PB5，初始化 PB4、PB5 工作模式
//RCC_APB2PeriphClockCmd(RCC_APB2Periph_AFIO, ENABLE); //AFIO 复用功能单元模块时钟
//5GPIO_PinRemapConfig(GPIO_PartialRemap_TIM3, ENABLE);
//GPIO_InitStructure.GPIO_Pin = GPIO_Pin_4| GPIO_Pin_5;          //配置重映射引脚工作模式
//GPIO_InitStructure.GPIO_Mode = GPIO_Mode_AF_PP;
//GPIO_InitStructure.GPIO_Speed = GPIO_Speed_50MHz;
//GPIO_Init(GPIOB, &GPIO_InitStructure);
```

3.7.3　PWM 编程

1．工程文件描述

工程名：..\USER\PWM.uvprojx。

工程文件存放路径：..\20221230 源码\1 STM32F103C8T6\6 C8T6(PWM)\。

功能：启用定时器 TIM3 的 4 路 PWM，输出 4 路 PWM 信号（输出不重映射）。

2．PWM 编程步骤

本例程使用定时器 TIM3，输出 4 路 PWM 信号，使用到的库函数分布在 stm32f10x_tim.h 和 stm32f10x_tim.c 文件中。

（1）初始化定时器 TIM3，设置定时器 TIM3 的 arr 和 psc 参数。

（2）设置定时器 TIM3 的 PWM 模式，使能定时器 TIM3 的 CH2 输出。

（3）使能定时器 TIM3。

（4）修改 TIM3_CCR2 来控制占空比。

3．定时器 TIM3 的 PWM 初始化

（1）开启定时器 TIM3 的时钟及复用功能时钟，配置 PWM 信号用到的 GPIO 引脚。因为信号源来自定时器 TIM3 的复用功能输出（参见图 2.8），所以 GPIO 的工作模式需要设置为 GPIO_Mode_AF_PP，相应需要启动复用功能时钟。

（2）初始化定时器 TIM3，设置定时器 TIM3 的 arr 和 psc。两个参数的值决定 PWM 信号的频率和占空比。

（3）分别设置并使能定时器 TIM3 的 4 个 PWM 通道。

（4）使能定时器 TIM3。

（5）使能预装载寄存器 TIM3_CCR1~4。

time.c 文件中定义了使用定时器 TIM3 实现 PWM 功能的初始化函数。

```
void TIM3_PWM_Init(u16 arr,u16 psc)                    //设置定时器工作模式
{ GPIO_InitTypeDef GPIO_InitStructure;
  TIM_TimeBaseInitTypeDef   TIM_TimeBaseStructure;
  TIM_OCInitTypeDef   TIM_OCInitStructure;
  RCC_APB1PeriphClockCmd(RCC_APB1Periph_TIM3, ENABLE);          //使能定时器 TIM3 的时钟
  RCC_APB2PeriphClockCmd(RCC_APB2Periph_GPIOA, ENABLE);        //GPIOA 时钟
  RCC_APB2PeriphClockCmd(RCC_APB2Periph_GPIOB, ENABLE);        //GPIOB 时钟
  RCC_APB2PeriphClockCmd(RCC_APB2Periph_AFIO, ENABLE);          //AFIO 复用功能时钟
//TIM3 部分重映射：TIM3_CH1->PB4，TIM3_CH2->PB5，初始化 PB4、PB5 工作模式
//GPIO_PinRemapConfig(GPIO_PartialRemap_TIM3, ENABLE); //配置部分重映射模式
//GPIO_InitStructure.GPIO_Pin = GPIO_Pin_4| GPIO_Pin_5;        //配置重映射引脚工作模式
//GPIO_InitStructure.GPIO_Mode = GPIO_Mode_AF_PP;
//GPIO_InitStructure.GPIO_Speed = GPIO_Speed_50MHz;
//GPIO_Init(GPIOB, &GPIO_InitStructure);

  GPIO_InitStructure.GPIO_Pin = GPIO_Pin_6 | GPIO_Pin_7;//TIM3_PWM1/2:PA6/PA7
  GPIO_InitStructure.GPIO_Mode = GPIO_Mode_AF_PP;        //复用功能推挽输出（信号源来自 TIM3）
  GPIO_InitStructure.GPIO_Speed = GPIO_Speed_50MHz;
  GPIO_Init(GPIOA, &GPIO_InitStructure);
  GPIO_InitStructure.GPIO_Pin = GPIO_Pin_0| GPIO_Pin_1;  //TIM3_PWM3/4:PB0/PB1
  GPIO_InitStructure.GPIO_Mode = GPIO_Mode_AF_PP;
  GPIO_InitStructure.GPIO_Speed = GPIO_Speed_50MHz;
  GPIO_Init(GPIOB, &GPIO_InitStructure);
//初始化 TIM3
  TIM_TimeBaseStructure.TIM_Period = arr;                        //自动重装载寄存器的值
  TIM_TimeBaseStructure.TIM_Prescaler =psc;                      //预分频值
  TIM_TimeBaseStructure.TIM_ClockDivision = 0;                    //设置时钟分割：TDTS = Tck_tim
  TIM_TimeBaseStructure.TIM_CounterMode = TIM_CounterMode_Up; //向上计数模式
  TIM_TimeBaseInit(TIM3, &TIM_TimeBaseStructure);                //初始化 TIM3
//初始化 TIM3 的 PWM 模式
  TIM_OCInitStructure.TIM_OCMode = TIM_OCMode_PWM2;        //TIM 脉冲宽度调制模式 2
  TIM_OCInitStructure.TIM_OutputState = TIM_OutputState_Enable; //比较输出使能
  TIM_OCInitStructure.TIM_OCPolarity = TIM_OCPolarity_High; //输出极性：1
  TIM_OC1Init(TIM3, &TIM_OCInitStructure);                        //初始化 TIM3 的 PWM 通道 1
  TIM_OC1PreloadConfig(TIM3, TIM_OCPreload_Enable);              //使能预装载寄存器
//4 路 PWM 初始化为相同的工作模式
  TIM_OC2Init(TIM3, &TIM_OCInitStructure);                        //初始化 TIM3 的 PWM 通道 2
  TIM_OC2PreloadConfig(TIM3, TIM_OCPreload_Enable);
  TIM_OC3Init(TIM3, &TIM_OCInitStructure);                        //初始化 TIM3 的 PWM 通道 3
  TIM_OC3PreloadConfig(TIM3, TIM_OCPreload_Enable);
  TIM_OC4Init(TIM3, &TIM_OCInitStructure);                        //初始化 TIM3 的 PWM 通道 4
  TIM_OC4PreloadConfig(TIM3, TIM_OCPreload_Enable);
  TIM_Cmd(TIM3, ENABLE);                                          //使能 TIM3
}
```

3.7.4 输出 4 路 PWM 信号

1．功能描述

（1）传递 arr 和 psc 参数，设定 PWM 信号频率。

（2）传递参数，设定占空比。

2．主函数

```
int main(void)
{
//TIM3_PWM_Init(7200-1,0);         //不分频。PWM 频率=72000000/7200=10kHz
//TIM3_PWM_Init(14400-1,0);        //不分频。PWM 频率=5kHz
//TIM3_PWM_Init(36000-1,0);        //不分频。PWM 频率=2kHz        数据类型：u16
//TIM_SetCompare2(TIM3,3600);      //修改占空比        0：50μs     1：450μs
//TIM_SetCompare2(TIM3,3600*2);    //修改占空比        0：100μs    1：400μs //
//TIM3_PWM_Init(7200-1,500);       //PWM 频率=(72000000/500)/7200=20Hz，50ms
//TIM_SetCompare2(TIM3,3600);      //修改占空比        0：25ms     1：25ms

TIM3_PWM_Init(7200-1,0);           //PWM 频率=72000000/7200=10kHz  周期：100μs
TIM_SetCompare1(TIM3,900);         //占空比    0：12.5μs    1：87.5μs    7/8
TIM_SetCompare2(TIM3,1800);        //占空比    0：25μs      1：750μs     6/8
TIM_SetCompare3(TIM3,3600);        //占空比    0：50μs      1：50μs      4/8 = 50%
TIM_SetCompare4(TIM3,5400);        //占空比    0：75μs      1：25μs      2/8 = 25%
while(1)
{}
}
```

在主函数中：

（1）调用 TIM3_PWM_Init()函数初始化 TIM3 的 PWM 功能，通过调整形参可修改 PWM 信号的频率。

（2）调用 TIM_SetCompare1(TIM3,900)配置 PWM 的捕获/比较值，通过调整形参可修改 PWM 信号的占空比。

（3）主函数中给出了一些参数范例（主频为 72MHz），可供编程时参考。

3．仿真结果

程序仿真运行结果如图 3.51 所示，图中显示了定时器 TIM3 的 4 路 PWM 输出信号 2 个周期的波形。4 路 PWM 信号的周期均为 100μs，每路 PWM 信号的占空比与程序中注释内容保持一致。

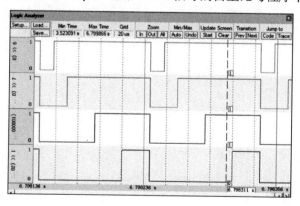

图 3.51　TIM3 的 4 路 PWM 信号输出

3.8 习　　题

3.1　编写工程文件，实现 PA12 输出方波信号，在 Logic Analyzer 窗口显示 PA12 的输出波形，随后调整输出信号的频率和占空比。

3.2　使用 TIM3，在 PA12 引脚输出 2Hz 方波。

3.3　搭建通信环境，使 STM32 与外部串口调试助手之间实现数据传输。

3.4　使用 USART1 编写通信程序，实现通过外部串口调试助手发出命令，控制 PB12 引脚输出电平逻辑的功能。

3.5　使用 ADC1 的通道 2 实现数据采集，将采集的数据由 USART1 送出。

3.6　接收来自 USART1 的数据，控制 PWM 输出信号的占空比。

第4章 STM32CubeMX 环境编程

STM32CubeMX 是 ST 公司新推出的一个配置软件。使用 STM32CubeMX 可以创建基于 Keil 环境的 STM32 工程模板，通过在图形界面上进行寄存器的简单配置，可生成片内外设的初始化代码，让开发人员专注于应用的开发。

4.1 安装 STM32CubeMX 环境

需要用到的安装包：STM32CubeMX_V5.3.0.zip（STM32CubeMX 初始化配置工具安装包）、jre-8u221-windows-x64.zip（Java 环境安装包）和 STM32Cube_FW_L0_V1110.zip（STM32CubeMX L0 系列 MCU 离线安装包）。

安装包中文件说明见表 4.1。

表 4.1 安装包中文件说明

序号	文件	说明
1	jre-8u221-windows-x64.exe	Java 环境，可从官网下载
2	SetupSTM32CubeMX-6.7.0-Win.exe	STM32CubeMX，可从官网下载
3	HAL 库文件	STM32CubeMX 环境下在线添加和更新

4.1.1 安装 JRE

STM32CubeMX 软件是基于 Java 环境运行的，需要安装 JRE（Java Runtime Environment）才能使用。

1. 安装 Java 环境

运行 jre-8u221-windows-x64.exe，安装 Java 环境。

2. 检测安装是否完成

安装结束后，使用组合键 win+r 打开运行窗口，输入 cmd 后回车进入命令行。在命令行中输入 java -version 命令，检测 Java 版本。显示以下内容表示 Java 环境安装完成：

```
C:\Users\xxtyu>java -version
java version "1.8.0_221"
Java(TM) SE Runtime Environment (build 1.8.0_221-b11)
Java HotSpot(TM) 64-Bit Server VM (build 25.221-b11, mixed mode)
C:\Users\xxtyu>
```

4.1.2 安装 STM32CubeMX

运行 SetupSTM32CubeMX-6.7.0-Win.exe，完成安装过程。安装完成后，STM32CubeMX 的启动界面如图 4.1 所示。

· 103 ·

图 4.1　STM32CubeMX 的启动界面

4.1.3　安装 HAL 库

为了方便实现 STM32 产品之间代码的可移植性，ST 公司为 STM32 的 MCU 推出了硬件抽象层（Hardware Abstraction Layer，HAL）库。本章例程依据 ST 公司提供的 HAL 库文件，使用 STM32CubeMX 创建工程文件，并基于 HAL 库编写应用程序。使用 STM32CubeMX 前，需要安装 HAL 库。

1．STM32CubeMX 软件版本更新

运行 STM32CubeMX 软件，选择菜单命令"Help"→"Check for Updates"，在弹出窗口中可以查看并选择版本更新。

2．添加 MCU 安装包

（1）选择菜单命令"Help"→"Embedded Software Packages Manager"，打开选择 MCU 安装包窗口，如图 4.2 所示。

（2）在 STM32Cube MCU Packages 选项卡中，打开 STM32F1 的列表，勾选最新版本的安装包，单击【Install】按钮进行安装。

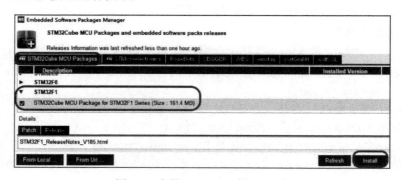

图 4.2　安装 STM32F1 的 HAL 库

4.2　新建 DEMO_LED 工程

STM32CubeMX：创建基于 HAL 库的工程文件。

IDE 环境：Keil 5。

MCU 型号：STM32F103C6T6A（Flash 存储器容量为 32KB，其他与 STM32F103C8T6 完全兼容）。

工程文件：..\DEMO_LED\MDK-ARM\DEMO_LED.uvprojx。

工程文件存放路径：..\20221230 源码\4 STM32F103C6 (CubeMX)\1 DEMO_LED\。

功能：PB12 引脚输出方波信号。

4.2.1 选择 MCU 型号

在图 4.1 中单击【ACCESS TO MCU SELECTOR】按钮，弹出如图 4.3 所示界面。

图 4.3 选择 MCU 型号

（1）在图 4.3 的 Commercial Part Number 栏中输入 STM32F103C6T6A（注意要大写）。型号匹配时，若出现多选，需要在 MPUs/MPUs List 栏中确认其中的一个型号。本章例程所选 MCU 型号均为 STM32F103C6T6A。

从图 4.3 中浏览 STM32F103C6T6A 的基本特性和含有的内部资源如下：

- Cortex-M3 内核、主频 72MHz；
- 32KB Flash 存储器、6KB 内存；
- 2 路 12 位 ADC、3 个通用定时器、PWM；
- I²C、SPI、3 个 USART、USB、CAN 通信接口；
- 工作电压范围为 2.0~3.6V，工作温度范围为-40~+85℃；
- LQFP 封装。

（2）单击图 4.3 中右上角的【Start Project】按钮，弹出 MCU 的资源配置界面，如图 4.4 所示，默认显示 Pinout & Configuration 选项卡。

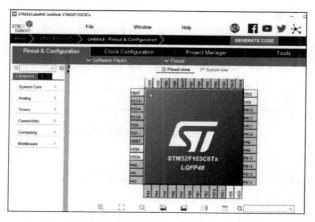

图 4.4 资源配置界面

4.2.2 资源配置

在 Pinout & Configuration 选项卡，可配置所需的片内外设。本工程中配置的片内外设有系统时钟、SYS 和 GPIO，其他配置选项未涉及。

1. 系统时钟（RCC）配置

（1）选择图 4.4 中左侧菜单命令"Categories"→"System Core"→"RCC"，弹出系统时钟配置窗口，如图 4.5 所示。

High Speed Clock(HSE)：Disable，禁用外部晶振电路，使用内部 RC 电路提供时钟（默认参数）。

Low Speed Clock(LSE)：Disable，禁用外部晶振电路，使用内部 RC 电路提供时钟（默认参数）。

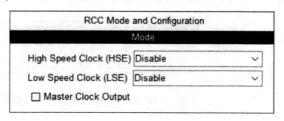

图 4.5 系统时钟配置窗口

（2）在图 4.4 中单击 Clock Configuration 选项卡，显示当前工程的时钟树配置，如图 4.6 所示，图中显示 MCU 内部时钟配置如下。

● HSI：8MHz（内部 RC 电路提供时钟）。
● HSE：未启用。
● PLL：未启用。
● SYSCLK：连接到 HSI（系统启动时默认连接）。
● HCLK：8MHz（预分频系数=1）。

上电复位后，系统默认时钟配置：PCLK1= PCLK2= HCLK =SYSCLK =HSI=8MHz。

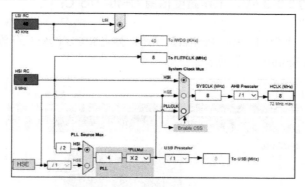

图 4.6 当前工程的时钟树配置

2. SYS 模式配置

在 Pinout & Configuration 选项卡，选择左侧菜单命令"Categories"→"System Core"→"SYS"，弹出 SYS（系统）模式配置窗口，如图 4.7 所示。

（1）Debug：Serial Wire。STM32CubeMX 创建的工程默认不支持调试模式。为了调试代码，这里选择串行调试方式。选择串行调试方式会占用 GPIO 的 PA13 和 PA14 引脚。

（2）选择 SysTick 定时器作为时基源。

3．定义用户占用的 GPIO 引脚

本工程需要在 PB12 引脚输出方波信号，所以 PB12 引脚的基本功能为输出。

（1）在图 4.4 中单击 MCU 的引脚 PB12，在弹出的窗口中选择 GPIO_Output，如图 4.8 所示。

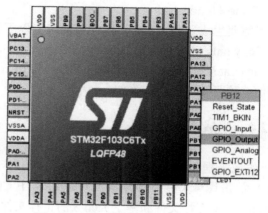

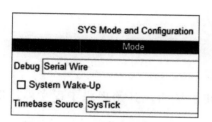

图 4.7　SYS 模式配置窗口

图 4.8　配置 PB12 引脚为输出

（2）选择图 4.4 中左侧菜单命令"Categories"→"System Core"→"GPIO"，弹出 GPIO 模式配置窗口，如图 4.9 所示。

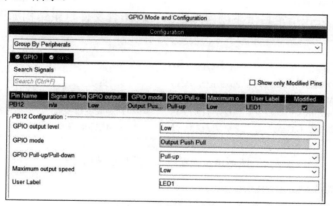

图 4.9　GPIO 模式配置窗口

（3）配置 PB12 引脚的属性。

- GPIO output level：Low（初始电平）。
- GPIO mode：Output Push Pull（推挽输出）。
- GPIO Pull-up/Pull-down：Pull-up（内部上拉电阻）。
- Maximum output speed：Low（低速）。
- User Label：LED1（引脚标号）。

4.2.3　Project Manager 选项卡

在图 4.4 的 Project Manager 选项卡中，可对创建的工程进行必要的管理说明。

1．Project

Project Name：DEMO_LED（工程名称）。

Project Location：指定工程文件存储路径（不要含有中文路径）。

APPlication Structure：默认值。

Toolchain Folder Location：默认值。

Toolchain/IDE：选择 MDK-ARM（安装 Keil 环境后，这里可自动识别）。

2．Code Generated

这里需要生成.c 和.h 文件，因此需要选中以下选项：

● Copy only the necessary library files；

● Generate peripheral initialization as a pair of '.c/.h' files per peripheral。

其他选项可视情况自行添加。

4.2.4　生成工程文件

1．生成工程文件

（1）单击图 4.4 中右上角的【GENERATE CODE】按钮，开始生成工程文件，即生成 STM32CubeMX 工程文件和基于 Keil 5 的工程文件。

..\DEMO_LED.ioc：STM32CubeMX 工程文件。

..\MDK-ARM\DEMO_LED.uvprojx：基于 Keil 5 的工程文件。

（2）工程文件目录结构。

STM32CubeMX 会在指定目录下创建工程，工程所含文件目录结构如图 4.10 所示。

名称	修改日期	类型	大小
Core	2023/5/12 15:33	文件夹	
Drivers	2023/5/12 15:33	文件夹	
MDK-ARM	2023/5/12 15:33	文件夹	
.mxproject	2023/5/12 15:33	MXPROJECT 文件	7 KB
DEMO_LED.ioc	2023/5/12 15:33	STM32CubeMX	3 KB

图 4.10　工程所含文件目录结构

2．目录结构说明

DEMO_LED 工程中所含各个文件夹的用途见表 4.2。

表 4.2　DEMO_LED 工程中所含各个文件夹的用途

一级文件夹	二级文件夹	用途
Core	Src	用户资源源文件（.c）
	Inc	用户资源头文件（.h）
Drivers	CMSIS	存放符合 CMSIS 标准的软件抽象层组件相关文件，多是与内核相关的文件
	STM32F1xx_HAL_Driver	HAL 库接口函数的源代码，也就是所有硬件抽象层的 API 声明和定义。其作用是屏蔽单片机内部的寄存器操作，统一了片内外设的接口函数
MDK-ARM	DEMO_LED	存放编译工程文件 DEMO_LED.hex
	RTE	
	DEMO_LED.uvprojx	基于 Keil 5 的工程文件
DEMO_LED.ioc		STM32CubeMX 工程文件

从图 4.10 中看到，由 STM32CubeMX 创建的工程的目录结构，与第 3 章基于标准库创建的工程的目录结构略有不同。第 3 章是基于标准库以手动方式创建了工程模板，在此基础上再将片上外设的头文件和源文件添加到工程模板中。

本节在使用 STM32CubeMX 创建工程文件的过程中，使用 STM32CubeMX 提供的图形化配置界面，对片内外设按照设计要求进行配置，随后生成工程文件。在生成的工程文件中，已经完成了所配置的片内外设的初始化过程，用户需要做的工作如下。

（1）了解基于 Keil 5 的工程文件存放位置并在 Keil 5 中打开，使用 STM32CubeMX 创建工程。

（2）如果需要，将片内外设的头文件和源文件添加到工程模板中。

源文件存放路径：..\Core\Src\。

头文件存放路径：..\Core\Inc\。

（3）在主函数中编写用户代码。

（4）在中断服务程序中编写用户代码。

（5）注意在编程过程中，需要了解 HAL 库中针对硬件抽象层的 API 声明和定义，正确调用并使用 HAL 库提供的函数。

4.2.5 编辑 DEMO_LED 工程文件

在 Keil 5 中打开 DEMO_LED.uvprojx，也就是使用 STM32CubeMX 创建的 C 代码工程文件夹，需要着重关注其中的 main.c 和 gpio.c 两个文件。

1．打开工程文件

在 Keil 5 中打开 DEMO_LED 工程后，Project 窗口如图 4.11 所示。

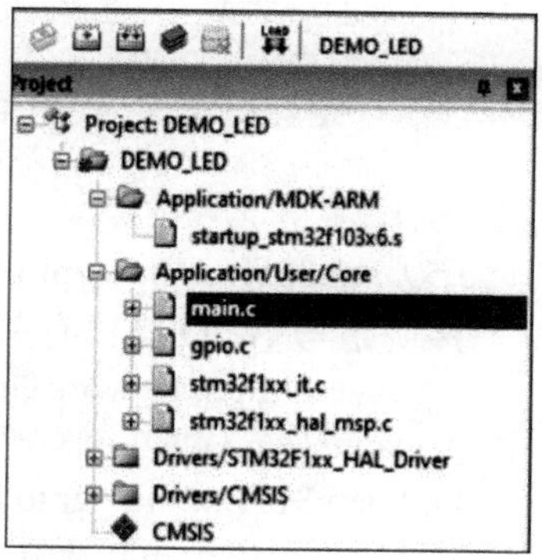

（1）Application/MDK-ARM 文件夹中的 startup_stm32f103x6.s 文件是使用汇编语言编写的启动文件。

（2）Application/User/Core 文件夹用于添加应用层面的源文件，如 main.c、gpio.c、用户编写的有关片内外设的源文件（需要手动添加.c 文件）。

图 4.11　Project 窗口

（3）编译工程，无语法错误。

2．关键函数和代码

（1）main.c

```
int main(void)
{    HAL_Init();                    //必要的 HAL 库初始化
     SystemClock_Config();          //系统时钟初始化
     MX_GPIO_Init();                //PB12 引脚初始化
     while(1);

}
```

这里 while 循环中暂无程序代码。

（2）main.h

```
#define LED1_Pin GPIO_PIN_12           //引脚宏定义，供用户代码引用
#define LED1_GPIO_Port GPIOB           //端口宏定义，供用户代码引用
```

（3）gpio.c

这是 STM32CubeMX 创建的 PB12 初始化函数，基于第 3 章的内容，对照在 STM32CubeMX 环境中的配置过程，可以理解初始化代码。

```
void MX_GPIO_Init(void)
{   GPIO_InitTypeDef GPIO_InitStruct = {0};
    /* GPIO Ports Clock Enable */
    __HAL_RCC_GPIOB_CLK_ENABLE();
    __HAL_RCC_GPIOA_CLK_ENABLE();

    /*Configure GPIO pin Output Level */
    HAL_GPIO_WritePin(LED1_GPIO_Port, LED1_Pin, GPIO_PIN_RESET);

    /*Configure GPIO pin : PtPin */
    GPIO_InitStruct.Pin = LED1_Pin;
    GPIO_InitStruct.Mode = GPIO_MODE_OUTPUT_PP;
    GPIO_InitStruct.Pull = GPIO_NOPULL;
    GPIO_InitStruct.Speed = GPIO_SPEED_FREQ_LOW;
    HAL_GPIO_Init(LED1_GPIO_Port, &GPIO_InitStruct);
}
```

（4）stm32f1xx_it.c

已经启动 SysTick 定时器，可以在此编写用户代码：

```
void SysTick_Handler(void)
{   HAL_IncTick();
    /* USER CODE BEGIN SysTick_IRQn 1 */
    /* USER CODE END SysTick_IRQn 1 */
}
```

（5）stm32f1xx_hal_gpio.h

声明了与 GPIO 操作有关的库函数，如：

```
void HAL_GPIO_WritePin(GPIO_TypeDef *GPIOx,uint16_t GPIO_Pin,GPIO_PinState PinState);
void HAL_GPIO_TogglePin(GPIO_TypeDef *GPIOx, uint16_t GPIO_Pin);
```

（6）stm32f1xx_hal_gpio.h

声明 HAL 库中可以调用的函数，如：

```
void HAL_Delay(uint32_t Delay);
```

3. 编写用户代码

上述代码都是 STM32CubeMX 软件依据配置参数生成的代码，以下内容需要用户在适当位置编写程序代码。

（1）在 main.c 文件的 while 循环中添加代码，使得 PB12 引脚输出方波。

```
1    while(1)
2    {
3        HAL_GPIO_WritePin(LED1_GPIO_Port, LED1_Pin, GPIO_PIN_RESET); //引脚清 0
4        HAL_Delay(100);                                              //调用延时
5        HAL_GPIO_WritePin(LED1_GPIO_Port, LED1_Pin, GPIO_PIN_SET);   //引脚置 1
6        HAL_Delay(100);
7
8        //HAL_GPIO_TogglePin(LED1_GPIO_Port, LED1_Pin);              //引脚电平反转
9        //HAL_Delay(100);
10   }
```

（2）代码注释

第 3 行：LED1_GPIO_Port 和 LED1_Pin 是 STM32CubeMX 在 main.h 中定义的宏名，编写代码需要引用时要注意书写规范。

4.2.6　仿真运行 DEMO_LED 工程文件

1．仿真前的准备工作

在 Keil 5 编辑界面中执行以下步骤：

（1）编译工程文件，无语法错误。选择菜单命令"Project"→"Rebuild All Target Files"，开始重新编译过程，其间在 Build Output 窗口输出编译进程和结果信息。

（2）设置 Keil 5 仿真环境。选择菜单命令"Project"→"Options for Target"，在弹出的 Options for Target'DEMO_LED'对话框中单击 Debug 选项卡，如图 4.12 所示。按图中参数设置仿真环境，单击【OK】按钮完成设置。需要设置的主要内容如下：

● 选中 Use Simulator（支持软件仿真）。

● 勾选 Run to main()（自动运行启动文件后，跳转到 main 函数入口等待仿真命令）。

● Dialog DLL：DARMSTM.DLL（可在 Keil 5 调试模式，通过菜单命令"Peripherals"选择不同的片内外设，并在弹出的窗口中观察仿真结果）。

● Parameter：-pSTM32F103C6。

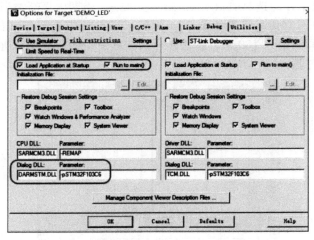

图 4.12　设置 Keil 5 仿真环境

（3）进入 Keil 5 调试模式。选择菜单命令"Debug"→"Start/Stop Debug Session"，进入 Keil 5 调试模式。在调试模式下，可以利用 Keil 5 提供的工具，仿真运行程序代码，观察运行结果。

2．打开 Logic Analyzer 窗口

选择菜单命令"View"→"Analysis Windows"→"Logic Analyzer"，或单击 Debug 工具条中的相应按钮，打开 Logic Analyzer 窗口，如图 4.13 所示，在 Logic Analyzer 窗口中添加变量。

（1）单击 Logic Analyzer 窗口中的【Setup】按钮，弹出 Setup Logic Analyzer 窗口。

（2）单击新建变量图标按钮 。

（3）在弹出的空白栏中输入变量名称 PORTB.12 后回车。若此时弹窗显示未知信号，则可以先单击【Close】按钮，关闭 Setup Logic Analyzer 窗口。全速运行程序代码后，从第一步开始重新添加变量。变量名称格式：PORTX.Y（X 是 GPIO 端口号，Y 是引脚号）。

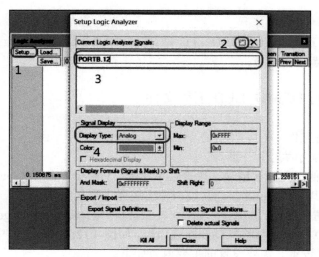

图 4.13　添加变量

（4）单击图中的变量名称（选择变量），设定 Display Type（显示类型）为 Bit。

（5）单击【Close】按钮，关闭 Setup Logic Analyzer 窗口。

3. 全速运行代码

（1）选择菜单命令"Debug"→"Run"，开始仿真运行程序代码。

（2）打开 View 菜单，勾选 Periodic Window Update，周期地更新波形数据。

（3）DEMO_LED 工程仿真结果如图 4.14 所示。图 4.14 中显示 PB12 引脚可以输出方波信号，信号电平反转时间间隔为 100ms。移动光标到波形窗口内，转动鼠标滚轮，可以调整信号波形显示窗口的网格时基。

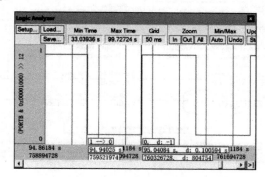

图 4.14　DEMO_LED 工程仿真结果

（4）选择菜单命令"Debug"→"Stop"，停止仿真。

4.2.7　SysTick（滴答）定时器

STM32CubeMX 中已经配置 SysTick 定时器作为时基源，在 DEMO_LED 工程中可以使用时基源作为 SysTick 定时器和辅助定时器。

（1）将主函数 while 循环中的所有代码都注释掉。

（2）在 SysTick_Handle 函数（stm32f1xx_it.c 文件的第 183 行开始）中添加代码：

```
void SysTick_Handler(void)
{   HAL_IncTick();                                              //
```

```
        HAL_GPIO_TogglePin(LED1_GPIO_Port, LED1_Pin);        //添加用户代码：引脚电平反转
    }
```

（3）编译无误后进行仿真测试，如图 4.15 所示。

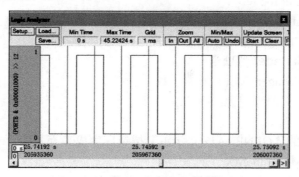

图 4.15 SysTick 定时器仿真测试波形

在图 4.15 的波形显示窗口中，网格（Grid）设定为 1ms，即电平反转时间间隔是 1ms，说明 STM32CubeMX 创建的工程文件默认将 SysTick 定时器配置为 1ms。

（4）调整 SysTick 定时器的时间间隔，可依据 HAL 库中定义的系统滴答频率参数值进行。stm32f1xx_hal.c 文件的第 49 行枚举定义了 SysTick 定时器的时间间隔。

```
     typedef enum
     {
       HAL_TICK_FREQ_10HZ          = 100U,
       HAL_TICK_FREQ_100HZ         = 10U,
       HAL_TICK_FREQ_1KHZ          = 1U,
49     HAL_TICK_FREQ_DEFAULT       = HAL_TICK_FREQ_1KHZ
     } HAL_TickFreqTypeDef;
```

stm32f1xx_hal.c 文件的第 81 行赋值系统滴答频率，调整此处参数值可修改 SysTick 定时器的时间间隔。

```
81      HAL_TickFreqTypeDef uwTickFreq = HAL_TICK_FREQ_DEFAULT;   /* 1kHz */
```

SysTick_Config 函数原型定义在 core_cm3.h 文件的第 1834 行。

（5）任务队列。以 SysTick 定时器为时基源，可构建任务队列，并为队列中的任务分配时隙。例如，一个以 10s 为周期的任务队列，含 3 个任务，使用 SysTick 定时器可以分配 1~5s 做任务 1、6~8s 做任务 2、9~10s 做任务 3，从而实现一个简单的多任务调度系统。

4.3 GPIO 的查询方式

工程名：..\KEY\MDK-ARM\KEY.uvprojx。

工程文件存放路径：..\20221230 源码\4 STM32F103C6(CubeMX)\2 KEY\KEY\。

功能：在 PB7 引脚模拟产生输入的脉冲信号，采用查询方式监测 PB7 的状态，并将监测结果送到 PB12 输出。实际应用中可以产生按键控制 LED 的效果。

占用资源：LED1 连接到 PB12、KEY1 连接到 PB7。

4.3.1 创建 KEY 工程文件

使用 STM32CubeMX 创建工程文件，在重复 4.1 节新建 DEMO_LED 工程的基础上：

1．添加 GPIO

KEY1 连接到 PB7，添加并配置 PB7 引脚的属性。

● GPIO mode：Input mode。

● GPIO Pull-up/Pull-down：Pull-up（内部上拉电阻）。

● User Label：KEY1。

2．配置 Project Manager 选项卡

（1）配置 Project Manager 选项卡所需参数。

（2）Project Name：KEY（工程名称）。

3．创建工程文件

单击图 4.4 右上角的【GENERATE CODE】按钮，生成工程文件。

● ..\KEY.ioc：STM32CubeMX 工程文件。

● ..\MDK-ARM\KEY.uvprojx：基于 Keil 5 的工程文件。

4.3.2 编辑 KEY 工程文件

在 Keil 5 中打开 KEY.uvprojx。

1．关键代码

（1）main.h

```
#define LED1_Pin GPIO_PIN_12                        //宏定义
#define LED1_GPIO_Port GPIOB
#define KEY1_Pin GPIO_PIN_7
#define KEY1_GPIO_Port GPIOB
```

（2）gpio.c

```
void MX_GPIO_Init(void)                        //初始化 GPIO 函数
{
  GPIO_InitTypeDef GPIO_InitStruct = {0};
  /* GPIO Ports Clock Enable            使能端口时钟*/
  __HAL_RCC_GPIOD_CLK_ENABLE();
  __HAL_RCC_GPIOB_CLK_ENABLE();
  __HAL_RCC_GPIOA_CLK_ENABLE();
  /*Configure GPIO pin Output Level      配置 PB12 */
  HAL_GPIO_WritePin(LED1_GPIO_Port, LED1_Pin, GPIO_PIN_RESET);
  /*Configure GPIO pin : PtPin */
  GPIO_InitStruct.Pin = LED1_Pin;
  GPIO_InitStruct.Mode = GPIO_MODE_OUTPUT_PP;
  GPIO_InitStruct.Pull = GPIO_NOPULL;
  GPIO_InitStruct.Speed = GPIO_SPEED_FREQ_LOW;
  HAL_GPIO_Init(LED1_GPIO_Port, &GPIO_InitStruct);
  /*Configure GPIO pin : PtPin            配置 PB7  */
  GPIO_InitStruct.Pin = KEY1_Pin;
  GPIO_InitStruct.Mode = GPIO_MODE_INPUT;
  GPIO_InitStruct.Pull = GPIO_PULLUP;
  HAL_GPIO_Init(KEY1_GPIO_Port, &GPIO_InitStruct);
}
```

初始化 PB12 为输出，PB7 为输入。

调用 HAL_GPIO_WritePin 函数，写指定 GPIO 的值。可以跟踪该函数，查看在 HAL 库中定义与 GPIO 操作的可用函数（stm32f1xx_hal_gpio.c 定义）。

（3）stm32f1xx_hal_gpio.h

HAL 库中定义与 GPIO 操作有关的 API 函数：

```
GPIO_PinState HAL_GPIO_ReadPin(GPIO_TypeDef *GPIOx, uint16_t GPIO_Pin);        //读
void HAL_GPIO_WritePin(GPIO_TypeDef *GPIOx,uint16_t GPIO_Pin,GPIO_PinState PinState);
void HAL_GPIO_TogglePin(GPIO_TypeDef *GPIOx, uint16_t GPIO_Pin);//输出状态反转
HAL_StatusTypeDef HAL_GPIO_LockPin(GPIO_TypeDef *GPIOx, uint16_t GPIO_Pin);
void HAL_GPIO_EXTI_IRQHandler(uint16_t GPIO_Pin);                    //中断服务程序入口
void HAL_GPIO_EXTI_Callback(uint16_t GPIO_Pin);                      //中断服务回调函数
```

2．编写用户代码

在 main.c 文件的 while 循环中添加代码，以查询方式监测 KEY1_Pin(PB7)引脚的状态，并将监测结果送到 LED1_Pin(PB12)输出。

在 main.c 中编写的代码如下：

```
int main(void)
{   uint8_t UserKey_Value = 0;            //过程变量
    …
    while(1)
    {   UserKey_Value = HAL_GPIO_ReadPin(KEY1_GPIO_Port, KEY1_Pin);        //读状态
        if(UserKey_Value == 0)                                            //判断状态
            HAL_GPIO_WritePin(LED1_GPIO_Port, LED1_Pin, GPIO_PIN_RESET);  //输出 0
        else if(UserKey_Value == 1)
            HAL_GPIO_WritePin(LED1_GPIO_Port, LED1_Pin, GPIO_PIN_SET); }
}
```

4.3.3　仿真运行 KEY 工程文件

在 Keil 5 中编辑程序代码，编译无误后进入调试模式。

1．打开 Command 窗口

选择菜单命令"View"→"Command Windows"，打开 Command 窗口。

2．定义信号函数

（1）选择菜单命令"Debug"→"Function Editor"，打开函数编辑器。若是第一次使用函数编辑器，需要给文件起一个文件名。

（2）定义信号函数

信号函数名：test_key1。

功能：在 PB7 模拟一次脉冲输入过程。

```
signal void test_key1(void)          //函数类型为 signal
{   PORTB |=0x80;                     //PB7 置高电平
    swatch(0.01);                     //延时 0.01s
    PORTB &=~0x80;                    //PB7 置低电平
    swatch(0.01);}
```

在图 4.16 所示的函数编辑器窗口中输入代码后，单击【Compile】按钮进行编译，信息栏显示无错误。每次进入调试模式，需要的信号函数都要被重新录入和编译一次。

3．定义按钮

定义按钮名称为 My_KEY，按钮关联函数为 test_key1，在 Command 窗口的命令栏中输入：

```
>DEFINE BUTTON "My_KEY", "test_key1()"
```

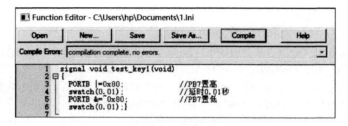

图 4.16　函数编辑器窗口

4．打开 Toolbox 窗口

选择菜单命令"View"→"Toolbox Windows"，打开 Toolbox 窗口，如图 4.17(a)所示。

5．打开 Logic Analyzer 窗口

（1）选择菜单命令"View"→"Analysis Windows"→"Logic Analyzer"，打开 Logic Analyzer 窗口，如图 4.17(b)所示。

（2）定义 Bit 型变量 PORTB.7、PORTB.12。

6．全速运行程序

（1）在图 4.17 中可以看到程序运行初始时，PORTB.7 当前状态为逻辑 0，PORTB.12 的状态与 PORTB.7 保持一致。

（2）单击 Toolbox 窗口中的【My_KEY】按钮，执行函数 test_key1，在 PB7 产生一个脉冲输入信号，随之可见 PORTB.12 输出的电平状态（上面的波形）与 PORTB.7 输入的电平状态（下面的波形）保持一致。STM32 运行过程中检测到 PB7 状态变化，并将检测结果送到 PB12 输出，这说明编写的程序代码满足功能要求。

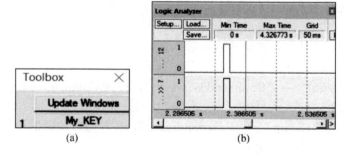

图 4.17　KEY 工程运行结果波形

4.4　GPIO 的中断方式

工程文件：..\KEY(EX7)\MDK-ARM\KEY(EX7).uvprojx。

工程文件存放路径：..\20221230 源码\4 STM32F103C6 (CubeMX)\3 KEY(EX7) \。

功能：在 PB7 引脚模拟产生输入的脉冲信号，采用中断方式监测 PB7 的状态，当 PB7 产生一次上升沿时，PB12 输出状态反转。

占用资源：LED1 连接到 PB12、KEY1 连接到 PB7。

4.4.1　创建 KEY(EX7)工程文件

使用 STM32CubeMX 创建工程文件，在重复 4.2 节配置过程的基础上，修改 PB7 的配置内容。

1．选择 GPIO_EXTI7 模式

在图 4.4 中单击引脚 PB7，在弹出的窗口中选择 GPIO_EXTI7，如图 4.18 所示。

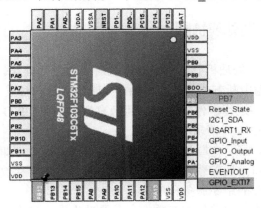

图 4.18　配置 PB7 为输出

2．配置 PB7 引脚属性

- GPIO mode：External Interrupt Mode with Rising edge trigger detection（上升沿触发中断）。
- GPIO Pull-up/Pull-down：Pull-up（内部上拉电阻）。
- User Label：KEY1。

3．NVIC 配置

选择图 4.4 中左侧菜单命令"Categories"→"System Core"→"NVIC"，弹出 NVIC 配置窗口，如图 4.19 所示。

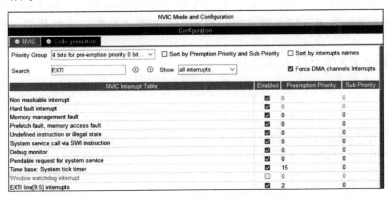

图 4.19　NVIC 配置窗口

（1）Show 栏：all interrupts（列表中显示支持的所有中断源）。

（2）Search 栏：输入"EXTI"后回车（或滑动右侧滚动条查找），可在列表中快速检索到 EXTI Line[9:5] interrupts，并勾选其中的 Enabled 项，允许中断事件发生后申请中断。

在 STM32 的 NVIC 管理机制中，GPIO 的第 5~9 引脚公用 EXTI Line[9:5] interrupts 中断入口，使用 EXTI9_5_IRQHandler 中断向量。

4．配置 Project Manager 选项卡

（1）配置 Project Manager 选项卡所需参数。

（2）Project Name：KEY(EX7)（工程名称）。

5．创建工程文件

单击图 4.4 右上角的【GENERATE CODE】按钮，生成工程文件。

- ..\ KEY(EX7).ioc：STM32CubeMX 工程文件。
- ..\MDK-ARM\ KEY(EX7).uvprojx：基于 Keil 5 的工程文件。

4.4.2　STM32 的中断处理机制

STM32 具有完善的中断处理机制，以中断方式对事件进行处理。

（1）中断源。当设置为中断方式处理事件后，中断源会自动触发 CPU 的响应机制，并自动跳转到对应的中断服务程序进行事件处理。中断源有很多，如 GPIO、USART、定时器等事件都可以作为中断源来触发 CPU，请求响应处理。

（2）中断源入口地址。每个中断源都有自己的固定入口地址，即当中断事件发生时，中断源会自动跳转到自己的入口地址加载指令。一般地，入口地址会存放一条跳转指令，通过该跳转指令跳转到该中断源对应的中断服务程序。

（3）中断向量。中断源入口地址中存放的一条跳转指令，称为该中断源的中断向量。每个中断源的中断向量必须放到各自对应的中断源入口地址。

（4）中断向量表。多个中断向量按照各自中断入口地址顺序排列，组成中断向量表。

上电复位也作为一种中断事件，其中断向量安排在中断向量表中的第 1 个，可以从这里检索到上电复位的入口地址。

（5）中断服务程序。中断服务程序的函数名称与中断向量表中对应的中断向量相同。中断服务程序的内容是需要处理的中断事件的代码。

（6）中断响应过程。中断事件发生后，主程序会暂停，形成断点并自动保护断点信息，主程序会自动跳转到中断源入口地址。依据入口地址存放的中断向量，跳转到指定的中断服务程序处执行，执行结束后自动返回主程序的断点处，恢复断点信息后继续执行主程序。

4.4.3　编辑 KEY(EX7)工程文件

1.　main.h
main.h 文件中定义了用到的宏，代码如下：

```
#define LED1_Pin GPIO_PIN_12                        //定义引脚的宏
#define LED1_GPIO_Port GPIOB                        //定义端口的宏
#define KEY1_Pin GPIO_PIN_7
#define KEY1_GPIO_Port GPIOB
#define KEY1_EXTI_IRQn EXTI9_5_IRQn                 //使用 EXTI9_5_IRQn中断
```

2.　gpio.c
gpio.c 文件中的第 68~69 行使能了 PB7 使用的中断。

```
   {...
68    HAL_NVIC_SetPriority(EXTI9_5_IRQn, 2, 0);     //定义 PB7 使用的中断优先级
69    HAL_NVIC_EnableIRQ(EXTI9_5_IRQn);             //使能 PB7 使用的中断
   }
```

3.　stm32ioxx_hal_gpio.h
stm32ioxx_hal_gpio.h 文件中的声明中断服务程序，代码如下：

```
GPIO_PinState HAL_GPIO_ReadPin(GPIO_TypeDef* GPIOx, uint16_t GPIO_Pin);
void HAL_GPIO_WritePin(GPIO_TypeDef *GPIOx,uint16_t GPIO_Pin,GPIO_PinState PinState);
void HAL_GPIO_TogglePin(GPIO_TypeDef* GPIOx, uint16_t GPIO_Pin);
HAL_StatusTypeDef HAL_GPIO_LockPin(GPIO_TypeDef* GPIOx, uint16_t GPIO_Pin);
```

```
        void HAL_GPIO_EXTI_IRQHandler(uint16_t GPIO_Pin);    //HAL 库定义的中断服务程序
        void HAL_GPIO_EXTI_Callback(uint16_t GPIO_Pin);    //HAL 库定义的中断服务程序回调函数
```

4. startup_stm32f103x6.s

startup_stm32f103x6.s 文件的第 73~122 行定义了中断向量表，其中 PB7 的中断向量定义如下：

```
102        DCD        EXTI9_5_IRQHandler        ; EXTI Line 9..5
```

注意：不要修改中断向量表的内容，仅需要找到中断源对应的中断向量名称就可以了。本例中使用 PB7(KEY1)控制 PB12(LED1)，使用中断方式监测 PB7，由中断向量表可知，其中第 102 行有定义 PB7 的中断向量。即当 PB7 定义的中断事件发生时，CPU 会自动跳转到此处，再依据中断向量表中安排的中断向量，跳转到 EXTI9_5_IRQHandler 函数。

5. stm32f1xx_it.c

中断向量对应的中断服务程序：

```
    void EXTI9_5_IRQHandler(void)
    {
        HAL_GPIO_EXTI_IRQHandler(KEY1_Pin);              //HAL 库定义的中断服务程序
    }
```

6. HAL_GPIO_EXTI_IRQHandler

STM32CubeMX 创建的工程采用了中断回调函数机制，调用 HAL_GPIO_EXTI_Callback 函数：

```
    void HAL_GPIO_EXTI_IRQHandler(uint16_t GPIO_Pin)
    {   /* EXTI line interrupt detected */
        if(__HAL_GPIO_EXTI_GET_IT(GPIO_Pin) != 0x00u)
        { __HAL_GPIO_EXTI_CLEAR_IT(GPIO_Pin);
          HAL_GPIO_EXTI_Callback(GPIO_Pin); }           //调用回调函数
    }
```

当初始化允许 PB7 事件使用中断方式处理后，STM32 的中断处理过程如下：

（1）当检测到 PB7 引脚输入脉冲信号的上升沿时，会触发 CPU 中断处理机制，提出中断申请；

（2）依据中断源入口地址设置的中断向量，调用 EXTI9_5_IRQHandler 函数；

（3）在 EXTI9_5_IRQHandler 函数中调用 HAL_GPIO_EXTI_IRQHandler 函数；

（4）在 HAL_GPIO_EXTI_IRQHandler 函数中调用 HAL_GPIO_EXTI_Callback 函数；

（5）在 HAL_GPIO_EXTI_Callback 函数中编写用户代码。

7. 编写用户代码（回调函数）

这个函数需要用户从 gpio.c 的第 74 行开始编写代码：

```
74        void HAL_GPIO_EXTI_Callback(uint16_t GPIO_Pin)          //中断服务程序的回调函数
          {   HAL_GPIO_TogglePin(LED1_GPIO_Port, LED1_Pin);      //检测到上升沿后，PB12 求反
          }
```

8. 说明

（1）此时主函数内 while 循环中无程序代码。

（2）检测 PB7 的上升沿是由中断处理机制完成的。

（3）由于 GPIO 的第 5~9 引脚公用一个中断向量，中断源入口需要传递引脚，此时不要再安排其他端口的第 7 引脚使用中断功能了。

（4）检测到上升沿后，对 PB12 状态求反的代码是在中断服务程序的回调函数内编写完成的。

（5）使用 STM32CubeMX 创建工程后，仅需要在 HAL_GPIO_EXTI_IRQHandler 函数中找到所调用的回调函数名称 HAL_GPIO_EXTI_Callback，在适当位置定义回调函数即可。

本例中 HAL_GPIO_EXTI_Callback 函数定义在 gpio.c 文件的第 74~78 行，函数体完整的内容需要读者自行编写。

4.4.4 仿真运行 KEY(EX7)工程文件

（1）编译无语法错误，配置好 Keil 5 仿真环境，进入调试模式。

（2）录入和编译 4.3 节定义的 test_key1 函数，为 PB7 引脚模拟一个输入脉冲信号。

（3）添加按钮。

（4）全速运行程序，仿真结果如图 4.20 所示。

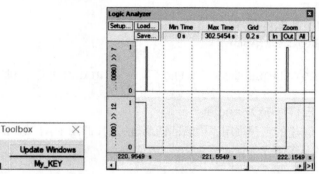

图 4.20　KEY(EX7)工程仿真结果

（5）在仿真过程中，单击 My_KEY 按钮运行 test_key1 函数，为 PB7 引脚模拟一个输入脉冲信号。

（6）在仿真过程中，从 Logic Analyzer 窗口中可以看到，当 PB7 引脚输入一个脉冲信号上升沿时（上面的波形），PB12 的输出状态会翻转一次（下面的波形）。

从仿真结果波形来看，满足设计要求。

4.5　定时器 TIM3

工程名：..\TIMER3\MDK-ARM\time3.uvprojx。

工程文件存放路径：..\20221230 源码\4 STM32F103C6 (CubeMX)\4 TIMER3\TIMER3\。

功能：启用定时器 TIM3，PB12 引脚输出频率为 1s 的方波（以 TIM3 定时中断方式获得延时）。

占用资源：LED1 连接到 PB12，定时器 TIM3。

4.5.1　创建 TIM3 工程文件

1．RCC（系统时钟）

在图 4.4 的 Pinout & Configuration 选项卡中，选择左侧菜单命令"Categories"→"System Core"→"RCC"，弹出系统时钟配置窗口（见图 4.5），配置内容如下。

HSE：Crystal/Ceramic Resonator，使用外部时钟电路提供时钟。

LSE：使用默认选项，禁用外部晶振电路。

2．配置时钟树

打开 Clock Configuration 选项卡，配置以下内容。

（1）Input frequency（外频）栏：8MHz（默认值）。可以在允许的工作范围内选择外频，并将值输入栏中。

（2）APB1 Timer clocks(MHz)栏：72MHz。

确认输入上述两项内容后回车，STM32CubeMX 会自动搭建时钟树，并计算时钟树中所需参数，当前时钟树配置如图 4.21 所示。

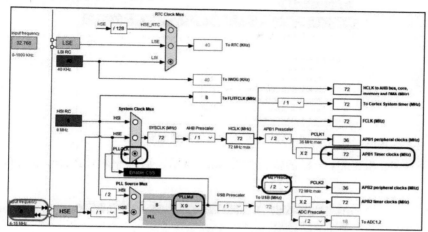

图 4.21　TIM3 工程时钟树配置

（3）配置后的时钟树。

- Input frequency = 8MHz（设计要求）。
- APB1 Timer clocks = 72MHz（设计要求）。
- PLL（内部锁相环）：HSE 作为输入源，倍频系数为 9。
- SYSCLK 选择 PLLCLK。
- HCLK：72MHz。
- APB1、APB2 Prescaler：1/2。

3. TIM3 需求

要求使用定时器 TIM3 得到 0.5s 定时，时间到就提出中断申请。依据需求可设定定时器 TIM3 工作在向上计数模式。

（1）依据需求，令计数信号时钟频率=10kHz，可得连续计数 5000 次需要 0.5s。

（2）预分频系数。由配置后的时钟树可知，定时器 TIM3 输入时钟信号频率为 72MHz，分频 7200 后可得频率为 10kHz 的计数时钟信号，得到预分频系数=7200-1。

（3）计数器自动重装载值。计数器的自动重装载值=5000-1。

4. 配置 TIM3

在图4.4的Pinout & Configuration选项卡中，选择左侧菜单命令"Categories"→"Timers"→"TIM3"，打开定时器 TIM3 参数配置窗口，如图 4.22 所示。

（1）勾选 Internal Clock 项。

（2）Parameter Settings 栏中配置参数如下：

- Prescaler(PSC-16 bits value)：7199（预分频系数）。
- Counter Mode：Up。
- Counter Period (AutoReload Register-16 bits value)：4999（需要计数 4999+1 次）。
- Internal Clock Division (CKD)：No Division。
- auto-reload preload：Enable。

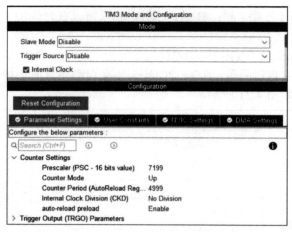

图 4.22　定时器 TIM3 参数配置窗口

（3）配置 NVIC Settings 一栏参数，如图 4.23 所示。启用中断，Preemption Priority（抢占优先级）=2。

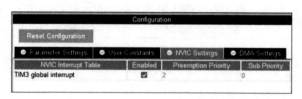

图 4.23　定时器 TIM3 的 NVIC 配置窗口

5．配置用户占用的 PB12 引脚
配置方法和过程参见 4.2.2 节。

6．配置 Project Manager 选项卡
（1）配置 Project Manager 选项卡所需参数。

（2）Project Name：time3（工程名称）。

7．创建工程文件
单击图 4.4 右上角的【GENERATE CODE】按钮，生成工程文件。

- ..\time3.ioc：STM32CubeMX 工程文件。
- ..\MDK-ARM\time3.uvprojx：基于 Keil 5 的工程文件。

4.5.2　编辑 TIM3 工程文件

1．MX_TIM3_Init ()
在 tim.c 文件中定义了 TIM3 初始化函数 MX_TIM3_Init，其代码如下：

```
void MX_TIM3_Init(void)
{
    TIM_ClockConfigTypeDef sClockSourceConfig = {0};
    TIM_MasterConfigTypeDef sMasterConfig = {0};
    htim3.Instance = TIM3;
    htim3.Init.Prescaler = 7199;                              //预分频系数
    htim3.Init.CounterMode = TIM_COUNTERMODE_UP;
    htim3.Init.Period = 4999;                                 //自动重装载值
```

```
htim3.Init.ClockDivision = TIM_CLOCKDIVISION_DIV1;
htim3.Init.AutoReloadPreload = TIM_AUTORELOAD_PRELOAD_ENABLE;
if(HAL_TIM_Base_Init(&htim3) != HAL_OK)
{    Error_x();    }
sClockSourceConfig.ClockSource = TIM_CLOCKSOURCE_INTERNAL;
if(HAL_TIM_ConfigClockSource(&htim3, &sClockSourceConfig) != HAL_OK)
{    Error_Handler();    }
sMasterConfig.MasterOutputTrigger = TIM_TRGO_RESET;
sMasterConfig.MasterSlaveMode = TIM_MASTERSLAVEMODE_DISABLE;
if(HAL_TIMEx_MasterConfigSynchronization(&htim3, &sMasterConfig) != HAL_OK)
{    Error_Handler();    }
}
```

2. HAL_TIM_Base_MspInit()

在 tim.c 文件中初始化了 TIM3 中断源，相关代码如下：

```
void HAL_TIM_Base_MspInit(TIM_HandleTypeDef* tim_baseHandle)
{  if(tim_baseHandle->Instance==TIM3)
   {  __HAL_RCC_TIM3_CLK_ENABLE();
      HAL_NVIC_SetPriority(TIM3_IRQn, 2, 0);          //允许 TIM3 中断源优先级
      HAL_NVIC_EnableIRQ(TIM3_IRQn); }                //允许 TIM3 启动中断源
}
```

3. TIM3 中断向量

在 startup_stm32f103x6.s 文件中设置了 TIM3 的中断向量，相关代码如下：

```
DCD        TIM3_IRQHandler
```

4. TIM3 中断服务程序

在 stm32f1xx_it.c 文件中定义了 TIM3 的中断服务程序，相关代码如下：

```
void TIM3_IRQHandler(void)
{  HAL_TIM_IRQHandler(&htim3);
}
```

因为采用回调机制，所以 HAL_TIM_IRQHandler 函数会调用与之对应的回调函数。

5. 声明 TIM3 中断服务程序的回调函数

在 stm32f1xx_it.c 文件中声明了 TIM3 中断服务程序的回调函数，相关代码如下：

```
/* Callback in non blocking modes (Interrupt and DMA) ************************/
void HAL_TIM_PeriodElapsedCallback(TIM_HandleTypeDef *htim);
```

与 TIM3 中断服务程序对应的回调函数是 HAL_TIM_PeriodElapsedCallback。

6. 编写用户代码

在 tim.c 文件的第 111 行开始添加回调函数代码：

```
111      void HAL_TIM_PeriodElapsedCallback(TIM_HandleTypeDef *htim)
         {  if(htim==(&htim3))                              //过滤定时器 TIM3
         HAL_GPIO_TogglePin(LED0_GPIO_Port, LED0_Pin);      //PB12 反转
         }
```

注意：

（1）此时主程序的 while(1)循环中无代码。

（2）回调函数完整的内容需要读者自行编写，函数体存放在 tim.c 文件中的适当位置即可。

7. 添加代码启动定时器 TIM3

在主函数初始化完成后，在 main.c 的第 95 行添加启动定时器 TIM3 的代码：

```
95      HAL_TIM_Base_Start_IT(&htim3);          //手动启动定时器 TIM3，开启计数工作模式
        while(1);
```

4.5.3 仿真运行 TIM3 工程文件

（1）编译无语法错误，配置好 Keil 5 仿真环境，进入调试模式。

（2）打开 Logic Analyzer 窗口，如图 4.24 所示，添加 PB12(Bit)变量。

（3）全速运行程序。

（4）在仿真过程中，从 Logic Analyzer 窗口中可以看到，PB12 输出信号 0.5s 翻转一次，周期为 1s，与设计要求相符。

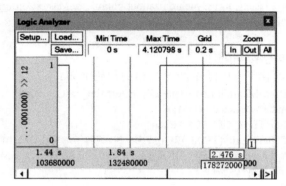

图 4.24　TIM3 工程仿真结果

4.6　异步串行通信

工程名：..\USART\MDK-ARM\USART.uvprojx。

工程文件存放路径：..\20221230 源码\4 STM32F103C6(CubeMX)\5 USART \USART\。

功能：启用 USART1 的异步串行通信功能，实现数据收发功能。

占用资源：USART1。

4.6.1 创建 USART1 工程文件

1. 配置 System Core

在图 4.4 的 Pinout & Configuration 选项卡中，选择左侧菜单命令"Categories"→"System Core"，RCC 和 SYS 配置参数与之前工程的配置内容相同。

2. 配置时钟树

打开 Clock Configuration 选项卡，在图中配置以下内容。

（1）Input frequency（外频）栏：8MHz。

（2）APB2 peripheral clocks(MHz)栏：72MHz（USART1 挂载在内部 APB2 总线上）。

确认输入上述两项内容后回车，STM32CubeMX 会自动搭建时钟树，并计算时钟树中所需参数。

3. 配置 USART1

在 Pinout & Configuration 选项卡中，选择左侧菜单命令"Categories"→"Connectivity"→"USART1"，打开 USART1 参数配置窗口，如图 4.25 所示。

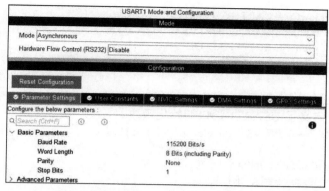
图 4.25　USART1 参数配置窗口

（1）在 Mode 栏配置参数
● Mode：Asynchronous（异步串行通信）。
● Hardware Flow Control(RS232)：Disable（禁用硬件流控）。
（2）在 Parameter Settings 栏中配置参数
● Baud Rate：115200b/s。
● Word Length：8Bits (including Parity)。
● Parity：None。
● Stop Bits：1。
（3）在 NVIC Settings 栏中配置参数
● 勾选 Enabled 项。
● Preemption Priority：2。
● Sub Priority：0。
（4）在 GPIO Settings 一栏中，可以查看 USART1 使用的 GPIO 引脚的配置。
4．配置 Project Manager 选项卡
（1）配置 Project Manager 选项卡所需参数。
（2）Project Name：USART1（工程名称）。
5．创建工程文件
单击图 4.4 右上角的【GENERATE CODE】按钮，生成工程文件。
● ..\USART1.ioc：STM32CubeMX 工程文件。
● ..\MDK-ARM\USART1.uvprojx：基于 Keil 5 的工程文件。

4.6.2　USART1 工程文件关键函数

1．MX_USART1_UART_Init
在 usart.c 文件中定义了 USART1 通信模式初始化函数。

```
void MX_USART1_UART_Init(void)
{
  huart1.Instance = USART1;
  huart1.Init.BaudRate = 115200;
  huart1.Init.WordLength = UART_WORDLENGTH_8B;
  huart1.Init.StopBits = UART_STOPBITS_1;
  huart1.Init.Parity = UART_PARITY_NONE;
  huart1.Init.Mode = UART_MODE_TX_RX;
```

```
        huart1.Init.HwFlowCtl = UART_HWCONTROL_NONE;
        huart1.Init.OverSampling = UART_OVERSAMPLING_16;
        if(HAL_UART_Init(&huart1) != HAL_OK)
        {    Error_Handler();    }
    }
```

2．HAL_UART_MspInit

在 usart.c 文件中定义了 USART1 端口初始化函数。

```
    void HAL_UART_MspInit(UART_HandleTypeDef* uartHandle)
    {
        GPIO_InitTypeDef GPIO_InitStruct = {0};
        if(uartHandle->Instance==USART1)
        {
            __HAL_RCC_USART1_CLK_ENABLE();           //连接单元模块总线时钟
            __HAL_RCC_GPIOA_CLK_ENABLE();
            /**USART1 GPIO Configuration
            PA9      ------> USART1_TX
            PA10     ------> USART1_RX
            */
            GPIO_InitStruct.Pin = GPIO_PIN_9;         //配置 USART1 引脚
            GPIO_InitStruct.Mode = GPIO_MODE_AF_PP;
            GPIO_InitStruct.Speed = GPIO_SPEED_FREQ_HIGH;
            HAL_GPIO_Init(GPIOA, &GPIO_InitStruct);
            GPIO_InitStruct.Pin = GPIO_PIN_10;
            GPIO_InitStruct.Mode = GPIO_MODE_INPUT;
            GPIO_InitStruct.Pull = GPIO_NOPULL;
            HAL_GPIO_Init(GPIOA, &GPIO_InitStruct);
            /* USART1 interrupt Init */
            HAL_NVIC_SetPriority(USART1_IRQn, 2, 0);   //配置优先级
            HAL_NVIC_EnableIRQ(USART1_IRQn);    }       //允许中断
    }
```

3．HAL 库中定义的函数

（1）查询方式收发数据函数

在 stm32f1xx_hal_uart.c 文件中定义了以查询方式收发数据的函数。

```
    HAL_UART_Receive(UART_HandleTypeDef *huart,uint8_t *pData,uint16_t Size, uint32_t Timeout)
    {...}
    HAL_UART_Transmit(UART_HandleTypeDef *huart, uint8_t *pData, uint16_t Size, uint32_t Timeout)
    {...}
```

（2）中断方式收发数据函数

在 stm32f1xx_hal_uart.c 文件中定义了以中断方式收发数据的函数。

```
    HAL_UART_Transmit_IT(UART_HandleTypeDef *huart, uint8_t *pData, uint16_t Size)
    {...}
    HAL_UART_Receive_IT(UART_HandleTypeDef *huart, uint8_t *pData, uint16_t Size)
    {...}
```

4．中断向量表

在 startup_stm32f103x6.s 文件中定义了 USART1 的中断向量。

```
    DCD        USART1_IRQHandler             ;USART1
```

5．中断服务程序

在 stm32f1xx_it.c 文件中定义了中断向量调用的中断服务程序。

```
    void USART1_IRQHandler(void)
    {   HAL_UART_IRQHandler(&huart1);}
```

6. UART 中断服务程序

在 stm32f1xx_hal_uart.c 文件中定义了 UART 中断服务程序。

```
void HAL_UART_IRQHandler(UART_HandleTypeDef *huart);
{…}
```

7. 回调函数

在 usart.c 文件中编写用户代码，处理通信事件。

```
void HAL_UART_RxCpltCallback(UART_HandleTypeDef *huart)
{…}                          //以中断方式接收，需要在回调函数中编写代码处理事件
```

4.6.3 构建 printf 函数

1. 向 main.c 文件添加代码

（1）在 main.c 文件的第 23 行添加：

```
23   #include "stdio.h"                    //输入/输出标准头文件
     #include "string.h"                   //字符串操作
```

（2）在 main.c 文件的第 48 行添加：

```
48   char *Send_Data = "ok\r\n";           //测试发送代码的数据
```

（3）在 main.c 文件的第 53 行添加：

```
53   int fputc(int ch, FILE *f);           //声明函数支持 printf
```

（4）在 main.c 文件的第 194 行添加：

```
194  int fputc(int ch, FILE *f)
     { while((USART1->SR&0x40)==0);        //使用 USART1 循环发送，直到发送完毕
     USART1->DR = (char) ch;
     return ch;
     }
```

（5）在 main.c 文件的 while 循环中添加代码：

```
while(1)
{ printf("hello word");                              //测试 printf 函数
  HAL_UART_Transmit(&huart1,(uint8_t *)Send_Data,4,500);  //发送 Send_Data 中的 4 个数据
  HAL_Delay(200);                                    //延时
}
```

2. 配置 Keil 5 仿真环境

选择菜单命令"Project"→"Options for Target"，在弹出的对话框中单击 Debug 选项卡，按图中参数设置仿真运行环境，其中：

● Dialog DLL：DARMSTM.DLL。

● Parameter：-pSTM32F103C6。

3. 测试代码

程序编译通过后，Keil 5 进入调试模式。设置断点，运行程序。

选择菜单命令"View"→"Serial Windows"→"UART #1"，打开 UART #1 窗口，如图 4.26 所示，可以看到程序运行过程中 USART1 输出的数据。

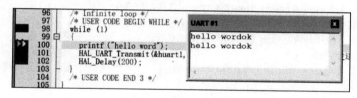

图 4.26　测试串口发送数据

4.6.4 查询接收数据

1. 向 main.c 文件添加代码

（1）在 main.c 文件的第 49 行添加：

```
49     uint8_t Data_Rx[20] = {0};                           //接收数据缓存
```

（2）在 main.c 文件的 while 循环中，注释掉之前添加的代码，添加新代码：

```
    …
    printf("waiting...\r\n");                               //测试程序开始运行
    while(1)
    { //printf("hello word");                               //测试 printf 函数
      //HAL_UART_Transmit(&huart1, (uint8_t *)Send_Data, 4, 500);   //发送 4 个数据
      //HAL_Delay(200);                                      //延时
      HAL_UART_Receive(&huart1, Data_Rx, 4, 0xffffffff);    //一直等到需要接收的 4 个数据
      printf("received_data: ");                            //接收到字符提示
      HAL_UART_Transmit(&huart1, Data_Rx, 4, 500);          //发送接收到的字符
      printf("\r\n");                                        //换行
    }
```

图 4.27 查询方式
接收和发送数据

2. 测试代码

（1）程序编译无误后，Keil 5 进入调试模式。单击几次全速运行按钮，全速运行程序，确认在 UART #1 窗口看到 waiting 字符。

（2）打开 UART #1 窗口，如图 4.27 所示，将光标移动到窗口空白处单击，随后连续输入 4 个字符，用来模拟向 USART1 发送 4 个数据。程序接收到这 4 个数据后，会从串口输出信息，输出的信息会显示在 UART #1 窗口中。

4.6.5 中断发送数据

1. 向 main.c 文件添加代码

在 main.c 文件的第 50 行添加：

```
50     char    Tx_data[120];                                //发送数据缓冲区
```

在 main.c 文件的第 104 行添加代码。注意，与之前的 while 循环有重叠。

```
104    sprintf(Tx_data,"{\"method\":\"5d97a00a9\"}&^!");            //合成字符串
       HAL_UART_Transmit_IT(&huart1, (uint8_t *)Tx_data, sizeof(Tx_data)); //中断发送字符串
       printf("\r\n");
       printf("waiting...\r\n");                            //测试程序开始运行
       while(1)
       {
       //printf("hello word");                              //测试 printf 函数
       //HAL_UART_Transmit(&huart1, (uint8_t *)Send_Data,4,500); //发送 Send_Data 中的数据
       //HAL_Delay(200);                                    //延时
         HAL_UART_Receive(&huart1, Data_Rx, 4, 0xffffffff); //一直等到需要接收的 4 个数据
         printf("received_data: ");                         //接收到字符提示
         HAL_UART_Transmit(&huart1, Data_Rx, 4, 500);       //发送接收到的字符
         printf("\r\n");                                     //换行
       //HAL_UART_Receive_IT(&huart1, Rx_data_int,1);
       }
```

2．实现功能

（1）以中断方式发送数据。

（2）在 while 循环中：采用查询方式接收 4 个数据，采用查询方式发送 4 个数据。

图 4.28　中断方式发送数据

3．测试代码

（1）程序编译无误后，Keil 5 进入调试模式，全速运行程序。

（2）在 UART #1 窗口中可以看到以中断方式发送的数据，如图 4.28 所示。

（3）在 UART #1 窗口中输入 4 个字符，可以看到程序运行结果返回收到的数据。

4.6.6　中断接收数据

1．向 main.c 文件添加代码

在 main.c 文件的第 51 行添加：

```
51    uint8_t Rx_data_int[1];                              //中断接收数据缓存
```

在 main.c 文件的第 108 行添加：

```
108   while(1)
      {
      //printf("hello word");                                      //测试 printf 函数
      //HAL_UART_Transmit(&huart1, (uint8_t *)Send_Data, 4, 500);  //发送 Send_Data 中的数据
      //HAL_Delay(200);                                            //延时
      //HAL_UART_Receive(&huart1, Data_Rx, 4, 0xffffffff);         //一直等到需要接收的 4 个数据
      //printf("received_data: ");                                 //接收到字符提示
      //HAL_UART_Transmit(&huart1, Data_Rx, 4, 500);               //发送接收到的字符
      //printf("\r\n");                                            //换行
          HAL_UART_Receive_IT(&huart1, Rx_data_int,1);            //中断接收
        }
```

2．向 usart.c 文件添加代码

在 usart.c 文件的第 28 行添加：

```
28    extern uint8_t     Rx_data_int[];
```

在 usart.c 文件的第 124 行添加：

```
124   void HAL_UART_RxCpltCallback(UART_HandleTypeDef *huart)    //串口回调函数
      { char temp1=0;
      temp1 = Rx_data_int[0];
      }
```

3．运行代码

（1）在串口中断接收回调函数中设置断点（usart.c 文件的第 126 行），全速运行程序。

（2）在 UART #1 窗口中输入字符"1"，程序接收到数据后，会在断点处暂停。在接收缓存中可看到已收到字符"1"，如图 4.29 所示。也可将变量添加到 Watch1 窗口，便于查看变量值。

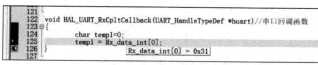

图 4.29　中断方式接收数据

4.7　A/D 转换

工程名：..\AD \MDK-ARM\AD.uvprojx。

工程文件存放路径：..\20221230 源码\4 STM32F103C6 (CubeMX)\6 AD\。

功能：ADC1 通道 1 采集电压，采集值通过串口 USART1 输出（115200b/s）。

占用资源：ADC1 通道 1、USART1。

4.7.1　创建 A/D 转换工程文件

1. RCC（系统时钟）和 SYS 模式配置

其配置参见 4.2.2 节。

2. 配置时钟树

ADC1 挂载在 APB2 总线上，其最大时钟不能超过 14MHz，若超过，配置界面会显示报警颜色。本例选用外频为 8MHz，在 Clock Configuration 选项卡中时钟树的 To ADC1,2 栏中输入 12 后回车，完成时钟树参数的配置。

3. 配置 ADC1

在图 4.4 的 Pinout & Configuration 选项卡中，选择左侧菜单命令"Categories"→"Analog"→"ADC1"，打开 ADC1 参数配置窗口，如图 4.30 所示。

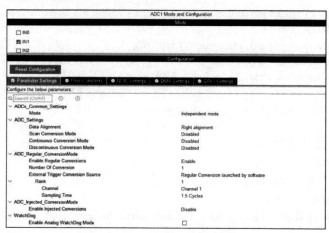

图 4.30　ADC1 参数配置窗口

（1）在 Mode 栏下，勾选 IN1 项（选择通道 1）。

（2）在 Configuration 栏下，全部使用默认值。

4. 配置 Project Manager 选项卡

（1）配置 Project Manager 选项卡所需参数。

（2）Project Name：AD（工程名称）。

5. 创建工程文件

单击图 4.4 右上角的【GENERATE CODE】按钮，生成工程文件。

● ..\ AD.ioc：STM32CubeMX 工程文件。

● ..\MDK-ARM\ AD.uvprojx：基于 Keil 5 的工程文件。

4.7.2 A/D 转换工程文件关键代码

1. MX_ADC1_Init()

在 adc.c 文件中定义了 ADC1 功能初始化代码。

```
ADC_HandleTypeDef   hadc1;

void MX_ADC1_Init(void)
{
  ADC_ChannelConfTypeDef sConfig = {0};
  hadc1.Instance = ADC1;
  hadc1.Init.ScanConvMode = ADC_SCAN_DISABLE;
  hadc1.Init.ContinuousConvMode = DISABLE;
  hadc1.Init.DiscontinuousConvMode = DISABLE;
  hadc1.Init.ExternalTrigConv = ADC_SOFTWARE_START;   //需要软件启动 ADC1
  hadc1.Init.DataAlign = ADC_DATAALIGN_RIGHT;
  hadc1.Init.NbrOfConversion = 1;
  if(HAL_ADC_Init(&hadc1) != HAL_OK)
  {    Error_Handler();   }
  sConfig.Channel = ADC_CHANNEL_1;
  sConfig.Rank = ADC_REGULAR_RANK_1;
  sConfig.SamplingTime = ADC_SAMPLETIME_1CYCLE_5; //此处可以适当延长采集时间
  if(HAL_ADC_ConfigChannel(&hadc1, &sConfig) != HAL_OK)
  {    Error_Handler();  }}
```

2. HAL_ADC_MspInit()

在 adc.c 文件中定义了 ADC1 使用 PA1 引脚的初始化代码。

```
void HAL_ADC_MspInit(ADC_HandleTypeDef* adcHandle)
{
  GPIO_InitTypeDef GPIO_InitStruct = {0};
  if(adcHandle->Instance==ADC1)
  {
      __HAL_RCC_ADC1_CLK_ENABLE();                      //启动单元模块时钟
      __HAL_RCC_GPIOA_CLK_ENABLE();
      GPIO_InitStruct.Pin = GPIO_PIN_1;                 //配置引脚
      GPIO_InitStruct.Mode = GPIO_MODE_ANALOG;
      HAL_GPIO_Init(GPIOA, &GPIO_InitStruct);
  }}
```

4.7.3 编写 A/D 转换采集代码

在 main.c 文件中添加以下内容。

1. 头文件、变量定义和函数声明

```
#include "main.h"
#include "adc.h"
#include "usart.h"
#include "gpio.h"
#include "stdio.h"                      //printf 函数用
#include "string.h"                     //sprintf 函数用
```

```
  float ADC_Value = 0;                       //A/D 采集数据缓存
  char ADC_Value_Send[120] = {0};            //A/D 采集数据格式转换暂存数组
  char *Send_Data = "ok\r\n";                //串口测试发送数据

  void SystemClock_Config(void);
  int fputc(int ch, FILE *f);                //添加函数支持 printf
```

2．主函数

```
int main(void)
{
  HAL_Init();                                //HAL 库初始化
  SystemClock_Config();                      //系统时钟初始化
  MX_GPIO_Init();                            //GPIO 初始化
  MX_ADC1_Init();                            //ADC1 初始化
  MX_USART1_UART_Init();                     //USART1 初始化（115200b/s）
  while(1)                                   //需要编写的代码
  { HAL_ADC_Start(&hadc1);                                            //启动 ADC1
    if(HAL_ADC_PollForConversion(&hadc1,10) == HAL_OK)               //采集结束
      ADC_Value = HAL_ADC_GetValue(&hadc1) * (3.3 / 4095);          //得到电压值
      sprintf((char *)ADC_Value_Send,"ADC_Value : %.2f\r\n",ADC_Value); //转换成字符串
  HAL_UART_Transmit(&huart1,ADC_Value_Send,20,500);                  //发送采集结果
//printf("\r\n");
  HAL_Delay(10);                                                     //延时后继续采集
}}
```

3．定义 printf 函数

```
int fputc(int ch, FILE *f)
{ while((USART1->SR&0x40)==0);//循环发送，直到发送完毕
      USART1->DR = (char) ch;
  return ch;}
```

4.7.4　仿真运行 A/D 转换工程文件

1．仿真前准备工作

同前。

2．打开 Command 窗口

选择菜单命令"View"→"Command Windows"，打开 Command 窗口。

3．定义信号函数

（1）选择菜单命令"Debug"→"Function Editor"，打开函数编辑器。

（2）输入信号函数。

信号函数名：AIN1_Saw()。

功能：在 ADC1_IN1 引脚模拟一次模拟信号输入过程，输入结束后需要编译。

```
SIGNAL void AIN1_Saw(void)
  { ADC1_IN1 =0.55;                          //ADC1_IN1 输入 0.55V
    swatch(2);                               //延时
    ADC1_IN1 =1.11;
    swatch(2);
    ADC1_IN1 =2.22;                          //ADC1_IN1 输入 2.2V
    swatch(2);
    ADC1_IN1 =0; }
```

4. 定义按钮

定义按钮名称：AIN1 Saw，按钮关联函数：AIN1_Saw。

在 Command 窗口的命令栏中输入：

```
>DEFINE BUTTON "AIN1 Saw","AIN1_Saw()"
```

5. 打开 Toolbox 窗口

选择菜单命令"View"→"Toolbox Windows"，打开 Toolbox 窗口。

6. 打开 Logic Analyzer 窗口

选择菜单命令"View"→"Analysis Windows"→"Logic Analyzer"，打开 Logic Analyzer 窗口。在 Logic Analyzer 窗口中添加变量 ADC1_IN1，类型为 Analog。

7. 打开 UART #1 窗口

选择菜单命令"View"→"Serial Windows"→"UART #1"，打开 UART #1 窗口。

8. 全速运行程序

（1）在程序运行过程中，通过 UART #1 窗口可以看到采集结果的输出数据。

（2）单击 Toolbox 中的自定义按钮【AIN1 Saw】，会执行一次按钮关联函数 AIN1_Saw。该函数会在 ADC1_IN1（PA1 引脚）产生一个模拟输入信号。

（3）在 UART #1 窗口中可以看到，输出的采集结果与输入信号保持一致，如图 4.31 所示。

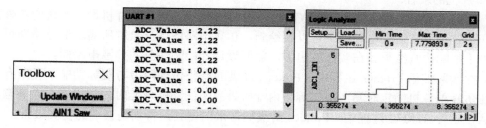

图 4.31　A/D 采集模拟测试

4.8 习　　题

4.1　自行安装 STM32CubeMX 环境，创建基于 STM32 的工程文件。

4.2　在 PB8 引脚模拟产生输入的脉冲信号，采用查询方式监测 PB7 的状态，并将监测结果送到 PB11 输出。实际应用中可以产生按键控制 LED 的效果。

4.3　在 PB7 引脚模拟产生输入的脉冲信号，采用中断方式监测 PB7 的状态，当 PB7 产生一次上升沿时，PB12 的输出状态反转。

4.4　启用 TIM3，PB7 引脚输出频率为 1s 的方波（TIM3 定时器采用中断方式获得延时）。

4.5　使用 USART1，实现与外部串口调试助手的数据收发功能。

4.6　采用 ADC1 的通道 2 采集电压，采集值通过串口 USART1 输出（115200b/s）。

第5章 Proteus 应用范例

Proteus 软件是英国 Labcenter Electronics 公司发行的 EDA 工具软件。它不仅具有其他 EDA 工具软件的仿真功能，还能仿真单片机及外围器件，受到单片机爱好者、从事单片机教学的教师、致力于单片机开发应用的科技工作者的青睐。

本章所有例程存放路径：..\20221230 源码\2 Proteus8\...。

软件环境：Proteus 8.11、Keil 5。

单片机型号：STM32F103R6。

本章说明如下。

（1）本章使用的单片机型号是 STM32F103R6，兼容第 3、4 章工程文件使用的单片机型号，这两章讲述的工程文件将在 Proteus 中统一使用 STM32F103R6 完成仿真过程。

（2）本章重点在于使用 Proteus 搭建一个硬件电路的仿真测试环境，不讨论接口电路的工作原理，侧重于程序代码的功能调试，在硬件电路上展示程序的运行结果，便于读者熟悉和理解 STM32 单片机的编程。

（3）Proteus 主要在应用层面仿真 GPIO 与片内外设的连接，单片机最小系统所需外围电路如时钟和复位等，在仿真电路图中可以不绘制，仿真电路图中仅绘制所需功能电路即可，在仿真过程中不影响仿真结果。在实际应用中，需要设计和绘制完整的外围电路图。

（4）在实际使用 Proteus 过程中，Proteus 提供的有些仿真模型与实际功能单元略有差异，特别是在仿真单片机的定时器、串口等与内部时钟有关的功能单元时，结果不令人满意。但是不能否认在学习 STM32 过程中，Proteus 给我们带来的便利，特别是直观的仿真效果。

（5）面向单片机应用系统的设计，Proteus 提供了一个比较完整的仿真过程，解决了缺少硬件平台评估单片机软件的困境。

（6）有条件的读者，建议选择一款合适的 DEMO 板，进行在线调试和项目评估。

5.1 LED

（1）Keil 5 工程文件存放路径：..\2 Proteus8\1 LED\R6(LED)\USER\LED.uvprojx（标准库）。

（2）Proteus 加载的固件文件存放路径：..\2 Proteus8\1 LED\R6(LED)\OBJ\LED.hex。

（3）Proteus 工程文件存放路径：..\2 Proteus8\1 LED\LED.pdsprj。

功能：软件延时使得 PB12 输出方波信号，D1 灯闪烁。

目的：

（1）熟悉 Proteus 的基本操作；

（2）熟悉 GPIO 编程的方法；

（3）掌握固件文件的加载和仿真运行；

（4）了解虚拟示波器的使用。

固件文件是指在使用 Proteus 软件绘制的仿真电路中，STM32 单片机需要运行的可执行文件。本例程中，仿真电路中 STM32 单片机需要运行的可执行文件是 LED.hex。开始仿真前，需要在 Proteus 软件环境中将 LED.hex 文件加载到单片机内，在随后的仿真过程中，STM32 单片机会运行这个被加载的文件。

5.1.1　GPIO 的输出控制编程

在 Keil 5 中打开工程文件。

1．初始化 GPIOB.12

在 led.c 文件中定义了 GPIOB.12 初始化函数。

```
#include "led.h"
#include "sys.h"
void LED_Init(void)                                         //LED 初始化函数
{ GPIO_InitTypeDef   GPIO_InitStructure;                    //声明结构体变量
  RCC_APB2PeriphClockCmd(RCC_APB2Periph_GPIOB，ENABLE);      //使能 GPIOB 端口时钟
  GPIO_InitStructure.GPIO_Pin = GPIO_Pin_12;                //PB12 外接 D1
  GPIO_InitStructure.GPIO_Mode = GPIO_Mode_Out_PP;          //推挽输出
  GPIO_InitStructure.GPIO_Speed = GPIO_Speed_50MHz;         //I/O 接口速度为 50MHz
  GPIO_Init(GPIOB，&GPIO_InitStructure);                     //初始化 GPIOB 端口
}
```

2．定义宏 LED1

在 led.h 文件中定义了宏 LED1。

```
#include "sys.h"                  //GPIO 端口操作宏定义，支持位操作
#define LED1 PBout(12)            //定义宏 LED1
void LED_Init(void);             //声明 LED 初始化函数
```

3．LED1 的编程使用

在 main.c 文件中编写 LED1 的应用代码。

```
int main(void)
{ delay_init();                  //初始化系统时钟
  LED_Init();                    //调用初始化 GPIO 函数
  while(1)
  {     LED1 = 1;                //PB12=1，外接 D1 灭
        Delay_ms1(250);          //延时 250ms
        LED1 = 0;                //PB12=0，外接 D1 亮
        Delay_ms1(750);          //延时 500ms
  }}
```

4．软件延时函数

采用查询方式使用 SysTick 定时器获得小于 1ms 的延时，在 Proteus 环境下的仿真效果不理想。在评估板上调用 delay.h 中声明的延时函数，经测试延时精度没有问题。

本章所有例程中的延时函数，均采用循环结构编写，仿真过程实现了延时功能，但是延时精度没有充分校准。

```
void Delay_us1(u32 num);                //声明
void Delay_ms1(u32 num);
…
void Delay_us1(u32 num)                 //定义
{ while(num--);}
void Delay_ms1(u32 num)                 //经过 Proteus(外频 8MHz)示波器测试，近似 1ms
{   u16 i;
    for (i=0;i<num;i++)
    { Delay_us1(1333); }
}
```

5.1.2 LED 电路原理图

1. 元件清单

LED 电路元件清单见表 5.1。

表 5.1　LED 电路元件清单

元件库	元件	流水序号	标称值	功能说明
DEVICES	STM32F103R6	U1		主控单片机
DEVICES	RES	R1	200Ω	电阻
DEVICES	LED-YELLOW	D1		发光二极管（LED）
	VCC、GND			电源使用系统默认值
INSTRUMENTS	OSCILLOSCOPE	OSC1		测量用仪表，显示 I/O 接口输出的信号波形

2. 电路原理图

LED 电路原理图如图 5.1 所示，占用单片机资源：PB12。

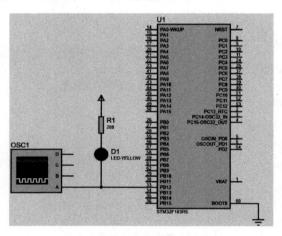

图 5.1　LED 电路原理图

（1）U1 的 BOOT0 接地，用于配置启动模式。

（2）PB12 外接 D1（LED）的控制电路，用于输出控制 D1 亮/灭的逻辑（0 控制 D1 亮）。

（3）示波器（OSC1）的通道 A 连接到 PB12，用于观察 PB12 输出的波形。

5.1.3 Proteus 基本操作

以管理员身份运行 Proteus 8 Professional 软件。

方法 1：在 Windows 环境下以管理员身份运行 Proteus。

方法 2：修改 Proteus 的"兼容性"属性。右击桌面上的 Proteus 图标，打开"属性"对话框，单击"兼容性"选项卡，勾选"以管理员身份运行此程序"，单击【确定】按钮，这样在直接单击 Proteus 工程文件的情况下，也能以管理员身份启动 Proteus。

1. 新建工程文件

选择菜单命令"File"→"New Project"，在弹出的对话框中，进行如下设置：

（1）输入文件名称，选择存储路径；

（2）创建原理图（Create a schematic from the selected template）；

（3）不创建 PCB 文件（Do not create a PCB layout）；

（4）不创建固件文件（No Firmware Project）。

完成上述设置后，进入 Proteus 原理图编辑界面，如图 5.2 所示（也可打开例程所提供的 Proteus 工程文件，熟悉基本操作后再自行新建工程文件）。

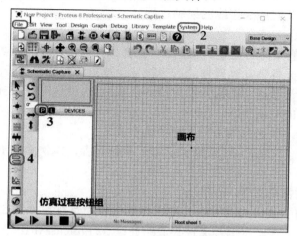

图 5.2　Proteus 原理图编辑界面

2．设置图纸参数

选择"System"菜单命令，设置图纸尺寸（Set Sheet Sizes）：A4。

3．在画布中放置元件

将光标移到画布中后右击，在弹出的菜单中选择命令"Place"→"Component"→"From Libraries"（或单击图 5.2 中的图按钮），在弹出的对话框中输入元件名称，进行查找后完成添加和放置。画布中需要放置电阻、发光二极管和单片机，这些元件在 Proteus 中的名称详见表 5.1。

将光标移动到指定元件的图形符号上并右击，在弹出的菜单中所列选项可以实现对元件的一些基本操作。

（1）Drag Object：在画布上拖拽元件，调整到合适位置。

（2）Edit Properties：编辑属性，如电阻的标称值、流水序号等。

（3）Delete Object：删除元件。

（4）Rotate Clockwise：顺时针旋转，以调整到合适位置。

（5）Rotate Anti-Clockwise：逆时针旋转，以调整到合适位置。

（6）Rotate 180 degrees：原地旋转 180°。

（7）X-Mirror、Y-Mirror：镜像翻转。

（8）Cut To Clipboard、Copy To Clipboard：粘贴和复制。

4．电源/地

（1）将光标移到画布中后右击，在弹出的菜单中选择命令"Place"→"Terminal"→"POWER"（或单击图 5.2 中的圖按钮），将电源放置在画布中的合适位置。采用同样方法选择 GROUND，将地放置在画布中的合适位置。

（2）修改画布中电源的电压值。Proteus 中电源的默认值为+5V，双击画布中的电源，在弹出的对话框中输入电压值，如 3.3V。

5．放置仿真仪表

将光标移到画布中后右击，在弹出的菜单中选择命令"Place"→"Virtual Instrument"→

"OSCILLOSCOPE",将虚拟示波器放置在画布中的合适位置。

6．绘制连接线

将光标移动到元件引脚处，会显示红点，此时单击确定连接线的起点，按住鼠标左键并拖拽连接线，拖拽过程中可单击，以调整连接线走向，当光标移动到另一个元件引脚处后单击，确定连接线的终点，至此完成连接线的绘制过程。

7．绘制电路原理图

（1）参照图 5.1 调整元件的位置、调整元件的流水序号和标称值、绘制连接线。

（2）拖拽元件。将光标移动到元件的图形符号上单击，使元件处于激活状态。按住鼠标左键并移动光标，可将处于激活状态的元件拖拽到合适位置。松开鼠标左键，移动光标到画布空白处，单击可取消元件的激活状态。

（3）转动鼠标滚轮，以光标为中心进行图纸缩放。

（4）选择菜单命令"File"→"Save Project"进行保存。本例程的 Proteus 工程文件名称为 LED.pdsprj。

8．编辑 U1，加载目标文件

（1）双击图 5.1 中的 STM32F103R6，弹出编辑元件对话框，如图 5.3 所示。

（2）加载.hex 目标文件。本例程文件存放路径：..\2 Proteus8\1 LED \OBJ\LED.hex。

（3）Crystal Frequency：8MHz。

（4）PCB Package：TQFP64-12×12MM。

图 5.3 中其他选项采用默认值，单击【OK】按钮。

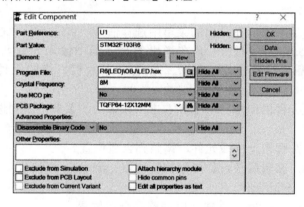

图 5.3　加载.hex 目标文件

9．仿真操作

（1）单击开始仿真 ▶ 按钮，启动电路仿真。

（2）在仿真过程中，可见 D1 灯开始闪烁。

（3）在仿真过程中，从虚拟示波器窗口观察 PB12 的输出波形，如图 5.4 所示。示波器显示 PB12 输出的波形为周期脉冲波，如果需要精确测量输出波形的周期或占空比等参数，可以使用 Keil 5 调试模式中的逻辑分析仪来测量。

仿真时，如果没有自动打开虚拟示波器窗口，则可以单击仿真停止 ■ 按钮，结束仿真过程。选择菜单命令"Debug"→"Reset Debug Pop up Windows"进行恢复设置，并在弹出窗口中单击【yes】按钮。再次开始仿真，可以看到正常弹出的虚拟示波器窗口。

（4）结束仿真。单击仿真停止 ■ 按钮，结束仿真过程。

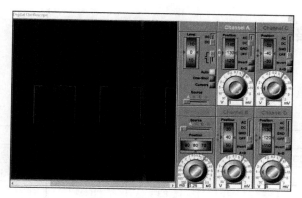

图 5.4　虚拟示波器窗口

5.2　KEY

工程例程文件存放路径：..\2 Proteus8\2 KEY\。

功能：通过按键 KEY1 控制 LED1 的亮/灭（按键检测无防抖）。

目的：掌握编程使用多个 I/O 接口的方法。

5.2.1　GPIO 的输入检测编程

1. 初始化 GPIOB.7

在 key.c 文件中定义了 GPIOB.7 初始化函数。

```
void KEY_Init(void)                                        //按键初始化函数
{ GPIO_InitTypeDef GPIO_InitStructure;
  RCC_APB2PeriphClockCmd(RCC_APB2Periph_GPIOB，ENABLE);
  GPIO_InitStructure.GPIO_Pin   = GPIO_Pin_7;              //PB7 外接 KEY1
  GPIO_InitStructure.GPIO_Mode = GPIO_Mode_IPU;           //设置成上拉输入
  GPIO_InitStructure.GPIO_Speed = GPIO_Speed_50MHz;
  GPIO_Init(GPIOB，&GPIO_InitStructure);
}
```

2. 定义宏 KEY1

在 key.h 文件中定义了宏 KEY1。

```
#define KEY1      PBin(7)                                 //定义宏 KEY1，读 KEY1 状态
void LED_Init(void);                                      //声明 LED 初始化函数
```

3. 按键控制 LED

在 main.c 文件中编写按钮控制 LED 的应用代码。

```
int main(void)
{ u8 temp;
  LED_Init();
  KEY_Init();                                             //初始化
  while(1)
  {   temp = KEY1;                                        //暂存按键值（布尔型），无按键防抖处理
      LED1 = temp;    }                                   //将获取的键值赋给 LED1
}
```

5.2.2 KEY 电路原理图

1. 元件清单

KEY 电路元件清单见表 5.2。

表 5.2 KEY 电路元件清单

元件库	元件名称	流水序号	标称值	功能说明
DEVICES	STM32F103R6	U1		主控单片机
DEVICES	RES	R2	10kΩ	复位电路用电阻
DEVICES	RES	R3	10kΩ	KEY1 按键上拉电阻
DEVICES	RES	R4	200Ω	发光二极管限流电阻
DEVICES	CAP-ELEC	C1	0.1μF	复位电路用电解电容
DEVICES	LED-YELLOW	LED1		发光二极管
DEVICES	BUTTON	KEY1		用户定义按键
DEVICES	BUTTON	RST		复位按键
	VCC、GND			电源使用系统默认值

2. 电路原理图

KEY 电路原理图如图 5.5 所示，占用单片机资源：PB12、PB7。

（1）R2、C1、RST（复位按键）组成复位电路，为单片机提供复位信号（低电平有效）。

（2）U1 的 PB7 外接按键检测电路。按下用户定义按键 KEY1 时，PB7 输入逻辑 0；松开 KEY1 时，PB7 输入逻辑 1。

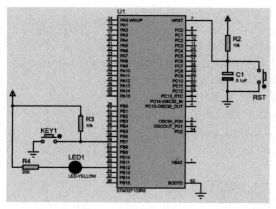

图 5.5 KEY 电路原理图

5.2.3 仿真操作步骤

（1）运行 Proteus 工程文件：..\2 KEY\KEY.pdsprj。

（2）加载例程目标文件：..\2 KEY \OBJ\key.hex。

（3）仿真操作（单击开始仿真 ▶ 按钮）：

① 按下 KEY1 时，LED1 亮；松开 KEY1 时，LED1 灭。

② 按下 RST 复位按键，U1 处于复位状态，PB12 输出高电平，LED1 灭，此时不响应 KEY1 的操作。

③ 松开 RST 复位按键，U1 处于工作状态，此时响应 KEY1 的操作。

5.3 EXTI(KEY)

工程例程文件存放路径：..\2 Proteus8\3 EXTI(KEY)\。

功能：按键下降沿触发中断，中断服务程序实现按键控制 LED 的亮/灭。

目的：

（1）了解中断结构（中断向量表、中断向量入口地址、中断向量、GPIO 中断源分组结构）；

（2）掌握 GPIO 中断的初始化方法（中断优先级、中断源触发模式）；

（3）了解中断服务程序（中断服务程序入口地址、中断响应、应用编程、测试）。

5.3.1 GPIO 的中断编程

1．中断向量表

中断向量表定义在 startup_stm32f10x_md.s 文件的第 61~122 行，使用汇编语言编写，其中部分指令如下：

```
87          DCD       EXTI2_IRQHandler        ; EXTI Line 2
102         DCD       EXTI9_5_IRQHandler      ; EXTI Line 9..5
119         DCD       EXTI15_10_IRQHandler    ; EXTI Line 15..10
```

第 87 行：PB2 的中断向量入口地址，地址中存储的是 PB2 中断向量。PB2 中断服务程序的名称必须与中断向量名称相同。

2．GPIO 中断源分组结构

第 87 行：PB2 中断源占用一个中断向量入口地址。

第 119 行：PB10~PB15 公用一个中断向量入口地址，中断服务程序中需要过滤中断源。

3．定义中断优先级

PB2 的中断优先级高于 PB14。PB14 和 PB15 的中断优先级同级，响应的先后取决于中断服务程序中对中断源的筛选顺序。设置 PB2 中断优先级的代码在 key.c 文件中。

```
void NVIC_Configuration(void)
{ NVIC_InitTypeDef NVIC_InitStructure;              //初始化 NVIC_InitTypeDef 结构体变量
  NVIC_PriorityGroupConfig(NVIC_PriorityGroup_1);   //配置中断优先级分组
  NVIC_InitStructure.NVIC_IRQChannel=EXTI2_IRQn;    //设定 EXTI2_IRQ 优先级
  NVIC_InitStructure.NVIC_IRQChannelPreemptionPriority=0;
  NVIC_InitStructure.NVIC_IRQChannelSubPriority=0;
  NVIC_InitStructure.NVIC_IRQChannelCmd=ENABLE;
  NVIC_Init(&NVIC_InitStructure);

  NVIC_InitStructure.NVIC_IRQChannel=EXTI15_10_IRQn;    //设定 EXTI15_10 组的优先级
  NVIC_InitStructure.NVIC_IRQChannelPreemptionPriority=1;
  NVIC_InitStructure.NVIC_IRQChannelSubPriority=0;
  NVIC_InitStructure.NVIC_IRQChannelCmd=ENABLE;
  NVIC_Init(&NVIC_InitStructure);
}
```

4．定义 PB2 中断模式

在 key.c 中定义了 PB2 中断的中断源来自 EXTI_Line2，使用下降沿触发。

```
void KEY_Init(void)
{ EXTI_InitTypeDef EXTI_InitStructure;                     //初始化外部中断结构体变量
  GPIO_InitTypeDef GPIO_InitStructure;
  RCC_APB2PeriphClockCmd(RCC_APB2Periph_AFIO|RCC_APB2Periph_GPIOB,ENABLE);
  GPIO_InitStructure.GPIO_Pin = GPIO_Pin_2|GPIO_Pin_14|GPIO_Pin_15;
```

```
GPIO_InitStructure.GPIO_Mode =GPIO_Mode_IPU;          //定义 PB2 为输入模式
GPIO_Init( GPIOB, &GPIO_InitStructure);

GPIO_EXTILineConfig(GPIO_PortSourceGPIOB, GPIO_PinSource2);//定义 PB2 的中断模式
EXTI_InitStructure.EXTI_Line=EXTI_Line2;              //使用 EXTI_Line2
EXTI_InitStructure.EXTI_Mode=EXTI_Mode_Interrupt;    //外部中断模式
EXTI_InitStructure.EXTI_Trigger=EXTI_Trigger_Falling; //下降沿触发
EXTI_InitStructure.EXTI_LineCmd=ENABLE;              //允许中断
EXTI_Init(&EXTI_InitStructure);
…  }
```

5. 编写中断服务程序

在 key.c 文件中编写中断服务程序。

```
void EXTI2_IRQHandler(void)                          //PB2 中断服务程序入口，与中断向量表中一致
{  if(EXTI_GetITStatus(EXTI_Line2)!=RESET)
   {  LED1=!LED1;                                     //定义位操作后，对 PA1 求反
       EXTI_ClearITPendingBit(EXTI_Line2);    }
}
```

```
void EXTI15_10_IRQHandler(void)                      //PB14、PB15 中断服务程序入口
{  if(EXTI_GetITStatus(EXTI_Line14)!=RESET)          //组内筛选中断源 PB14
    {  LED2=!LED2;                                    //LED2 求反输出
        EXTI_ClearITPendingBit(EXTI_Line14); }
    else if(EXTI_GetITStatus(EXTI_Line15)!=RESET)    //组内筛选中断源 PB15
    {  LED3=!LED3;                                    //LED3 求反输出
        EXTI_ClearITPendingBit(EXTI_Line15);}
}
```

如果没有定义位操作，则可以调用库函数实现对 PA1 的求反：

```
//LED1=!LED1;
GPIO_WriteBit(GPIOA,GPIO_Pin_1,(BitAction)(1-(GPIO_ReadOutputDataBit(GPIOA,GPIO_Pin_1))));
```

6. 按键控制主程序

在 main.c 文件中编写按键控制主程序。

```
int main(void)
{ LED_Init();
  NVIC_Configuration();                              //设置 GPIO 中断优先级
  KEY_Init();
  LED1 =1;  LED2 =1;  LED3 =1;
  while(1); }                                         //主程序空闲，按键处理程序放在后台的中断服务程序中
```

5.3.2　EXTI(KEY)电路原理图

1. 元件清单

EXTI(KEY)电路元件清单见表 5.3。

表 5.3　EXTI（KEY）电路元件清单

元件库	元件名称	流水序号	标称值	功能说明
DEVICES	STM32F103R6	U1		主控单片机
DEVICES	RES	R1、R2、R3	200Ω	发光二极管限流电阻
DEVICES	RES	R5、R6、R7	10kΩ	KEY1 按键上拉电阻
DEVICES	LED-YELLOW	D1、D2、D3		发光二极管
DEVICES	BUTTON	S1、S2、S3		用户定义按键（不带锁）
	VCC、GND			电源使用系统默认值

2．电路原理图

EXTI(KEY)电路原理图如图 5.6 所示，图中 S1 控制 D1，S2 控制 D2，S3 控制 D3。占用单片机资源：PA1、PA2、PA3；PB2、PB14、PB15。

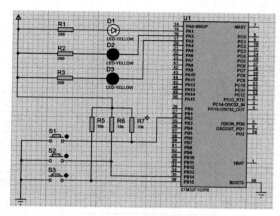

图 5.6   EXTI(KEY)电路原理图

5.3.3   仿真操作步骤

（1）运行 Proteus 工程文件，加载例程目标文件。

（2）仿真操作（单击开始仿真 ▶ 按钮）：

① S1 动作一次（按下后释放），D1 亮，S1 再动作一次（按下后释放），D1 灭；

② S2、S3 的操作效果与 S1 相同。

5.4   TIM3(LED)

工程例程文件存放路径：..\2 Proteus8\4 TIM3(LED)\。

功能：TIM3 定时中断方式获得延时，中断服务程序控制 PB12 输出电平反转。

目的：了解定时器 TIM3 的使用方法。

5.4.1   TIM3(LED)的中断编程

1．主函数

```
int main(void)
{ SystemInit();
  RCC_ClockSecuritySystemCmd(ENABLE);
  LED_Init();                          //GPIO 初始化
//TIM3_Int_Init(4999,7199);           //外频 8MHz，计数精度 0.1ms，1s 溢出一次
//TIM3_Int_Init(499,7199);            //外频 8MHz，计数精度 0.1ms，0.1s 溢出一次
  TIM3_Int_Init(499,7199);            //Proteus 仿真，8MHz，近似 1s，定时功能
  while(1);
}
```

2．TIM3 中断服务程序

```
void TIM3_IRQHandler(void)     //TIM3 中断
{ if(TIM_GetITStatus(TIM3, TIM_IT_Update) != RESET) //检查 TIM3 更新中断发生与否
  {    TIM_ClearITPendingBit(TIM3, TIM_IT_Update); //清除 TIM3 更新中断标志
```

```
          LED1=!LED1;}
    }
```

5.4.2　TIM3(LED)电路原理图

1．元件清单

TIM3(LED)电路元件清单见表 5.4。

表 5.4　TIM3(LED)电路元件清单

元件库	元件名称	流水序号	标称值	功能说明
DEVICES	STM32F103R6	U1		主控单片机
DEVICES	RES	R1	200Ω	发光二极管限流电阻
DEVICES	LED-YELLOW	D1		发光二极管
INSTRUMENTS	OSCILLOSCOPE			显示 I/O 接口输出信号的波形
	VCC、GND			电源使用系统默认值

2．电路原理图

TIM3(LED)电路原理图如图 5.7 所示，占用单片机资源：PB12、定时器 TIM3。

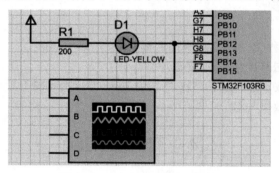

图 5.7　TIM3(LED)电路原理图

5.4.3　仿真操作步骤

（1）运行 Proteus 工程文件，加载例程目标文件。

（2）仿真操作（单击开始仿真 ▶ 按钮）。D1 开始闪烁，可以实现定时功能。

5.5　USART1 通信

工程例程文件存放路径：..\2 Proteus8\5 USART1\。

功能：

（1）初始化串口：8、N、1、9600，中断方式接收数据；

（2）接收 2 字节数据后，将接收到的数据发送到 COM1。

目的：

（1）学会使用 Proteus 绘制 USART1 电路原理图；

（2）学会搭建 Proteus 的串口通信测试环境；

（3）熟悉串口应用代码的调试方法。

5.5.1 USART1 通信的应用编程

USART1 通信的编程详见 4.6 节，本例程的 USART1 代码在 main.c 文件中。

```c
#include "stm32f10x.h"
#include "delay.h"
#include "usart.h"

int main(void)
{ u8   len=0;u8   temp;
  NVIC_PriorityGroupConfig(NVIC_PriorityGroup_2);    //设置 NVIC 中断响应优先级
  RCC_SYSCLKConfig(RCC_SYSCLKSource_HSI);            //启动 HSI，联机 Proteus 需要加上
  uart_init(9600);                                   //串口波特率初始化为 9600b/s
  delay_init();
  printf("hello jiang\r\n");                         //串口输出

  while(1)
  {   len=USART_RX_STA&0x3fff;                        //得到此次接收到的数据长度
      if(len==2)
      {   temp =USART_RX_BUF[0];
          printf("ri1:'%c',%#x,%d\r\n",temp,temp,temp); //练习输出不同的数据格式
          temp =USART_RX_BUF[1];
          printf("ri2:'%c',%#x,%d\r\n",temp,temp,temp);
          USART_RX_STA = 0;                           //接收到的长度归零
          len=0; }
}}
```

注意：使用 Proteus 仿真 STM32 单片机的串口时，需要使用片内的 HSI 提供时钟。

5.5.2 USART1 通信电路原理图

1. 元件清单

USART1 通信电路元件清单见表 5.5。

表 5.5   USART1 通信电路元件清单

元件库	元件名称	流水序号	标称值	功能说明
DEVICES	STM32F103R6	U1		主控单片机
DEVICES	RES	R2	10kΩ	
DEVICES	CAP-ELEC	C1	0.1μF	复位电路
DEVICES	BUTTON	RST		
DEVICES	CAP	C2	20pF	
DEVICES	CAP	C3	20pF	时钟电路
DEVICES	CRYSTAL	X1	8MHz	
ACTIVE	COMPIM	P1		COM 端口模型
	VCC、GND			电源使用系统默认值
INSTRUMENTS	VIRTUAL TERMINAL	INPUT、OUTPUT		监测串口

2. 电路原理图

USART1 通信电路原理图如图 5.8 所示，占用单片机资源：USART1（PA9 接收数据、PA10 发送数据），使用内部 HSI。

（1）R2、C1、RST（复位按键）组成复位电路，为单片机提供复位信号（低电平有效）。

（2）C2、C3、X1 组成外部晶体振荡电路，为单片机提供 HSE 时钟信号（仿真时使用了 HSI 时钟信号）。

（3）P1（COMPIM 元件），模拟串口。

（4）INPUT、OUTPUT（Virtual Terminal，虚拟终端），监测串口数据线上的数据流。

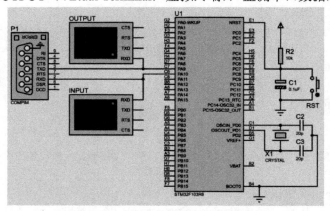

图 5.8 USART1 通信电路原理图

5.5.3 仿真操作步骤

1. 虚拟串口

使用 vspdconfig 软件，在 PC 环境中添加虚拟串口 COM3、COM4，添加虚拟串口的方法参见 3.5.4 节。添加虚拟串口后，相当于 PC 现在有两个 COM 通信端口，且内部相连。随后 USART1 通信电路使用 COM3，串口调试助手使用 COM4，实现串行通信链路的搭建。

2. COMPIM 元件

（1）图 5.9 中按标记点顺序，在画布上添加 COMPIM 元件。

标记点 1：单击 🅿 按钮。

标记点 2：输入元件名称 COMPIM。若元件库中存在，则图 5.9 中标记点 3 处会呈现 COMPIM 元件的信息。

标记点 3：单击后选中 COMPIM 元件。

标记点 4：单击【确定】按钮，在 Proteus 的画布上放置 COMPIM 元件。

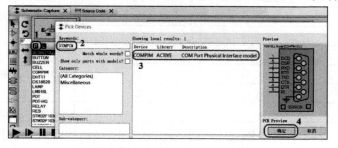

图 5.9 添加 COMPIM 元件

（2）编辑属性。打开元件属性编辑窗口，如图 5.10 所示。按照图中参数进行设置，完成后单击【OK】按钮，其中主要参数如下。

流水序号：P1。

端口：COM3（虚拟出来的串口）。

波特率：均为 9600b/s。

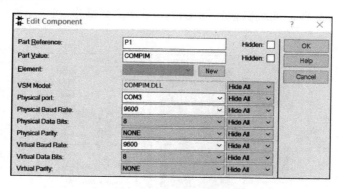

图 5.10　编辑 COMPIM 元件属性

（3）闭环测试。闭环测试 COMPIM 如图 5.11 所示，通信双方是 Proteus 中的 P1 和串口调试助手。P1 绑定 COM3，串口调试助手选择 COM4。

在图 5.11 中左侧的电路部分，将 P1 的 2 和 3 引脚短接，即收发短接。目的是在仿真过程中，P1 从串口 COM3 接收数据再返回给 COM3，用来测试 COMPIM 虚拟出来的串口是否正常工作。连接完毕后，单击开始仿真 ▶ 按钮，开始仿真。

在 PC 环境中运行串口调试助手，如图 5.11 所示。串口选择 COM4（虚拟出来的串口），波特率与 P1 一致，为 9600b/s。参数设置好后，在串口调试助手工作界面中打开串口，此时的串口调试助手通过虚拟出来的串口 COM4 连接到 Proteus 中的 P1（绑定 COM3）。

在串口调试助手的发送数据窗口中输入"闭环测试数据"，单击【发送】按钮，数据会发送到 P1。由于 P1 的 2 和 3 引脚短接，P1 会将接收到的数据回送给 COM4，此时在接收数据窗口中会看到接收的数据"闭环测试数据"。

Proteus 借助 P1 与外部的串口调试助手之间完成通信测试。

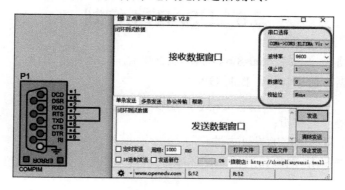

图 5.11　闭环测试 COMPIM

3．Virtual Terminal

将光标移到画布中后右击，在弹出的菜单中选择命令"Place"→"Virtual Instrument"→"Virtual Terminal"，将 Virtual Terminal（虚拟终端）放在画布中的合适位置。打开属性栏，设置波特率为 9600b/s。

4．连接电路

按照图 5.8 重新连接电路。按照上述步骤设置 P1、INPUT 和 OUTPUT 的参数，建立与串口调试助手之间的通信链路。

5．仿真操作

运行 Proteus 工程文件，加载例程目标文件，开始仿真操作。USART1 通信过程如图 5.12 所示。

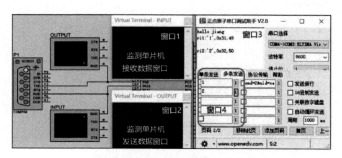

图 5.12　USART1 通信过程

（1）在 Proteus 中单击开始仿真 ▶ 按钮，窗口 2、3 显示单片机发出的字符串"hello jiang"，其中窗口 2 监测的是单片机引脚（PA10）发出的数据，窗口 3 是串口调试助手接收到 COM3 发来的数据。回顾程序代码：

```
    printf("hello jiang\r\n");                                        //串口输出
```

可知单片机执行了初始化阶段的此行代码，并将数据从 USART1 送出。

（2）在窗口 4 中，单击"多条发送"选项卡，在上面两栏中分别输入字符"1"和"2"，并依次发出。串口调试助手需要每次发送 1 字节，若连续发送多字节，仿真接收就会出现异常。

（3）在窗口 3 监测到单片机引脚（PA9）接收的数据。

（4）单片机接收数据，将处理后的数据从串口发出。

（5）窗口 2 再次监测到单片机发出的数据，在窗口 3 显示串口调试助手接收到单片机发出的数据。

5.6　USART1 控制

工程文件存放路径：..\2 Proteus8\6 USART1(2003)\。

功能：接收数据，数据解析，控制 GPIO。

目的：

（1）熟悉通信协议的解析；

（2）熟悉 GPIO 驱动电路的设计方法；

（3）学会搭建 Proteus 的串口通信测试环境。

5.6.1　串口通信协议

通信协议是指双方实体完成通信或服务所必须遵循的规则和约定。通过通信信道和设备互联的多个不同地理位置的数据通信系统，要使其能协同工作，实现信息交换和资源共享，它们之间必须具有共同的"语言"。交流什么、怎样交流及何时交流，必须遵循某种互相都能接受的规则，这个规则就是通信协议。

本节单片机通过串口 USART1 和 PC 的串口相连，使用异步串行通信模式传递数据，自定义的通信协议中规定了相互传递数据的格式和内容。

1. 协议内容

（1）通信模式：8、N、1、9600。

（2）下行帧结构：帧头、命令字、数据、校验码、结束符。

（3）上行帧结构：数据、结束符。

2. 帧结构说明

（1）下行帧：表示 PC 向终端设备传递数据。本例中下行帧仅含命令字字段，字段长度为 1 字节，无结束符。

（2）上行帧：表示终端设备向 PC 传递数据。本例中上行帧仅含命令字字段。字段长度不定长，以\r\n 作为结束符。

3. 下行帧内容字段解析说明

（1）'1'（0x31）：断开外接继电器。

（2）'2'（0x32）：吸合外接继电器。

5.6.2 串口命令的应用编程

接收 1 字节命令后，解析并执行关联的控制指令。相关代码在 main.c 文件中。

```
int main(void)
{ u8 len=0;
  char   temp;
  NVIC_PriorityGroupConfig(NVIC_PriorityGroup_2);    //设置 NVIC 中断响应优先级
  RCC_SYSCLKConfig(RCC_SYSCLKSource_HSI);
  uart_init(9600);                                   //串口初始化为 9600b/s
  printf("hello jiang\r\n");                         //测试串口
  JDQ_Init();                                        //继电器用端口初始化
  while(1)
    { len=USART_RX_STA&0x3fff;                       //得到此次接收到的数据长度
      if(len>0)                                      //接收到 1 字节
        { temp =USART_RX_BUF[0];                     //读接收缓存中的数据
          if(temp == '1')                            //命令字'1', 断开继电器
            { KZ1 =1;}
          if(temp == '2')                            //命令字'2', 吸合继电器
            { KZ1 =0;}
          printf("ri:%#x\r\n",temp);                 //打印接收字符, 用于串口调试
          len = 0;
          USART_RX_STA=0; }                          //接收缓存指针清 0
}}
```

在 jdq.h 文件中定义宏和声明初始化函数。

```
#include "sys.h"              //需要的一些位定义
#define KZ1 PAout(4)          //定义宏, 控制继电器
void JDQ_Init(void);         //初始化
```

5.6.3 串口控制驱动电路原理图

1. 元件清单

串口控制驱动电路元件清单见表 5.6。

表 5.6 串口控制驱动电路元件清单

元件库	元件名称	流水序号	标称值	功能说明
DEVICES	STM32F103R6	U1		主控单片机
ANALOG	ULN2003A	U6		7 路驱动器
ACTIVE	RELAY	RL5	12V	单刀双掷继电器
DEVICES	CELL	BAT2	12V	电池
ACTIVE	LAMP	L1		灯泡
ACTIVE	BUZZER	BUZ1		蜂鸣器
ACTIVE	COMPIM	P1		COM 端口模型
	VCC、GND			电源使用系统默认值
INSTRUMENTS	VIRTUAL TERMINAL	INPUT		监测串口

2. 电路原理图

串口控制驱动电路原理图如图 5.13 所示。

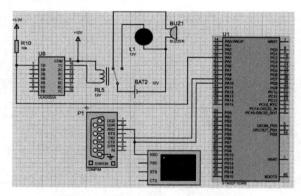

图 5.13 串口控制驱动电路原理图

（1）P1（COMPIM 元件），模拟串口。

（2）Virtual Terminal（虚拟终端），监测串口数据线上的数据流。

（3）在 PC 环境中使用 vspdconfig 软件，添加虚拟串口 COM3、COM4。

3. 驱动电路

（1）芯片引脚流过的电流有限。当 3.3V 供电时，STM32F103R6 的电源引脚最大允许通过电流为 150mA（最大功耗为 0.5W），I/O 接口最大允许输出电流为 8mA，灌电流为 20mA。

（2）ULN2003A 驱动器。ULN2003A 是高耐压、大电流达林顿阵列，由 7 个共发射极的达林顿管组成。每个通道的灌电流可达 500mA，极限电流为 600mA。达林顿阵列可以在高负载电流下并行运行。ULN2003A 的每一对达林顿管都串联一个 2.7kΩ 的基极电阻，在 5V 的工作电压下，它能与 TTL 和 CMOS 电路直接相连。

在实际使用过程中，ULN2003A 在传递单片机引脚的控制逻辑的同时，向单片机引脚仅索取 1mA 电流，使用灌电流方式，流过负载电流可达 500mA。

图 5.13 中，单片机需要控制的负载是继电器（RL5）。对于工业级的继电器，其控制线圈流过的电流通常远远超过 I/O 接口的最大允许电流，上述电路实现了由单片机输出控制逻辑、使用 ULN2003A 驱动器提供的大电流控制继电器的目的。

5.6.4　仿真操作步骤

（1）自行绘制串口控制驱动电路原理图，编译无误后加载固件文件。
（2）编辑 COMPIM（P1）。
（3）编辑 Virtual Terminal（INPUT、OUTPUT）。
（4）打开串口调试助手。
（5）具体的仿真操作如下：
① 在 Proteus 中单击开始仿真 ▶ 按钮，图 5.14 中的串口调试助手接收数据窗口显示单片机程序发送的数据"hello jiang"。

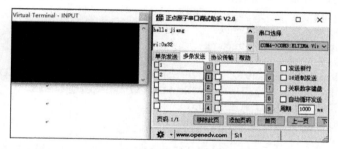

图 5.14　仿真过程串口监测结果

② 在图 5.15 所示的电路中，继电器默认处于断开状态，灯泡亮，蜂鸣器停止鸣叫。

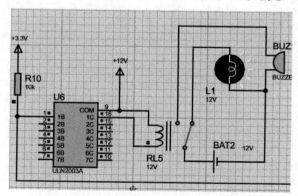

图 5.15　接收到控制灯泡亮命令的电路

③ 在串口调试助手中发送字符"2"。
④ Virtual Terminal-INPUT 窗口显示单片机串口接收到的数据。
⑤ CPU 输出控制继电器闭合，灯泡灭，蜂鸣器鸣叫。
⑥ 串口调试助手收到单片机反馈的数据，表示单片机正确接收到数据。
⑦ 在串口调试助手中发送字符"1"。
⑧ CPU 输出控制继电器断开，灯泡亮，蜂鸣器止鸣叫。

5.7 ADC

工程文件存放路径：..\2 Proteus8\7 AD\。

功能：使用 STM32 内部 ADC1（通道 1）实现模拟电压信号的采集。

目的：

（1）熟悉 STM32 内部 ADC1 的使用过程。

（2）学会使用电位器提供模拟信号。

（3）学会使用探针检测模拟信号，并使用 Virtual Terminal 窗口检测 ADC 采集结果。

5.7.1 ADC1（通道 1）数据采集编程

1. adc.c 文件中定义的函数

（1）Adc_Init 函数，用于配置 ADC1（通道 1）的引脚 GPIOA.1，初始化 ADC1 的工作模式。实际使用时，初始化部分需要校准 ADC1，Proteus 仿真时需要注释掉校准代码。

```
void Adc_Init(void)
{ ADC_InitTypeDef ADC_InitStructure;
  GPIO_InitTypeDef GPIO_InitStructure;
  //使能 ADC1 通道时钟
  RCC_APB2PeriphClockCmd(RCC_APB2Periph_GPIOA|RCC_APB2Periph_ADC1, ENABLE);
  //设置 ADC1 分频因子 6,72MHz/6=12MHz,ADC1 最大不能超过 14MHz
  RCC_ADCCLKConfig(RCC_PCLK2_Div6);
  //PA1 作为通道 1 输入引脚
  GPIO_InitStructure.GPIO_Pin = GPIO_Pin_1;
  GPIO_InitStructure.GPIO_Mode = GPIO_Mode_AIN;                //模拟信号输入引脚 PA1
  GPIO_Init(GPIOA, &GPIO_InitStructure);
  //ADC_DeInit(ADC1);        //复位 ADC1，全部寄存器重设为默认值，Proteus 仿真时需要注释掉
  ADC_InitStructure.ADC_Mode = ADC_Mode_Independent;  //ADC1 工作在独立模式
  ADC_InitStructure.ADC_ScanConvMode = DISABLE;        //ADC1 工作在单通道模式
  ADC_InitStructure.ADC_ContinuousConvMode = DISABLE;//ADC1 工作在单次转换模式
  //转换由软件而不是外部触发启动
  ADC_InitStructure.ADC_ExternalTrigConv = ADC_ExternalTrigConv_None;
  ADC_InitStructure.ADC_DataAlign = ADC_DataAlign_Right;        //数据右对齐
  ADC_InitStructure.ADC_NbrOfChannel = 1;        //顺序进行规则转换的通道的数目
  ADC_Init(ADC1, &ADC_InitStructure);
  //根据 ADC_InitStruct 中指定的参数初始化 ADC1 的寄存器
  ADC_Cmd(ADC1, ENABLE);                        //使能指定的 ADC1
  ADC_ResetCalibration(ADC1);                    //使能复位校准
  //while(ADC_GetResetCalibrationStatus(ADC1)); //等待复位校准结束，Proteus 仿真时要注释掉
  ADC_StartCalibration(ADC1);                    //开启 ADC1 校准
  //    while(ADC_GetCalibrationStatus(ADC1));    //等待校准结束
  ADC_SoftwareStartConvCmd(ADC1, ENABLE); //使能指定的 ADC1 的软件转换启动功能
```

（2）Get_Adc 函数，用于使用 ADC1 指定通道采集一次数据。

```
u16 Get_Adc(u8 ch)    //采集一次，设置指定 ADC 的规则组通道
{ ADC_RegularChannelConfig(ADC1, ch, 1, ADC_SampleTime_239Cycles5);
  //ADC1,通道 1,采样时间为 239.5 个周期
  ADC_SoftwareStartConvCmd(ADC1, ENABLE);
  //使能指定的 ADC1 的软件转换启动功能
  while(!ADC_GetFlagStatus(ADC1, ADC_FLAG_EOC));        //等待转换结束
```

```
        return ADC_GetConversionValue(ADC1);                    //返回转换结果
    }
```

（3）Get_Adc_Average 函数，ADC1（通道 1）采集数据均值滤波，适合于缓慢变化的电压值（如温度等）。

```
    u16 Get_Adc_Average(u8 ch,u8 times)                 //采集 times 次后均值输出
    { u32 temp_val=0;
        u8 t;
        for(t=0;t<times;t++)
          { temp_val+=Get_Adc(ch);                      //调用采集数据函数
            delay_ms(5);      }
        return temp_val/times;                          //均值滤波
    }
```

2. main.c

使用 ADC1（通道 1）采集数据，串口输出采集的数据。

```
    int main(void)
    { u16 ADC_num;
        float temp;
        NVIC_PriorityGroupConfig(NVIC_PriorityGroup_2);     //设置 NVIC 中断响应优先级
        RCC_SYSCLKConfig(RCC_SYSCLKSource_HSI);
        uart_init(9600);    //串口初始化为 9600b/s
        delay_init();
        Adc_Init();                                         //ADC1 初始化
        printf("hello jiang\r\n");                          //插入换行，串口测试
        LED_Init();
        while(1)
        { ADC_num=Get_Adc_Average(ADC_Channel_1,2);         //ADC1 通道 1 采集 2 次求平均后输出
            printf("ADC1_DATA = %d;",ADC_num);              //串口输出采集值
            temp=(float)ADC_num*(3.3/4096);                 //求模拟信号电压值
            printf("Voltage_data = %.2f\r\n",temp);         //串口输出采集电压值，基准是 3.3V
            delay_ms(200); }
    }
```

5.7.2　ADC 采集电路原理图

1. 元件清单

ADC 采集电路元件清单见表 5.7。

表 5.7　ADC 采集电路元件清单

元件库	元件名称	流水序号	标称值	功能说明
DEVICES	STM32F103R6	U1		主控单片机
ACTIVE	POT-HG	RW1	10kΩ	可调电位器
probe	probe	probe1		电压型探针
ACTIVE	COMPIM	P1		COM 端口模型
	VCC、GND			调整 VCC=3.3V
INSTRUMENTS	VIRTUAL TERMINAL	OUTPUT		监测串口

2. 电路原理图

ADC 采集电路原理图如图 5.16 所示。

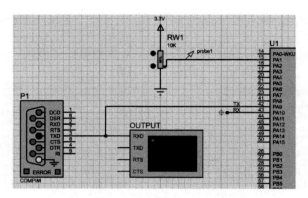

图 5.16　ADC 采集电路原理图

（1）添加电压探针：将光标移到 Proteus 的画布中后右击，在弹出的菜单中选择命令"Place"→"Probe"→"VOLTAGE"。探针可以实时显示检测点的电压值，方便测试。

（2）重新设置全局变量 VCC 的值。Proteus 仿真时电路中全局变量 VCC 的默认值为 5V，STM32F103R6 内部 ADC 的基准电压连接到 VCC。在实际工作中，STM32F103R6 的工作电压应为 3.3V。为了便于调试内部 ADC，需要将 Proteus 中的 VCC 调整到 3.3V。

选择菜单命令"Design"→"Configure Power Rails"，弹出设置电源电压范围窗口，如图 5.17 所示，图中选择电源网络名称为 VCC/VDD，将电压设定为 3.3V。

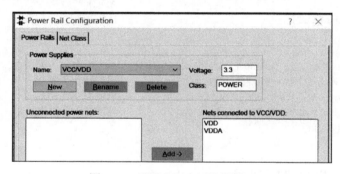

图 5.17　设置电源电压范围窗口

（3）添加 COMPIM 并配置参数。

（4）使用 vspdconfig 软件，添加虚拟串口 COM3、COM4。

（5）后续如果不进行串口通信协议调试，仅使用串口监测一些变量数据，可以只添加一个虚拟终端（Virtual Terminal），用来监测串口发出的数据。

5.7.3　仿真操作步骤

（1）自行绘制 ADC 采集电路原理图，编译无误后加载固件文件。

（2）编辑 COMPIM（P1）和 Virtual Terminal-OUTPUT。

（3）具体的仿真操作如下：

① 在 Proteus 中单击开始仿真 ▶ 按钮，图 5.18 中的 Virtual Terminal-OUTPUT 窗口显示单片机程序发送的数据"hello jiang"。

② Virtual Terminal-OUTPUT 窗口会连续显示 ADC1 的采集结果。

③ 电路的探针处显示输入的电压值，与采集输出的结果一致。

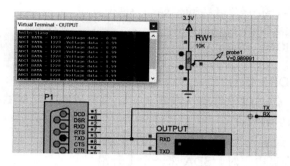

图 5.18　ADC 采集电路仿真运行结果

④ 仿真过程中调整 RW1（电位器），改变模拟信号的电压值，Virtual Terminal-OUTPUT 窗口中显示的采集输出结果与改变后的模拟信号电压值保持一致。

5.8　I²C 总线

工程文件存放路径：..\2 Proteus8\8 IIC(24C02)。

功能：使用 STM32 的 GPIO 模拟 I²C 总线时序，访问 AT24C02（兼容 FM24C02）。

目的：熟悉 I²C 总线时序及其编程实现方法。

5.8.1　GPIO 模拟 I²C 总线时序

AT24C02 芯片为 EEPROM 型存储器，单片机通过 I²C 总线与 AT24C02 连接。I²C 总线包含 SCL 和 SDA 两条信号线。SCL 是时钟信号线，时钟信号由单片机提供，单向输出；SDA 是数据信号线，收发复用。

本例程使用单片机的 GPIO 引脚（PA0，PA1）与 AT24C02 的对应引脚连接，采用软件编程模拟产生 I²C 总线时序。

1. 用于 I²C 总线的引脚定义

在图 5.24 所示的电路图中，PA0 产生 SCL 信号，连接 AT24C02（电路中使用的是 FM24C02）的 SCL 引脚，PA1 连接 SDA 引脚。

（1）myiic.h，定义需要的宏

```
//设置 PA1 的输入/输出模式，为了在数据传输时快速设置 PA1 的工作模式，使用了寄存器操作
//GPIOA->CRL 寄存器的位定义详见表 2.10
#define SDA_IN()   {GPIOA->CRL&=0xFFFFFF0F;GPIOA->CRL|=(u32)8<<4;}      //PA1 输入
#define SDA_OUT() {GPIOA->CRL&=0xFFFFFF0F;GPIOA->CRL|=(u32)3<<4;}       //PA1 输出
//定义宏，GPIO 引脚操作函数
#define IIC_SCL        PAout(0)                //PA0：SCL，由单片机提供，单向输出
#define IIC_SDA        PAout(1)                //PA1：SDA，单片机写（命令或数据）AT24C02
#define READ_SDA       PAin(1)                 //PA1：SDA，单片机读（数据）AT24C02
```

（2）myiic.c，初始化引脚工作模式

```
void IIC_Init(void)
{ GPIO_InitTypeDef GPIO_InitStructure;
  RCC_APB2PeriphClockCmd(RCC_APB2Periph_GPIOA, ENABLE);        //使能 GPIOA 端口时钟
  GPIO_InitStructure.GPIO_Pin = GPIO_Pin_0|GPIO_Pin_1;
  GPIO_InitStructure.GPIO_Mode = GPIO_Mode_Out_PP;            //初始化为推挽输出
```

```
        GPIO_InitStructure.GPIO_Speed = GPIO_Speed_50MHz;
        GPIO_Init(GPIOA, &GPIO_InitStructure);
        GPIO_SetBits(GPIOA,GPIO_Pin_0|GPIO_Pin_1);          //图 5.19 中 SDA 和初始逻辑 1
    }
```

2. START（或 STOP）信号

START（或 STOP）信号用于启动（或停止）一次单片机发起的数据传输，AT24C02 无条件响应，其时序如图 5.19 所示。

START 条件：SCL 为高电平时，SDA 来一个下降沿。

STOP 条件：SCL 为高电平时，SDA 来一个上升沿。

（1）IIC_Start 函数，用于单片机模拟 START 信号

```
    void IIC_Start(void)
    { SDA_OUT();                        //SDA 为输出（设置 PA1 为输出模式）
      IIC_SDA=1;                        //SDA=1（初始逻辑为 1）
      IIC_SCL=1;                        //SCL=1
      Delay1_us(4);
      IIC_SDA=0;                        //SDA 来一个下降沿（START 条件）
      Delay1_us(4);
      IIC_SCL=0;}                       //钳住 I²C 总线，准备发送或接收数据
```

（2）IIC_Stop 函数，用于单片机模拟 STOP 信号

```
    void IIC_Stop(void)
    { SDA_OUT();                        //SDA 为输出
      IIC_SCL=0;                        //SCL=0
      IIC_SDA=0;                        //SDA=0
      Delay1_us(4);
      IIC_SCL=1;                        //SCL=1
      IIC_SDA=1;                        //SDA 来一个上升沿（STOP 条件）
      Delay1_us(4);
    }
```

3. ACK（Acknowledge）信号

ACK 信号是响应 AT24C02 的应答信号，ACK 信号在时序中的位置如图 5.20 所示。

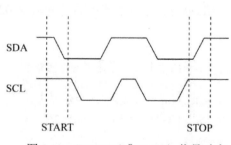

图 5.19　START（或 STOP）信号时序

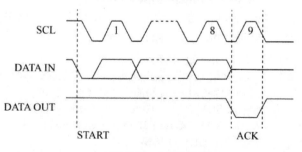

图 5.20　ACK 信号

（1）IIC_Ack 函数，产生 ACK 信号

```
    void IIC_Ack(void)
    {   IIC_SCL=0; SDA_OUT();IIC_SDA=0;
        Delay1_us(2);
        IIC_SCL=1;
        Delay1_us(2);
        IIC_SCL=0;
    }
```

（2）IIC_NAck 函数，不产生 ACK 信号

```
void IIC_NAck(void)
{ IIC_SCL=0;        SDA_OUT();   IIC_SDA=1;
  Delay1_us(2);
  IIC_SCL=1;
  Delay1_us(2);
  IIC_SCL=0;}
```

（3）IIC_Wait_Ack 函数，等待 AT24C02 应答

```
{ u8 ucErrTime=0;
  SDA_IN();                        //SDA 设置为输入，用于单片机检测 ACK 信号
  IIC_SDA=1;Delay1_us(1);
  IIC_SCL=1;Delay1_us(1);
  while(READ_SDA)
  { ucErrTime++;
    if(ucErrTime>250)
    {    IIC_Stop();
         return 1; }               //接收应答失败
  }
  IIC_SCL=0;                       //时钟输出 0
  return 0;                        //接收应答成功
}
```

4．数据传输时 SCL 与 SDA 的时序

如图 5.21 所示，由图可以看出，SCL 为逻辑 0 时，发送端在 SDA 上准备 1 位的数据。准备好后保持不变，SCL 产生一个由低变高，再由高变低的过程，来锁定 SDA 上的数据，完成 1 位数据的传输。此过程重复 8 次，可完成 1 字节的数据传输。

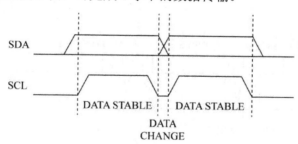

图 5.21　数据传输时 SCL 与 SDA 的时序

（1）IIC_Send_Byte 函数

发送 1 字节，每次发送最高位内容，循环 8 次。

```
void IIC_Send_Byte(u8 txd)              //入口为需要发送的字节
{ u8 t;
  SDA_OUT();                            //SDA 设置为输出模式（单片机写）
  IIC_SCL=0;                            //SCL=0，数据传输的初始状态
  for(t=0;t<8;t++)
  { IIC_SDA=(txd&0x80)>>7    ;          //准备 1 位数据（将 txd 的 D7 位送到 SDA）
    txd<<=1;                            //D7←D6，准备下次发送的数据
    Delay1_us(2);                       //准备数据，稳定所需时间
    IIC_SCL=1;                          //SCL 产生一个由低变高
    Delay1_us(2);
    IIC_SCL=0;                          //再由高变低的过程
    Delay1_us(2); }
}
```

（2）IIC_Read_Byte 函数

读 1 字节，ack=1 时，发送 ACK 信号，ack=0，发送 nACK 信号。

```
u8 IIC_Read_Byte(unsigned char ack)        //入口为是插入 ACK 类型
{ unsigned char i,receive=0;
  SDA_IN();                              //SDA 设置为输入模式（单片机读）
  for(i=0;i<8;i++)                       //每次接收 1 位，循环 8 次接收 1 字节
    { IIC_SCL=0;                         //SCL=0，数据传输的初始状态
    Delay1_us(2);
    IIC_SCL=1;                           //SCL=1，准备读 SDA 数据线的内容
    receive<<=1;                         //先发 1 字节的最高位
    if(READ_SDA)                         //将 SDA 数据线上的内容读到 receive.0 位
      {receive++;}
    Delay1_us(1); }
  if(!ack)
    IIC_NAck();                          //发送 nACK 信号
  else
    IIC_Ack();                           //发送 ACK 信号
  return receive;
}
```

5. 在 AT24C02 指定地址读出 1 字节数据

AT24CXX_ReadOneByte 函数依照图 5.22 所示的读字节时序，实现单片机在 AT24C02 指定地址读出 1 字节数据。

ReadAddr：开始读的地址。

返回值：读到的数据。

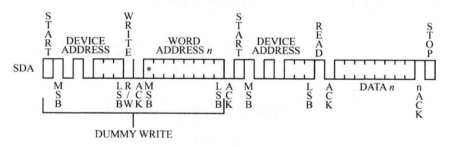

图 5.22　读字节时序

```
u8 AT24CXX_ReadOneByte(u16 ReadAddr)
{  u8 temp=0;
  IIC_Start();                                    //START
  if(EE_TYPE>AT24C16)
    {                                             //大容量的芯片需要写地址命令字
      IIC_Send_Byte(0xA0);                        //发送写命令
      IIC_Wait_Ack();
      IIC_Send_Byte(ReadAddr>>8);                 //发送高地址
      IIC_Wait_Ack();}
  else                                            //AT24C02 需要的
    { IIC_Send_Byte(0xA0+((ReadAddr/256)<<1));}   //写命令：更改当前地址
  IIC_Wait_Ack();
  IIC_Send_Byte(ReadAddr%256);                    //发出当前地址的内容
  IIC_Wait_Ack();
  IIC_Start();
```

```
        IIC_Send_Byte(0xA1);                          //写命令：读当前地址内容的命令
        IIC_Wait_Ack();
        temp=IIC_Read_Byte(0);                        //读入 1 字节，末尾插入 IIC_NAck
        IIC_Stop();                                   //STOP
        return temp;                                  //返回读出内容
    }
```

6. 在 AT24C02 指定地址写入 1 字节数据

AT24CXX_WriteOneByte 函数依照图 5.23 所示的写字节时序,实现单片机在 AT24C02 指定地址写入 1 字节数据。

WriteAddr：写入数据的目的地址。

DataToWrite：要写入的数据。

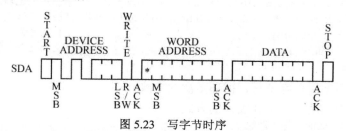

图 5.23　写字节时序

```
void AT24CXX_WriteOneByte(u16 WriteAddr,u8 DataToWrite)
{  IIC_Start();                                       //START
   if(EE_TYPE>AT24C16)                                //大容量的芯片需要写地址命令字
   {  IIC_Send_Byte(0xA0);                            //发送写命令
      IIC_Wait_Ack();
      IIC_Send_Byte(WriteAddr>>8); }                  //发送高地址
   Else                                               //AT24C02 需要的
   {  IIC_Send_Byte(0xA0+((WriteAddr/256)<<1)); }     //写命令：将数据写入指定地址
   IIC_Wait_Ack();
   IIC_Send_Byte(WriteAddr%256);                      //发送指定的地址
   IIC_Wait_Ack();
   IIC_Send_Byte(DataToWrite);                        //发送需要写入的数据
   IIC_Wait_Ack();
   IIC_Stop();                                        //STOP
   Delay1_us(10000);
}
```

5.8.2　AT24C02 的读写编程

1. myiic.c 文件

（1）定义有完整的 I²C 总线时序函数。

（2）重新定义延时函数（软件延时）。

（3）编写 I²C 总线时序的函数时，需要结合对应的时序图。

```
//I²C 总线所有的操作函数
void IIC_Init(void);                                  //初始化 I²C 总线
void IIC_Start(void);                                 //发送 START 信号
void IIC_Stop(void);                                  //STOP 信号
void IIC_Send_Byte(u8 txd);                           //发送 1 字节
u8 IIC_Read_Byte(unsigned char ack);//I²C 读取 1 字节
u8 IIC_Wait_Ack(void);                                //等待 ACK 信号
```

```
    void IIC_Ack(void);                                         //发送 ACK 信号
    void IIC_NAck(void);                                        //不发送 ACK 信号

    void IIC_Write_One_Byte(u8 daddr,u8 addr,u8 data);          //
    u8 IIC_Read_One_Byte(u8 daddr,u8 addr);
    void Delay1_us(u32 num);                                    //软件指令定义延时，用于满足 I²C 总线时序
```

2. myiic.h 文件

（1）定义有完整的 AT24C02 读写操作函数。

（2）重新调用延时函数。

```
    #define EE_TYPE AT24C02                                     //芯片型号
    u8 AT24CXX_ReadOneByte(u16 ReadAddr);                       //指定地址读取 1 字节
    void AT24CXX_WriteOneByte(u16 WriteAddr,u8 DataToWrite);    //指定地址写入 1 字节
    void AT24CXX_Read(u16 ReadAddr,u8 *pBuffer,u16 NumToRead);  //连续读数据
    u8 AT24CXX_Check(void);                                     //检查器件
    void AT24CXX_Init(void);                                    //初始化 I²C 总线
```

3. main.c 文件

（1）写多字采用调用单字节写、循环多次的方式。

（2）读多字采用调用多字节连续读的方式。

```
    //要写入 AT24C02 的字符串数组
    const u8 TEXT_Buffer[]={"jiang!ok"};    //测试写数据用数组 1
    const u8 TEXT_Buffer2[]={"test2402"};   //测试写数据用数组 2
    #define SIZE sizeof(TEXT_Buffer)        //测试数据长度
    int main(void)
    { u8 datatemp[SIZE];                    //读 AT24C02 数据用的缓存
      u8 K=0; u8  len=0;      char  temp;
      SystemCoreClockUpdate();
      RCC_SYSCLKConfig(RCC_SYSCLKSource_HSI);    //需要 HIS 时钟，否则 Proteus 无串口输出
      NVIC_PriorityGroupConfig(NVIC_PriorityGroup_2);    //设置 NVIC 中断响应优先级
      delay_init();                         //延时函数初始化
      uart_init(9600);                      //串口初始化为 9600b/s
      printf("cs0000\r\n");
      AT24CXX_Init();                       //I²C 总线用 GPIO 的初始化
      printf("AT24CXX_Check no\r\n");
      while(AT24CXX_Check()) ;              //检测不到 AT24C02
      printf("AT24CXX_Check ok\r\n");       //检测到 AT24C02
      Delay1_us(1000);
      while(1)
      { len=USART_RX_STA&0x3fff;            //得到此次接收到的数据长度
          if(len>0)                         //接收到 1 字节
          { temp =USART_RX_BUF[0];          //读接收缓存
            if(temp == '1')                 //写{"jiang!ok"}
              { for( K=0;K<SIZE;K++)
                { AT24CXX_WriteOneByte(K,TEXT_Buffer[K]);}}  //单字节写测试数组 1
            if(temp == '2')                 //写{"test2402"}
              { for( K=0;K<SIZE;K++)
                { AT24CXX_WriteOneByte(K,TEXT_Buffer2[K]);}} //单字节写测试数组 1
            if(temp == '3')                 //读命令
              { AT24CXX_Read(0,datatemp,SIZE);   //读写入的数组
                for( K=0;K<SIZE;K++)
                { printf("%c",datatemp[K]);}
                printf("\r\n");}
```

```
              len = 0;
              USART_RX_STA=0; }                        //接收缓存指针清 0
        }}
```

5.8.3 I²C 电路原理图

1. 元件清单

I²C 电路元件清单见表 5.8。

表 5.8 I²C 电路元件清单

元件库	元件名称	流水序号	标称值	功能说明
DEVICES	STM32F103R6	U1		主控单片机
I2CMEMS	FM24C02	U2		EEPROM，掉电时数据不丢失
DEVICES	RES	R1、R2	10kΩ	I²C 总线上拉电阻
ACTIVE	COMPIM	P1		COM 端口模型
	VCC、GND			调整 VCC 为 3.3V
INSTRUMENTS	VIRTUAL TERMINAL	INPUT、OUTPUT		监测串口

2. 电路原理图

I²C 电路原理图如图 5.24 所示。

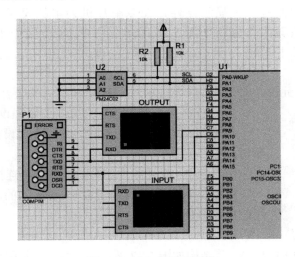

图 5.24 I²C 电路原理图

（1）添加 P1，OUTPUT（监测 PA9），INPUT（监测 PA10）。

（2）在 PC 环境下使用 vspdconfig 软件，添加虚拟串口 COM3、COM4。

5.8.4 仿真操作步骤

（1）程序运行开始，输出识别 AT24C02（电路中使用的芯片型号为 FM24C02）信息。

（2）识别到 AT24C02 后，从单片机的串口发送"hello jiang"。

（3）串口调试助手发送字符"1"，单片机将数组{"jiang!ok"}内容写入 AT24C02。

（4）串口调试助手发送字符"3"，单片机读出 AT24C02 的数据，从 USART1 发出。

（5）串口调试助手发送字符"2"，单片机将数组{"test2402"}内容写入 AT24C02。

（6）串口调试助手发送字符"3"，单片机读出 AT24C02 的数据，从 USART1 发出。
I²C 电路仿真运行结果如图 5.25 所示。

图 5.25　I²C 电路仿真运行结果

（7）停止仿真后再次启动仿真，重新上电复位后，串口调试助手发送字符"3"，单片机读出最后一次写入 AT24C02 的数据，并从 USART1 发出。验证 AT24C02 为 EEPROM，掉电后不丢失数据。

5.9　7 段数码管显示电路

5.9.1　数码管结构概述

1．发光二极管

发光二极管（LED）是一种显示器件，在以单片机为主的设备中，常用作电源指示灯和设备功能指示灯。其工作电路如图 5.26 所示。图中 D1 受控于 PA12，需要编程控制其亮、灭，用于设备工作状态指示；D2 是电源指示灯，上电后常亮，用于设备通电状态指示。

LED 是电流驱动型元件，对于大功率的 LED，在设计电路时需要注意：

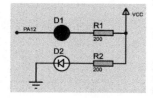

图5.26　发光二极管的工作电路

（1）LED 的导通电压较大，需要合理设计供电电源的电压值；

（2）LED 的工作电流较大，需要合理设计限流电阻的阻值和功率值；

（3）在 PA12 外侧增加驱动电路，再连接到 LED 的工作电路。

图 5.26 所示电路仅用于在 Proteus 下的电路功能仿真，实际应用时还需合理设计。

2．7 段数码管结构

7 段数码管由 8 个 LED 构成，其结构如图 5.27 所示。使用 7 段数码管可显示数字 0~9 和一些其他特定信息。小型数码管每段内有一个 LED，大型数码管每段内有多个 LED（采用串联、并联或混联结构），可增加每段内的发光面积。

多个数码管工作的电路，依照电路特点，显示方式有动态方式和静态方式两种。动态方式是指数码管的公共端受控，数据线分时公用，电路设计过程中可有效减少连接线的数量。静态方式是指数码管的公共端固定，每个数码管的数据线需要单独提供数据。采用静态方式的电路适合提供较大的驱动电流。数码管为电流驱动型元件，实际使用时需要注意导通电压、驱动电流、限流电阻等，仿真时仅给出信号逻辑。两种显示方式的电路均需要考虑电路的驱动能力。

对于采用动态方式的电路，数据线更新数据时，所有受控的公共端应处于无效状态。

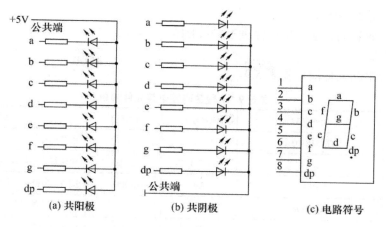

图 5.27　7 段数码管结构

　　7 段数据管进行显示时，需要将显示内容译成显示代码。可以使用软件和硬件两种方式进行译码。

　　例如，显示数字"1"，此时采用共阴极的数码管，数码管的公共端固定接地，数据线加载的逻辑电平分别为：

7 段名称	g	f	e	d	c	b	a	
7 段数据线内容	0	0	0	0	1	1	0	(0x06 为 "1" 的显示代码)

　　设计电路时，数码管的数据线与 GPIO 的数据线需要对应。

5.9.2　按键控制数码管

　　工程文件存放路径：..\2 Proteus8\9 7 段数码管\1 7Segment(KEY)。
　　功能：按下按键 KEY1，数码管的显示内容增 1（0~9 循环显示）。
　　目的：
　　（1）熟悉数码管接口电路的设计；
　　（2）熟悉 GPIO 编程实现共阴极数码管显示码表的方法；
　　（3）熟悉按键防抖程序。

1. 电路原理图

　　7 段数码管电路连接原理图如图 5.28 所示。

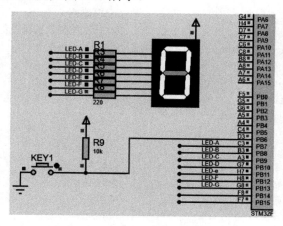

图 5.28　7 段数码管电路连接原理图

（1）KEY1 连接 PB6。

（2）7 段数码管的 a~g 分别连接到 PB7~PB13。

2．元件清单

7 段数码管电路元件清单见表 5.9。

表 5.9　7 段数码管电路元件清单

元件库	元件名称	流水序号	标称值	功能说明
DEVICES	STM32F103R6	U1		主控单片机
DEVICES	RES	R1，R3-R8	200Ω	数码管分段限流电阻
DEVICES	RES	R9	10kΩ	KEY1 按键的上拉电阻
DEVICES	BUTTON	KEY1		用户定义按键
DEVICES	7SEG-COM-AN-GRN	SEG1		绿色共阳极数码管
	VCC、GND			电源使用系统默认值

3．主要函数代码说明

（1）INPUT_KEY 函数，读取按键，有防抖识别功能

```
u8 INPUT_KEY(void)
{ if(KEY1)  return(0);                    //没有按下，返回 0
  else
   { delayms(10);                         //若按下，防抖延时
     if(KEY1) return(0);                  //判断为抖动，返回 0
     while(KEY1==0);                      //防抖后确认按下，等待释放
     return(1); }                         //识别到一次按键过程，返回 1
}
```

（2）main.c

```
void delayms(u16 j);                      //声明延时函数
int main(void)
{ u8 ke_data=0;
  u8 temp;
  SEGIO_Init();                           //初始化 7 段数码管占用的 GPIO
  KEY_Init();                             //初始化按键占用的 GPIO

  while(1)
  {    temp=INPUT_KEY();                  //读取键值
      if(temp==1)                         //有一次完整的按键过程，数码管显示处理
      {  ke_data   = ke_data+1;           //键值缓存增 1
         temp=0;
         if(ke_data>9)
         {ke_data = 0;          }
      switch(ke_data)
        {
         case 0:                          //需要显示数字 0
          LEDA = 0;                       //a 段亮
          LEDB = 0;                       //b 段亮
          LEDC = 0;                       //c 段亮
          LEDD = 0;                       //d 段亮
          LEDE = 0;                       //e 段亮
```

```
                    LEDF = 0;                          //f 段亮
                    LEDG = 1;                          //g 段灭
                break;
        case 1:                                        //需要显示数字 1
                ...}
    }}
```

4. 仿真操作步骤

（1）启动 Proteus 仿真过程。

（2）按下 KEY1 时，7 段数码管的显示内容在 0~9 范围内循环增 1。

5.9.3 串口控制数码管

工程文件存放路径：..\2 Proteus8\9 7 段数码管\2 7Segment(USART1)。

功能：串口控制数码管的显示内容增 1（0~9 循环显示）。

目的：

（1）了解工程设计过程；

（2）了解工程文件的合并过程；

（3）定义通信协议；

（4）了解串口电路的调试过程。

1. 工程设计功能要求

（1）串口控制数码管显示电路如图 5.29 所示，按图绘制电路。

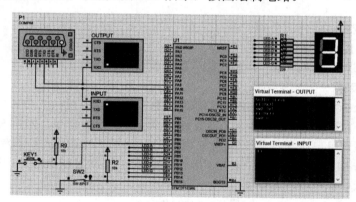

图 5.29　串口控制数码管显示电路

（2）设计通信协议实现：接收到命令，检测本地开关（2 个）的状态，发送到 UART#1 窗口。

（3）在数码管上显示接收到的命令。

（4）以 5.6 节所述工程为基础，添加数码管显示代码。

（5）组建测试环境，完成电路和程序代码的测试。

2. 设计环节

（1）自行设计并绘制电路图；

（2）新建工程文件，编写满足功能要求的程序；

（3）依照 5.6 节设计通信协议；

（4）搭建仿真测试环境。

3．关键代码

（1）DISPLAY 函数（封装了软件译码过程）

main.c 文件中定义了 DISPLAY 函数，实现了软件译码过程。

```
void DISPLAY(u8 DIS_DATA)
{
  switch(DIS_DATA)
  {    case '0':
          LEDA = 0; LEDB = 0; LEDC = 0; LEDD = 0;
          LEDE = 0; LEDF = 0; LEDG = 1;
          break;
       case '1'~'9':                          //自行编写软件译码过程
          break; }
}
```

（2）主函数

在 main.c 文件的 while 循环结构中编写数码管显示处理的代码。

```
int main(void)
{  …
   while(1)
     { len=USART_RX_STA&0x3fff;          //得到此次接收到的数据长度
       if(len>0)
         { temp =USART_RX_BUF[0];          //读取串口接收到的命令，仅接收 1 字节
           DISPLAY(temp);                  //显示命令，字符型
           sw2_data = SW2;                 //使用位操作，仅读取了一个按键状态
           printf("ri:%#x\r\n",temp);      //串口发送收到的命令
           printf("sw2:%#x\r\n",sw2_data); //串口发送本地 SW2 开关的当前状态
           len = 0;                        //清接收标志，为接收下一个串口命令做准备
           USART_RX_STA=0; }
   }}
```

4．自行完善代码

（1）自行添加 KEY1 的状态检测代码。

（2）自行修改通信协议内容，编写代码实现修改后的通信协议。

5．仿真操作步骤

（1）启动 Proteus 仿真过程，搭建串口测试环境。

（2）在串口调试助手中发布命令，7 段数码管显示接收到的命令，如图 5.29 所示，同时将 SW2 开关的状态通过串口送出，图 5.29 中开关为闭合状态，送出的状态字为"0"。

（3）在 Proteus 中打开电路中的开关，串口调试助手再次发送命令后，返回值为"1"，如图 5.30 所示，表示单片机检测到当前 SW2 为打开状态。

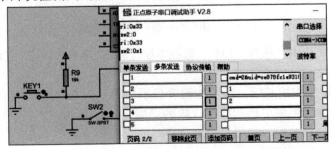

图 5.30　串口控制数码管通信协议测试

5.9.4　数码管静态显示

工程文件存放路径：..\2 Proteus8\9 7 段数码管\3 7Segment (4Static)\。

功能：多个数码管的显示电路。

目的：

（1）掌握逻辑电路的仿真测试；

（2）学会使用 7 段数码器设计数码管静态显示电路。

1．静态电路

（1）CPU 侧：动态共享数据线，数据线通过芯片 4511 实现译码和锁存。4511 的位选信号由 GPIO 独立给出。

（2）数码管侧：每个数码管享有专用的 7 条数据线，即每个数码管都需要一片 4511，实现对 CPU 给出的数据进行译码和锁存。公共端固定接地。

2．4511（BCD 码锁存/译码/驱动器）

（1）锁存：避免在计数过程中出现跳码现象。

（2）译码：将 BCD 码转换成 7 段显示代码，再经过大电流反相器，驱动共阴极数码管。

4511 的引脚图、真值表及显示数据格式如图 5.31 所示。

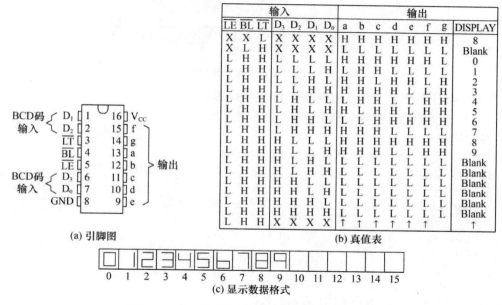

输入							输出							
LE	BL	LT	D_3	D_2	D_1	D_0	a	b	c	d	e	f	g	DISPLAY
X	X	L	X	X	X	X	H	H	H	H	H	H	H	8
X	L	H	X	X	X	X	L	L	L	L	L	L	L	Blank
L	H	H	L	L	L	L	H	H	H	H	H	H	L	0
L	H	H	L	L	L	H	L	H	H	L	L	L	L	1
L	H	H	L	L	H	L	H	H	L	H	H	L	H	2
L	H	H	L	L	H	H	H	H	H	H	L	L	H	3
L	H	H	L	H	L	L	L	H	H	L	L	H	H	4
L	H	H	L	H	L	H	H	L	H	H	L	H	H	5
L	H	H	L	H	H	L	L	L	H	H	H	H	H	6
L	H	H	L	H	H	H	H	H	H	L	L	L	L	7
L	H	H	H	L	L	L	H	H	H	H	H	H	H	8
L	H	H	H	L	L	H	H	H	H	L	L	H	H	9
L	H	H	H	L	H	L	L	L	L	L	L	L	L	Blank
L	H	H	H	L	H	H	L	L	L	L	L	L	L	Blank
L	H	H	H	H	L	L	L	L	L	L	L	L	L	Blank
L	H	H	H	H	L	H	L	L	L	L	L	L	L	Blank
L	H	H	H	H	H	L	L	L	L	L	L	L	L	Blank
L	H	H	H	H	H	H	L	L	L	L	L	L	L	Blank
L	H	H	X	X	X	X	↑	↑	↑	↑	↑	↑	↑	↑

(a) 引脚图　　　　(b) 真值表

(c) 显示数据格式

图 5.31　4511 的引脚图、真值表及显示数据格式

3．测试电路

（1）7 段译码器 4511 的测试电路如图 5.32 所示。

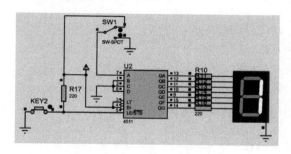

图 5.32　4511 的测试电路

（2）选用共阴极数码管，SW1 改变数据输入端 A，KEY2 提供锁存测试信号逻辑。

当 KEY2=0 时：4511 处于译码状态，输入端 A、B、C、D 的状态经过译码后输出，此时改变 SW1 的状态（输入端 A），数码管的显示内容随输入变化。

当 KEY2=1 时：4511 处于锁存状态，SW1 的状态改变（输入端 A 变化）不再影响输出，此时之前的内容已经被锁存到输出。

4．绘制 4 位静态显示电路

4 位静态显示电路如图 5.33 所示。

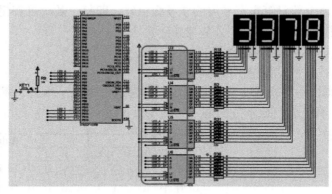

图 5.33　4 位静态显示电路

（1）4 片 4511 共享数据线，数据线由 PB0~PB3 提供。

（2）4 片 4511 的位选信号分别由 PB12~P15 独立给出。

5．关键代码

（1）在 7SEG.c 文件中编写 4511 显示更新代码

```
void DIS_buffer(void)
{   u8 temp;
    temp=DIS_BUFFER[0];              //4511 更新一次显示内容
    DIS_byte(temp);
    LED1 = 0;                        //U3 的锁存信号
    LED1 = 1;
    …
}
```

（2）在 7SEG.c 文件中编写 BCD 译码的代码

```
void DIS_byte(u8 DIS_DATA)          //写 4511
{   switch(DIS_DATA)
    {   case 0:                     //准备显示"0"的 BCD 码 0000b
        LED_a = 0;:
        LED_b = 0;
        LED_c = 0;
        LED_d = 0;
        break;
    …}
}
```

（3）在 main.c 文件中编写按键识别和显示代码

```
while(1)
{   temp=INPUT_KEY();               //读取键值
    if(temp==1)                     //有按键，更新一次显示
    { ke_data  = ke_data+1;         //键值+1
```

```
                temp=0;
                if(ke_data>9)   ke_data = 0;
                DIS_BUFFER[0]=ke_data;            //更新第 0 个位置数码管显示内容
                DIS_BUFFER[1]=ke_data;            //更新第 1 个位置数码管显示内容
                DIS_BUFFER[2]=7;                  //第 2 个位置数码管固定显示 7，用于调试代码
                DIS_BUFFER[3]=8;                  //第 3 个位置数码管固定显示 8，用于调试代码
                DIS_buffer();}
        }
```

6．仿真操作步骤

（1）启动 Proteus 仿真过程。

（2）按 KEY1 一次，显示内容会变化，显示结果如图 5.33 所示。

5.9.5　数码管动态显示

工程文件存放路径：..\20221230 源码\2 Proteus8\9 7 段数码管\4 7Segment (4dynamic)。

功能：使用动态显示电路显示。

目的：

（1）了解数码管动态显示电路的设计过程；

（2）了解动态显示电路的调试过程；

（3）了解位选信号定时中断刷新方法；

（4）学会使用示波器查看信号的时序。

1．绘制电路图

8 位 7 段数码管动态显示电路原理图如图 5.34 所示。

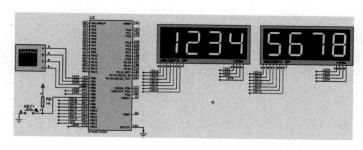

图 5.34　8 位 7 段数码管动态显示电路原理图

（1）思路：利用人眼视觉暂留特性，通过控制公共端，分时共享数据线上的数据。

（2）数码管侧：数据线定时刷新，位选（公共端）信号分时有效。

（3）实际电路中，数据线需要加驱动芯片（如 2003），提高 CPU 的带负载能力。本例仅用于在 Proteus 下测试电路的动态显示功能。

2．关键代码

（1）TIM3_IRQHandler 函数（实现更新一个数码管的显示内容）

在 timer.c 文件的中断服务程序中调用的 DISPLAY 函数，其定义与数码管静态显示的关键代码相同。

```
        void TIM3_IRQHandler(void)       //TIM3 中断
        { u8 temp;
          u8 i;
```

```
    if(TIM_GetITStatus(TIM3, TIM_IT_Update) != RESET)           //检查 TIM3 更新中断发生与否
      { TIM_ClearITPendingBit(TIM3, TIM_IT_Update);             //清除 TIM3 更新中断标志
      //TIM3 中断服务内容
      LED_column = LED_column+1;                                //更新本次显示的数码管位置
      if(LED_column>7) LED_column = 0;
      switch(LED_column)
        { case 0:                                                //显示位置 0 的数码管
          LED1=0;        LED2=0; LED3=0;   LED4=0;
          LED5=0;        LED6=0; LED7=0;   LED8=0;
          temp=DIS_BUFFER[0];                                    //取显示内容
          DISPLAY( temp);
          LED1=1;                                                //本次中断显示的数码管位置
          break;
        case 1:
          …}
    }}
```

（2）主函数

在 timer.c 文件中编写主函数。

```
    int main(void)
    {  …
      TIM3_Int_Init(1,7199);            //显示每个数码管的间隔时间为 1ms（主频 72MHz）
                                        //8 位数码管动态显示刷新：每秒>20 次

      while(1)
      {  temp=INPUT_KEY();
        if(temp==1)                                              //仅在需要时更新显示缓存
          {  ke_data    = ke_data+1;
            temp=0;
            if(ke_data>9)   ke_data = 0;
            DIS_BUFFER[0]=ke_data;;                              //更新显示缓存
            DIS_BUFFER[1]=2;   DIS_BUFFER[2]=3;   DIS_BUFFER[3]=4;
            DIS_BUFFER[4]=5;   DIS_BUFFER[5]=6;   DIS_BUFFER[6]=7;   DIS_BUFFER[7]=8;
            //DISPLAY(ke_data); }                                //显示过程在中断服务程序中完成
    }}
```

3. 仿真操作步骤

（1）启动 Proteus 仿真过程。

（2）按 KEY1 一次，高位数码管的显示内容增 1。

（3）打开虚拟示波器，查看编程实现的位选信号的时序。

5.10　LCD1602

工程文件存放路径：..\2 Proteus8\10 LCD(1602)。

功能：LCD1602 显示当前 4 个按键的状态。

目的：利用所提供的 LCD1602 底层函数，设计显示界面。

5.10.1　LCD1602 简介

字符型液晶显示模块 LCD1602（Liquid Crystal Display）专门用于显示字母、数字、符号等，

如图 5.35 所示，每行可显示 16 个 ASCII 码，共 2 行。LCD1602 内置 ASCII 码字库，可自定义最多 8 个 5×8 点阵的图形字符，并提供了丰富的指令设置：清显示、光标回原点、显示开/关、光标显示开/关、显示字符闪烁、光标移位、显示移位等。

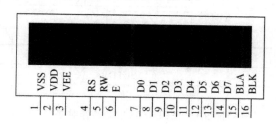

图 5.35　LCD1602

1．引脚说明

LCD1602 引脚说明见表 5.10。

表 5.10　LCD1602 引脚说明

引脚号	功能名称	描述	引脚号	功能名称	描述
1	VSS	电源地	9	D2	数据 2
2	VDD	电源正极	10	D3	数据 3
3	VEE	LCD1602 驱动电压	11	D4	数据 4
4	RS	数据/指令选择信号	12	D5	数据 5
5	RW	读写信号	13	D6	数据 6
6	E	使能信号	14	D7	数据 7
7	D0	数据 0	15	BLA	背光源（+）
8	D1	数据 1	16	BLK	背光源（-）

VSS、VDD：电源地、电源正极。

VEE：液晶显示偏压。

RS：数据/指令选择端。RS=1 时，选择数据寄存器；RS=0 时，选择指令寄存器。

RW：读写选择端。RW=1 时，读操作（读取 LCD1602 内的数据）；RW=0 时，写操作（向 LCD1602 写入数据）。

E：使能信号。当 E 为下降沿(从高电平到低电平)时，LCD1602 执行写入的指令。

D0~D7：8 位双向数据总线。

BLA、BLK：背光源正极、负极。

2．显示缓存位置

LCD1602 内置了一个 80 字节的 DDRAM，用来寄存需要显示的内容。

3．显示字库

LCD1602 内置了一个字符存储器 CGROM，其中存放了 192 个点阵字符。

4．指令集

LCD1602 内部控制器共有 11 条控制指令，读写操作、光标操作等都是通过指令编程来实现的，通过 8 位双向数据总线 D0~D7 传输数据和指令。指令集的内容可参见 LCD1602 数据手册。

5．工作时序

（1）LCD1602 的写操作时序如图 5.36 所示。

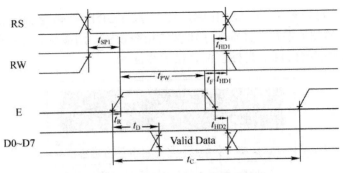

图 5.36　LCD1602 的写操作时序

（2）LCD1602 的读操作时序如图 5.37 所示。

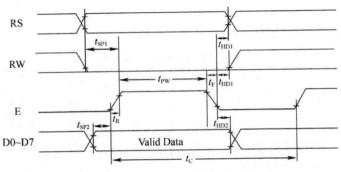

图 5.37　LCD1602 的读操作时序

5.10.2　编程实现指令集

1. 忙状态检测（读忙信号）

编程实现读操作时序及命令集中的"读忙标志或地址"和"从 LCD1602 内部 CGRAM 或 DDRAM 读数"两条命令。

```
    void LCD1602_WaitReady(void)              //检测 LCD1602 忙状态
    { uint8_t sta;
      GPIOB->ODR =0x00FF;
      RSO(0);   RWO(1);   EO(1);
      Delay_1602_1us(10);                    //自定义软件延时
        do{      sta=GPIO_ReadInputDataBit(LCD1602_GPIO_PORT，GPIO_Pin_7);//数据线 PB7~PB0
          EO(0); }while(sta);}
```

2. 写数据

编程实现写操作时序和命令集中的"写数到 LCD1602 内部 CGRAM 或 DDRAM"命令。

```
    void LCD1602_WriteDat(uint8_t dat)       //写数据
    { LCD1602_WaitReady();
      RSO(1);   RWO(0);                       //写数据操作
      Delay_1602_1us(30);
      EO(1);
      LCD1602_GPIO_PORT->ODR &=(dat|0xFF00);
      EO(0);
      Delay_1602_1us(400);}
```

3. 写指令

编程实现写操作时序和命令集中的基础命令（如显示控制、操作光标、工作模式等）。

```
void LCD1602_WriteCmd(uint8_t cmd)                    //写指令
{LCD1602_WaitReady();
 RSO(0);    RWO(0);    EO(0);                          //写指令操作
 Delay_1602_1us(1);
 EO(1);
 LCD1602_GPIO_PORT->ODR &= (cmd|0xFF00);
 EO(0);
 Delay_1602_1us(400);}
```

4. 设置光标位置

计算光标位置，调用 void LCD1602_WriteCmd(uint8_t cmd)，写指令。

```
void LCD1602_SetCursor(uint8_t x, uint8_t y)     //由输入的屏幕坐标计算显示 RAM 的地址
{   uint8_t addr;
    if(y == 0)    addr = 0x00 + x;               //第一行字符地址从 0x00 开始
    else          addr = 0x40 + x;               //第二行字符地址从 0x40 开始
    LCD1602_WriteCmd(addr|0x80);                 //设置 RAM 地址
}
```

5. 初始化

```
void LCD1602_Init(void)
{   LCD1602_GPIO_Config();      //开启 GPIO
    LCD1602_WriteCmd(0x38);     //16×2 显示，5×7 点阵，8 位数据接口
    LCD1602_WriteCmd(0x0C);     //显示器开，光标关闭
    LCD1602_WriteCmd(0x06);     //文字不动，地址自动+1
    LCD1602_WriteCmd(0x01); }   //清屏
```

6. 显示数字

```
void LCD_ShowNum(uint8_t x, uint8_t y, uint8_t num)
{   LCD1602_SetCursor(x, y);                      //设置开始地址
    LCD_ShowChar(x, y, num+'0');    }
```

7. 显示单字符

```
void LCD_ShowChar(uint8_t x, uint8_t y, uint8_t dat)
{   LCD1602_SetCursor(x, y);                      //设置开始地址
    LCD1602_WriteDat(dat);}
```

8. 显示字符串

```
void LCD1602_ShowStr(uint8_t x, uint8_t y, uint8_t *str, uint8_t len)
{   LCD1602_SetCursor(x, y);                //设置开始地址
    while(len--)                            //连续写入 len 个字符数据
      { LCD1602_WriteDat(*str++); }}
```

9. 自定义软件延时

```
void Delay_1602_1us(u32 num)
{ num = num*6;
  while(num--);}
```

10. lcd1602.h 声明操作 LCD 的函数

```
void LCD1602_Init(void);                                        //初始化 LCD1602
void LCD1602_ShowStr(uint8_t x, uint8_t y, uint8_t *str,uint8_t len);   //字符串
void LCD_ShowNum(uint8_t x, uint8_t y,uint8_t num);             //数字
void LCD_ShowChar(uint8_t x, uint8_t y,uint8_t dat);           //字符
void Delay_1602_1us(u32 num);
```

5.10.3 LCD1602 电路连接图

1. 元件清单

LCD1602 电路元件清单见表 5.11。

表 5.11 LCD1602 电路元件清单

元件类型	元件名称	流水序号	标称值	功能说明
DEVICES	STM32F103R6	U1		主控单片机
DEVICES	RES	R1~R9	2.2kΩ	数据线上拉电阻
DEVICES	RES	R12~R15	10kΩ	按键上拉电阻
DEVICES	BUTTON	S1~S4		用户定义按键
DISPLAY	LM016L	LCD1		LCD 显示屏
INSTRUMENTS	VIRTUAL TERMINAL	OUTPUT		监测串口

2. 电路连接图

LCD1602 的 Proteus 仿真调试电路如图 5.38 所示。

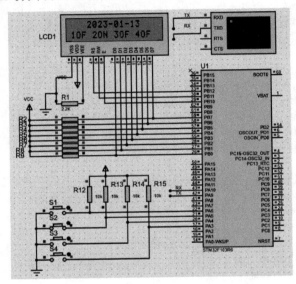

图 5.38 LCD1602 的 Proteus 仿真调试电路

5.10.4 仿真操作步骤

（1）启动 Proteus 仿真过程，程序运行开始，LCD 显示效果如图 5.39 所示。

（2）当有按键状态发生变化时，LCD 依次显示 4 个按键的当前状态。

（3）当有按键状态发生变化时，Virtual Terminal 窗口显示串口输出的按键当前状态。

5.11 LCD12864

工程文件存放路径：..\2 Proteus8\11 LCD(12864)。

功能：显示工作界面。

目的：提取汉字字模，定义字库。

5.11.1 LCD12864 简介

图形点阵液晶显示模块 LCD12864 主要采用动态驱动原理，由行驱动控制器和列驱动控制器形成全点阵液晶显示屏，如图 5.40 所示。Proteus 软件中的 LCD 模型不提供中文字库，但可完成图形显示，也可以通过汉字取模软件显示 8×4 个（16×16 像素）汉字。

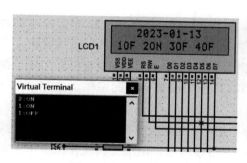

图 5.39　LCD 显示效果

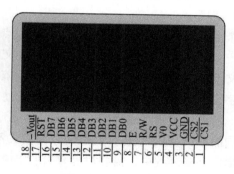

图 5.40　LCD12864

LCD12864 引脚说明见表 5.12。

表 5.12　LCD12864 引脚说明

引脚号	引脚	电平	说明
1	$\overline{CS1}$	H/L	片选信号，低电平时选择前 64 列
2	$\overline{CS2}$	H/L	片选信号，低电平时选择后 64 列
3	GND	0V	地
4	VCC	5V	电源
5	V0		显示对比及调节端
6	RS	H/L	高电平：数据 DB0~DB7 将送入显示 RAM；低电平：数据 DB0~DB7 将送入指令寄存器
7	R/W	H/L	读写选择：高电平，读数据；低电平，写数据
8	E	H/L	读写使能，高电平有效，下降沿时锁存数据
9~16	DB0~DB7	H/L	8 位数据输入/输出引脚
17	$\overline{RST}$	L	复位信号，低电平有效
18	Vout		LCD 驱动电压输出端

LCD12864 可以看成两片 64×64 像素的屏幕合在一起,实现 128×64 像素的屏幕,通过 $\overline{CS1}$、$\overline{CS2}$ 两个片选信号来分别控制当前需要操作的屏幕对象。

5.11.2　定义字模数组

LCD12864 共 128×64 个像素点。像素点与显示缓存对应，采用直接写显示缓存的方法可点亮对应的像素点，显示相应内容。1 个像素点对应 1 个二进制位（二进制位的值对应像素点的亮/灭），8 个像素点构成 1 字节。

1. 西文显示字库

在 LCD_12864.c 文件中定义有完整的西文字符字库。

（1）字模：6×8 像素。

（2）字符代码：对应字符的 ASCII 码为 0x20~0x7F。

（3）数组：font_6x8_Char[570]（95 个字符×6 字节 = 570 字节）。

2．汉字编码

（1）字模

每个 16 点阵的汉字占用 16×16 个像素点，对应 2×16=32 字节，32 字节内容称为该汉字的字模。多个字模按照一定顺序保存在字库文件中，顺序号与汉字的机内码相关联。

西文使用 ASCII 码，汉字使用机内码。依据汉字的机内码，可以检索字库文件，找到一个汉字的字模，这一过程称为提取字模，一般使用工具软件提取汉字的字模。

（2）字模与像素点的对应关系

不同的 LCD 显示设备，送显的数据格式各不相同。字库文件中存放的汉字字模内容固定，因此在提取字模过程中，需要对提取出的字模内容略做调整。使用工具软件在宋体字库中提取汉字"欢"的字模，依据 LCD12864 送显格式要求，调整后的内容如下：

//{0xFB,0xDB,0xBB,0x7B,0x9B,0x63,0xBF,0xCF,0xF0,0x37,0xF7,0xF7,0xD7,0xE7,0xFF,0xFF,

0xEF,0xF7,0xF9,0xFE,0x7D,0xB3,0xDF,0xE7,0xF9,0xFE,0xF9,0xE7,0xDF,0xBF,0x7F,0xFF；//欢

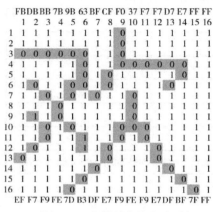

图 5.41　字模填充像素点

字模与像素点对应关系：图 5.41 中共 16 行、16 列个像素点，从第一列开始向下取 8 个像素点作为第一个字节（11111011b=0xFB），然后从第二列开始向下取 8 个像素点作为第二个字节，……，依次类推。取模顺序是从低到高，即第一个像素点作为最低位。使用提取后的字模内容填充对应的像素点，结果如图 5.41 所示。

3．提取字模工具

使用字模工具提取汉字字模时要注意，字模写入 LCD12864 显示缓存的顺序来决定提取汉字字模的顺序。下面以网上流行的 PCtoLCD2002 完美版软件为例，提取"物联网工程"5 个汉字字模。

（1）打开取模软件 PCtoLCD2002 完美版。

（2）选择菜单命令"模式"，选择字符模式。

（3）选择菜单命令"选项"，弹出"字模选项"对话框，各选项的设置如图 5.42 所示，单击【确定】按钮。

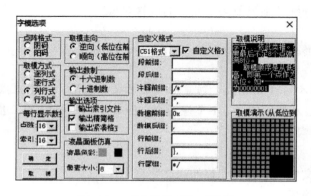

图 5.42　"字模选项"对话框

（4）返回主界面，如图5.43所示，在输入栏中输入"物联网工程"5个汉字，单击【生成字模】按钮。

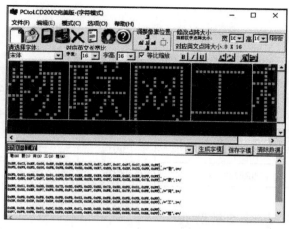

图5.43　提取汉字字模

（5）复制字模到数组。

4. 汉字字模数组

（1）在LCD_12864.c文件中定义了5个汉字字模。

（2）字模：16×16像素，每个汉字字模固定为32字节。

（3）字模存储数组：fort_16x16_CHN[192]（6个字符×32字节=192字节）。该数组的长度目前可定义6个汉字字模，需要依据字模个数自行调整。

（4）LCD_12864.c文件中定义了字模数组。5个汉字字模在数组中的存储顺序需要固定，便于通过数组检索。

```
u8 const fort_16x16_CHN[192]=
{ 0xBF,0xC3,0xEF,0x00,0xEF,0xEF,0xDF,0xEF,       //物，0
  0x70,0x87,0xF7,0x07,0xF7,0x07,0xFF,0xFF,
  0xFD,0xF9,0xFD,0x00,0xFE,0xFE,0xFB,0xBD,
  0xDE,0xE7,0xB9,0x7E,0xBF,0xC0,0xFF,0xFF,
  0xFD,0x01,0x6D,0x6D,0x01,0xFD,0xFF,0xEF,       //联，1
  0xEE,0xE9,0x0F,0xEB,0xEC,0xEF,0xFF,0xFF,
  0xEF,0xE0,0xF7,0xF7,0x00,0xFB,0x7E,0xBE,
  0xCE,0xF2,0xFC,0xF2,0xCE,0xBE,0x7E,0xFF,
  0xFF,0x01,0xFD,0xDD,0xBD,0x7D,0x8D,0xFD,       //网，2
  0xDD,0xBD,0x7D,0x8D,0xFD,0x01,0xFF,0xFF,
  0xFF,0x00,0xEF,0xF7,0xF9,0xFE,0xF1,0xEF,
  0xF7,0xF9,0xFE,0xB1,0x7F,0x80,0xFF,0xFF,
  0xFF,0xFB,0xFB,0xFB,0xFB,0xFB,0xFB,0x03,       //工，3
  0xFB,0xFB,0xFB,0xFB,0xFB,0xFB,0xFF,0xFF,
  0xDF,0xDF,0xDF,0xDF,0xDF,0xDF,0xDF,0xC0,
  0xDF,0xDF,0xDF,0xDF,0xDF,0xDF,0xFF,0xFF,
  0xDB,0xDB,0x5B,0x01,0xDC,0xDD,0xFF,0xC1,       //程，4
  0xDD,0xDD,0xDD,0xDD,0xDD,0xC1,0xFF,0xFF,
  0xF7,0xF9,0xFE,0x00,0xFE,0xF9,0xBF,0xB6,
  0xB6,0xB6,0x80,0xB6,0xB6,0xB6,0xBE,0xFF};
```

5.11.3　LCD12864 电路连接图

1．元件清单

LCD12864 电路元件清单见表 5.13。

表 5.13　LCD12864 电路元件清单

元件类型	元件名称	流水序号	标称值	功能说明
DEVICES	STM32F103R6	U1		主控单片机
DEVICES	RES10SIPB	RN1	10kΩ	排阻
ACTIVE	POT-HG	RV1	1kΩ	可调电位器
DISPLAY	AMPIRE128X64	LCD1		LCD 显示屏

2．电路连接图

LCD12864 电路连接图如图 5.44 所示。

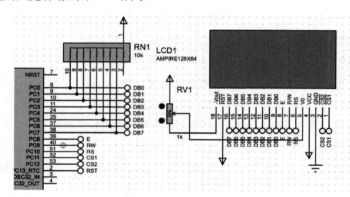

图 5.44　LCD12864 电路连接图

5.11.4　编程实现 LCD12864 指令集

1．写指令

LCD12864 与 STM32 之间的电路连接如图 5.44 所示。STM32 与 LCD12864 之间的数据交换需要严格按照读写时序来完成，写指令到 LCD12864 的时序如图 5.45 所示，在编程过程中需要指定图 5.45 中的 CS 信号是 $\overline{CS1}$ 还是 $\overline{CS2}$。

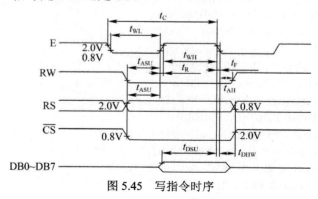

图 5.45　写指令时序

写指令由 LCD.c 文件中的 LCD12864_Write_Command(u8 com)函数完成。

```
void LCD12864_Write_Command(u8 com)
{   u16 p;
     LCD12864_delay(1);              //足够长时间的等待，保证 LCD12864 能够空闲
//LCD12864_delay(50);                //足够长时间的等待，保证 LCD12864 能够空闲
//LCD1602_WaitReady();               //LCD1602 不用等待
  LCD12864_E_1;
  LCD12864_RW_1;
  LCD12864_RS_0;                     //命令
  LCD12864_E_0;                      //置为低电平，准备写命令开始条件
  LCD12864_RW_0;                     //开始写
  LCD12864_delay(1);
  LCD12864_E_1;
//准备指令数据
  p = GPIO_ReadOutputData(GPIOC);    //仅将 com 复制到 GPIOC 的低 8 位，不影响其他位
  p = (p & 0xFF00) + com;
  GPIO_Write(GPIOC, p);
  LCD12864_delay(1);
  LCD12864_E_0;                      //E 产生一个下降沿，此时数据被读入显示屏
  LCD12864_RW_1;                     //置为高电平，结束写命令
  LCD12864_E_1;
}
```

2. 写数据

STM32 通过数据总线所发数据传递给 LCD12864 的内部缓存，此时将 LCD12864_Write_Command(u8 com)函数中的 LCD12864_RS_0 改为 LCD12864_RS_1 即可。

3. 汉字字模写屏函数

（1）LCD.c

```
//显示 16×16 像素
//x 坐标   可选：0  16, 32,        4 列
//y 坐标   可选：0, 1, 2, 3        4 行
//chn 汉字字模 顺序号              一片可显示 16 个汉字，共 2 片
  void LCD12864_Dsp_6x8_CHN(u8 x,u8 y,u8 chn)
```

（2）main.c

```
1    LCD12864_SeleScreen(LCD12864_Left);    //显示在左边屏
2    LCD12864_Dsp_6x8_CHN(0,2,0);           //物
3    LCD12864_Dsp_6x8_CHN(16,2,1);          //联
4    LCD12864_Dsp_6x8_CHN(32,2,2);          //网
5    LCD12864_Dsp_6x8_CHN(48,2,3);          //工
```

第 3 行的运行效果是在 LCD12864 的指定位置显示汉字"联"。

参数 16：参数 x=16 表示显示点的横坐标在显示屏像素点的第 16 列。

参数 2：因为当前显示的是汉字，默认全屏可显示 4 行（0~3）汉字。参数 y=2 表示在第 3 行的位置显示汉字"联"。

参数 1：当前在汉字字模存储数组 fort_16x16_CHN[192]中定义有 5 个（0~4）汉字字模。参数 chn=1 表示汉字"联"的字模存储在汉字字模数组的第 2 顺位。

5.11.5 仿真操作步骤

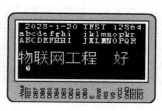

（1）启动 Proteus 仿真过程，程序运行开始，LCD 显示效果如图 5.46 所示。

（2）显示中调用了字库，分别显示了西文和汉字。

图 5.46　LCD 显示效果

5.12　DS1302

工程文件存放路径：..\2 Proteus8\12 DS1302\。

功能：使用 DS1302 获得实时时间，时间信息从串口输出。

目的：

（1）熟悉 DS1302 的连接电路；

（2）熟悉 DS1302 的底层函数的调用；

（3）熟悉 DS1302 的测试环境。

5.12.1　DS1302 电路连接图

DS1302 是具有涓流充电能力的低功耗实时时钟芯片，包含一个实时时钟/日历和 31 字节的 SRAM。通过简单的串口与单片机通信，DS1302 可以对年、月、日、时、分、秒进行计时，同时具有闰年补偿功能。DS1302 的详细信息如内部寄存器的定义、读写时序等，读者可查阅芯片手册。

1．电路连接图

DS1302 电路连接图如图 5.47 所示，与单片机连接只需要 3 根线：$\overline{RST}$（复位）、SCLK（串行移位时钟）、I/O（双向数据线）。

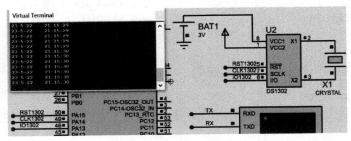

图 5.47　DS1302 电路连接图及仿真运行结果

2．元件清单

DS1302 电路元件清单见表 5.14。

表 5.14　DS1302 电路元件清单

元件类型	元件名称	流水序号	标称值	功能说明
DEVICES	STM32F103R6	U1		主控单片机
DEVICES	CRYSATL	X1	32.768kHz	晶振
DEVICES	CELL	BAT1	3V	电池
MAXIM	DS1302	U2		时钟/日历芯片
INSTRUMENTS	VIRTUAL TERMINAL	OUTPUT		监测串口
	VCC、GND			电源使用系统默认值

5.12.2　DS1302 编程

与 DS1302 芯片有关的底层函数和定义分布在 DS1302.c 和 DS1302.h 文件中。

1. DS1302.c

（1）DS1302_Init 函数：初始化连接 DS1302 的 3 个引脚为输出模式。

由于连接 DS1302 数据线上的数据流是双向的，且使用一个引脚 PA13，所以在单片机读写 DS1302 的函数中，均有再次设置 PA13 工作模式的指令。

（2）DS1302InputByte 函数：初始化连接 DS1302 数据线的引脚 PA13 为输出模式，在写时序条件下，PA13 上串行输出 8 位数据。

（3）DS1302OutputByte 函数：初始化连接 DS1302 数据线的引脚 PA13 为输入模式，在读时序条件下，从 PA13 读入 DS1302 串行输出的 8 位数据。

（4）DS1302_GetTime 函数：使用结构体变量传递读取 DS1302 的数据。

2. DS1302.h

```
typedef struct __SYSTEMTIME__            //定义数据类型
{    unsigned char Second;
     unsigned char Minute;
     unsigned char Hour;
     unsigned char Week;
     unsigned char Day;
     unsigned char Month;
     unsigned char   Year;
     unsigned char DateString[9];
     unsigned char TimeString[9];
}SYSTEMTIME;
```

3. 主函数

（1）调用 DS1302_Init 函数，初始化引脚的工作模式。

（2）调用 DS1302_GetTime 函数，读取的时间保存在 CurrentTime 结构体变量中。

```
int main(void)
{ SYSTEMTIME CurrentTime;                               //结构体变量
  NVIC_PriorityGroupConfig(NVIC_PriorityGroup_2);       //设置 NVIC 中断响应优先级
  RCC_SYSCLKConfig(RCC_SYSCLKSource_HSI);
  uart_init(9600);                                      //串口初始化为 9600b/s
  DS1302_Init();

  while(1)
  { DS1302_GetTime(&CurrentTime);                       //读取时间
    printf("%d-%d-%d",CurrentTime.Year,CurrentTime.Month,CurrentTime.Day);
    printf("%d:%d:%d\r\n",CurrentTime.Hour,CurrentTime.Minute,CurrentTime.Second);
    delayms(300);}
}
```

5.12.3 仿真操作步骤

（1）启动 Proteus 仿真过程，程序运行开始，Virtual Terminal 窗口显示仿真过程中 STM32 从 DS1302 读取的时间，运行结果如图 5.47 所示。

（2）在仿真过程中，DS1302 中的时间与 PC 保持一致。因此在实际应用中，可通过编程先校准 DS1302 的时间，STM32 执行读操作时则会得到实时时间。

5.13 DS18B20

工程文件存放路径：..\2 Proteus8\13 DS18B20\。

功能：使用 DS18B20 获得环境温度值，温度信息从串口输出。

目的：

（1）熟悉 DS18B20 的连接电路；

（2）熟悉单总线软件编程；

（3）熟悉 DS18B20 的测试环境。

5.13.1　DS18B20 电路连接图

DS18B20 是数字型温度传感器芯片，其测温范围为−55~＋125℃，测量精度为用户可编程的 9~12 位，分别以 0.5℃、0.25℃、0.125℃和 0.0625℃增量递增。在上电状态下，默认的精度为 12 位。DS18B20 的详细信息如内部寄存器的定义、单总线时序等，读者可查阅芯片手册。

1．电路连接图

DS18B20 通过单总线与 STM32 相连，使用单总线协议与 STM32 通信。其片内有一个 64 位序列号，单总线协议支持多个 DS18B20 芯片同时连在一根单总线上。

DS18B20 与 STM32 的连接电路如图 5.48 所示，单总线连接到 PB9 引脚。

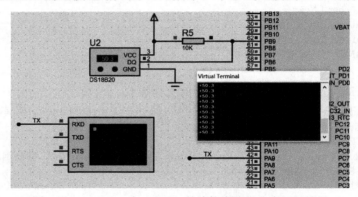

图 5.48　DS18B20 与 STM32 的连接电路及仿真运行结果

2．元件清单

DS18B20 电路元件清单见表 5.15。

表 5.15　DS18B20 电路元件清单

元件类型	元件名称	流水序号	标称值	功能说明
DEVICES	STM32F103R6	U1		主控单片机
DEVICES	RES	R5	10kΩ	
MAXIM	DS18B20	U2		
INSTRUMENTS	VIRTUAL TERMINAL	OUTPUT		监测串口
	VCC、GND			电源使用系统默认值

5.13.2　DS18B20 编程

与 DS18B20 芯片有关的底层函数和定义分布在 DS18B20.c 和 DS18B20.h 文件中。

1．DS18B20.c

（1）DS18B20_Read_Bit 函数：读出一个位（单总线时序）。

（2）DS18B20_Rst 函数：复位 DS18B20（单总线时序）。

（3）DS18B20_Check(void)函数：检测是否存在 DS18B20（单总线时序）。

（4）DS18B20_Start 函数：开始温度转换（单总线时序）。

（5）DS18B20_Init 函数：初始化连接 DS1302 的 PB9 引脚为输出模式。

由于单总线上的数据流是双向的，所以在 STM32 读写 DS18B20 的函数中，均有再次设置 PB9 工作模式的指令。

（6）DS18B20_Write_Byte 函数：操作寄存器方式初始化 PB9 为输出模式，使用单总线协议在 PB9 上串行输出 8 位数据。

（7）DS18B20_Read_Byte 函数：操作寄存器方式初始化 PB9 为输入模式，使用单总线协议从 PB9 读入 DS18B20 串行输出的 8 位数据。

（8）DS18B20_Get_Temp 函数：使用单总线协议读取温度值。

2．DS1302.h

（1）声明宏：操作寄存器，设置 PB9 的输入/输出模式

```
#define      DS18B20_IO_IN()   {GPIOB->CRH&=0xFFFFFF0F;GPIOB->CRH|=8<<4;}     //PB9
#define      DS18B20_IO_OUT() {GPIOB->CRH&=0xFFFFFF0F;GPIOB->CRH|=3<<4;}
```

（2）位操作

```
#defineDS18B20_DQ_OUT      PBout(9)      //PB9 输出 1 位数据
#defineDS18B20_DQ_IN       PBin(9)       //PB9 读入 1 位数据
```

3．主函数

（1）调用 DS18B20_Init 函数，初始化引脚的工作模式。

（2）调用 DS18B20_Get_Temp 函数，读取温度值。

```
int main(void)
{ SystemCoreClockUpdate();
  RCC_SYSCLKConfig(RCC_SYSCLKSource_HSI);          //Proteus 串口使用 HSI
  NVIC_PriorityGroupConfig(NVIC_PriorityGroup_2);  //设置 NVIC 中断响应优先级
  uart_init(9600);                                 //串口初始化为 9600b/s
  DS18B20_Init();
  printf("20220429-668\r\n");
   while(1)
   {  tem=DS18B20_Get_Temp();                      //读取温度
      if( tem>0)
      {  a=tem/100;        b=tem%100/10;        c=tem%10;
         printf("+%d%d.%d\r\n",a,b,c);}
      else
      {  tem1=-(tem);                              //温度<0℃时的处理
         tem1=tem1+1;
         a=tem1/100;      b=tem1%100/10;c=tem1%10;
         printf("-%d%d.%d\r\n",a,b,c);           }
   Delay_DS18B20(100000); }
  }
```

5.13.3　仿真操作步骤

（1）启动 Proteus 仿真过程，程序运行开始，Virtual Terminal 窗口显示仿真过程中 STM32 从 DS18B20 读取的温度，运行结果如图 5.48 所示。

（2）在仿真过程中，温度值由 DS18B20 提供，可以调节 DS18B20 输出的温度值。

5.14　DHT11

工程文件存放路径：..\2 Proteus8\14 DHT11\。

功能：使用 DHT11 获得温湿度，温湿度信息从串口输出。

目的：

（1）熟悉 DHT11 的连接电路；

（2）熟悉单总线软件编程；

（3）熟悉 DHT11 的测试环境。

5.14.1　DHT11 电路连接图

DHT11 是一款含有已校准数字信号输出的温湿度传感器芯片。它应用专用的数字采集技术和温湿度传感技术，具有极高的可靠性和卓越的长期稳定性，测量范围为 20%~90%RH、0~50℃。DHT11 的详细信息如内部寄存器的定义、单总线时序等，读者可查阅芯片手册。

1．电路连接图

DHT11 通过单总线与 STM32 连接的电路如图 5.49 所示，单总线连接到 PC9 引脚。

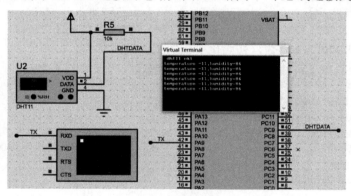

图 5.49　DHT11 电路连接及仿真运行结果

2．元件清单

DHT11 电路元件清单见表 5.16。

表 5.16　DHT11 电路元件清单

元件类型	元件名称	流水序号	标称值	功能说明
DEVICES	STM32F103R6	U1		主控单片机
DEVICES	RES	R5	10kΩ	
TRXD	DHT11	U2		
INSTRUMENTS	VIRTUAL TERMINAL	OUTPUT		监测串口
	VCC、GND			电源使用系统默认值

5.14.2　DHT11 编程

与 DHT11 有关的底层函数和定义分布在 DHT11.c 和 DHT11.h 文件中。

1. DHT11.c

（1）dht11_Read_Bit 函数：读出一个位（单总线时序）。

（2）dht11_Check(void)函数：检测是否存在 DHT11（单总线时序）。

（3）dht11_Read_Byte(void)函数：使用单总线协议从 PC9 引脚读入 DHT11 串行输出的 8 位数据。

（4）dht11_Init 函数：初始化 PC9 引脚为输出模式，复位 DHT11。

（5）dht11_Get_Temp 函数：使用单总线协议读取温湿度值。

2. DHT11.h

（1）声明宏：操作寄存器，设置 PC9 引脚的输入/输出模式

```
#define     dht11_IO_IN()      {GPIOC->CRH&=0xFFFFFF0F;GPIOC->CRH|=8<<4;} //PC9
#define     dht11_IO_OUT()     {GPIOC->CRH&=0xFFFFFF0F;GPIOC->CRH|=3<<4;}
```

（2）位操作

```
#define     dht11_DQ_OUT     PCout(9)          //PC9 输出 1 位数据
#define     dht11_DQ_IN      PCin(9)           //PC9 读入 1 位数据
```

3. 主函数

（1）调用 dht11_Init 函数，初始化引脚的工作模式。

（2）调用 dht11_Get_Temp 函数，读取温湿度值。

```
int main(void)
{   u8 temp;
    u8 temperature;
    u8 humidity;
    RCC_SYSCLKConfig(RCC_SYSCLKSource_HSI);          //Proteus 串口使用 HSI
    NVIC_PriorityGroupConfig(NVIC_PriorityGroup_2);  //设置 NVIC 中断响应优先级
    uart_init(9600);                                 //串口初始化为 9600b/s
    dht11_Init();                                     //初始化 PC9，复位 DHT11
    temp = dht11_Check();                             //检测单总线上的 DHT11
    //等待 DHT11 的回应，1:未检测到 DHT11 的存在；0:存在
    if(temp)   printf("no dht11\r\n");
      else     printf("dht11 ok1\r\n");
    while(1)
      { dht11_Get_Temp(&temperature,&humidity);
        printf("temperature =%d,humidity=%d\r\n",temperature,humidity);
        Delay_dht11_1us(5000); }
}
```

5.14.3　仿真操作步骤

（1）启动 Proteus 仿真过程，程序运行开始，Virtual Terminal 窗口显示仿真过程中 STM32 从 DHT11 读取的温湿度，运行结果如图 5.49 所示。

（2）在仿真过程中，温湿度值由 DHT11 提供，可以调节 DHT11 输出的温湿度值。

5.15　环境温湿度采集系统

工程文件存放路径：..\2 Proteus8\15 Environmental\。

功能：使用传感器，组建环境温湿度采集系统。

目的：使用已有资源，创建工程模板，编写代码实现系统要求。

5.15.1 设计需求

1．器件选型

（1）温湿度传感器芯片 DHT11 和光照传感器芯片 APDS-9002。

（2）实时时钟芯片 DS1302。

（3）主控单片机芯片：STM32F103R6。

2．功能

（1）实现日历时钟；

（2）测量温湿度和光照强度；

（3）在 Virtual Terminal 窗口中设计个性化前端显示界面。

3．性能指标

测量范围和精度与 Proteus 环境中模型自带参数一致。

5.15.2 创建工程模板

1．使用已有的 LCD1602 工程为模板（见 5.10 节）

（1）复制 LCD1602 工程；

（2）Keil 5 工程名称均改为 Environment；

（3）Proteus 工程名称均改为 Environment。

2．复制源文件

环境温湿度采集系统需要用到片内 ADC、温湿度值和实时时钟，这里先将需要的源文件复制到 Environment 工程文件中，需要复制的源文件夹如下。

（1）ADC 文件夹（见 5.7 节例程）

源文件路径：..\2 Proteus8\7 AD\R6(AD)\HARDWARE\ADC。

目的路径：…\Environmental\HARDWARE\。

（2）DS1302 文件夹

见 5.12 节例程。

（3）DHT11 文件夹

见 5.14 节例程。

在对应的例程中找到上述文件夹，将文件夹连同所属文件一同复制到 Keil 5 工程目录 Environment\HARDWARE\下，复制结果如图 5.50 所示。

3．在工程中添加源文件

（1）将需要的源文件添加到 Environment 工程文件的 HARDWARE 下，添加结果如图 5.51 所示。

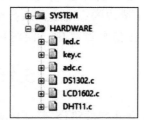

⊫ > 15 Environment > R6(Environment) > HARDWARE	
名称 ^	修改日期
ADC	2023/5/23 9:42
DHT11	2023/5/23 9:42
DS1302	2023/5/23 9:42
KEY	2023/5/23 9:42
LCD1602	2023/5/23 10:25
LED	2023/5/23 9:42

图 5.50　Environment 工程的源文件夹

SYSTEM
HARDWARE
　led.c
　key.c
　adc.c
　DS302.c
　LCD1602.c
　DHT11.c

图 5.51　HARDWARE 包含文件

（2）为编译器添加.h 文件的搜索路径。

4．在 main.c 中添加代码

（1）包含的头文件

```
#include "usart.h"          //USART1
#include "sys.h"            //正点原子定义的位操作
#include "stdio.h"          //使用 printf 函数
#include "stdlib.h"         //标准库
#include "string.h"         //字符串操作
#include "math.h"           //函数运算

#include "led.h"            //片外外设源文件
#include "key.h"
#include "adc.h"
#include "LCD1602.h"
#include "DS1302.h"
#include "DHT11.h"
```

（2）主函数中的部分初始化代码

```
char dis_buffer0[16] ="    2023-05-22    ";              //开机界面显示缓存数组
char dis_buffer1[16] ="Environment v1.0";
void dis_all(void);                                      //显示全屏函数
int main(void)
{ RCC_SYSCLKConfig(RCC_SYSCLKSource_HSI);               //Proteus 串口使用 HSI
  NVIC_PriorityGroupConfig(NVIC_PriorityGroup_2);       //设置 NVIC 中断响应优先级
  uart_init(9600);                                       //串口初始化为 9600b/s
  KEY_Init();
  LCD1602_Init();
  dis_all();                                             //LCD1602 显示开机界面
  printf("Environment v1.0");                            //Virtual Terminal 窗口显示内容

  while(1);     }
```

（3）定义全屏显示函数

```
void dis_all(void)
{    u8 i;
     u8 temp1;
     for(i=0;i<16;i++)
     { temp1 = dis_buffer0[i];      LCD_ShowChar(i,0,temp1); }     //LCD1602 显示第 1 行
     for(i=0;i<16;i++)
     { temp1 = dis_buffer1[i];      LCD_ShowChar(i,1,temp1);}      //LCD1602 显示第 2 行
}
```

5．工程模板的仿真运行

（1）编译 Environment 工程文件，无语法错误。

（2）启动 Proteus 仿真过程，运行结果如图 5.52 所示。

图 5.52　Environment 工程模板运行结果

5.15.3　添加光照传感器 APDS-9002

1．APDS-9002 电压输出型光照传感器芯片

（1）APDS-9002 电路连接图如图 5.53 所示。其中，PD1 为 APDS-9002 光照传感器，R10 为采样电阻，使用电压表监测传感器输出的采样电压。

（2）调节光照传感器 PD1，可见对应的输出电压会有变化，此时需要记录光照强度和输出电压之间对应的数据，以便通过测量的采样电压得到光照强度。

（3）电路测量输出端的网络标号命名为 AD1，输出为模拟量，接到 STM32 的 PA1 引脚来采集光照传感器的输出信号。

（4）修改 Proteus 中全局变量 VCC 的值为 3.3V。

2．Environmental 工程中添加 ADC

（1）确认在 5.15.2 节中已创建工程模板：复制 ADC 文件夹，工程中添加 DS1302.c 文件和 DS1302.h 文件。

（2）主函数中添加代码

复制 ADC 工程中的部分初始化代码：

```
    u16 ADC_num;                                    //ADC 测试代码用过程变量
    float temp;
    Adc_Init();                                     //ADC 初始化
```

while 循环中复制 ADC 工程中的测试代码：

```
    while(1)
    { ADC_num=Get_Adc_Average(ADC_Channel_1,2);     //ADC1 通道 1 采样 2 次求平均后输出
      printf("ADC1_DATA = %d;",ADC_num);            //输出采样值
      temp=(float)ADC_num*(3.3/4096);
      printf("Voltage_data = %.2f\r\n",temp);        //输出采样电压值
      Delay_dht11_1us(500000);                       //自定义延时函数，编译仿真测试
    }
```

3．绘制电路

在 Proteus 的 Environment 工程文件中，绘制 APDS-9002 的连接电路，其中标号为 AD1 的线段连接到 PA1 引脚。

4．Proteus 中 APDS-9002 仿真

仿真测试结果如图 5.54 所示。图中的 Virtual Terminal 窗口可正常输出采集到的光照传感器输出的电压值，与电压表监测结果一致。

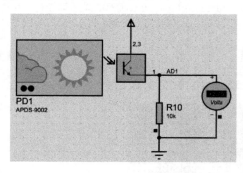

图 5.53　APDS-9002 电路连接图

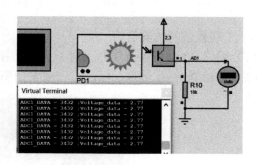

图 5.54　光照传感器 APDS-9002 的仿真测试结果

5.15.4　添加日历时钟 DS1302

1．添加 DS1302 文件

（1）确认在 5.15.2 节已创建工程模板：复制 DS1302 文件夹，工程中添加 DS1302.c 文件和 DS1302.h 文件。

（2）主函数中添加代码

复制 DS1302 工程中的部分初始化代码：

```
#include "DS1302.h"                     //添加 DS1302 头文件
SYSTEMTIME CurrentTime;                 //定义 SYSTEMTIME 型变量 CurrentTime
DS1302_Init();                          //初始化部分需要添加的代码
```

while 循环中复制 DS1302 工程中的测试代码：

```
while(1)
{ //DS1302
    DS1302_GetTime(&CurrentTime);                          //读取时间
    printf("%d-%d-%d       ",CurrentTime.Year,CurrentTime.Month,CurrentTime.Day);
    printf("%d:%d:%d\r\n",CurrentTime.Hour,CurrentTime.Minute,CurrentTime.Second);
    //APDS-9002
    ADC_num=Get_Adc_Average(ADC_Channel_1,2);              //ADC1 通道 1 采样 2 次求平均后输出
    printf("ADC1_DATA = %d;",ADC_num);                     //输出采样值
    temp=(float)ADC_num*(3.3/4096);
    printf("Voltage_data = %.2f\r\n",temp);                //输出采样电压值
    printf("\r\n\r\n\r\n");                                //输出空行
    Delay_dht11_1us(500000);                               //自定义延时函数
}
```

2．绘制原理图

在 Proteus 的 Environment 工程文件中，绘制 DS1302 的连接电路。

3．编译后仿真测试

Virtual Terminal 窗口输出结果如图 5.55 所示。

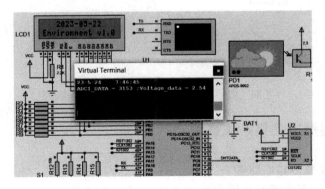

图 5.55　DS1302+光照传感器 APDS-9002 的测试结果

5.15.5　添加温湿度传感器 DHT11

1．添加 DHT11 文件

（1）确认在 5.15.2 节已创建工程模板：复制 DHT11 文件夹，工程中添加 DHT11.c 文件和 DHT11.h 文件。

（2）主函数中添加代码

复制 DHT11 工程中的部分初始化代码：

```
#include "dht11.h"
u8 temperature;                           //用于存储温湿度
u8 humidity;
dht11_Init();                             //添加头文件
```

while 循环中复制 DHT11 工程中的测试代码：

```
while(1)
{ //DS1302
    DS1302_GetTime(&CurrentTime);
    printf("%d-%d-%d      ",CurrentTime.Year,CurrentTime.Month,CurrentTime.Day);
    printf("%d:%d:%d\r\n",CurrentTime.Hour,CurrentTime.Minute,CurrentTime.Second);
    //DHT11
    dht11_Get_Temp(&temperature,&humidity);              //获取温湿度
    printf("temperature =%d,humidity =%d\r\n",temperature,humidity);
    //APDS-9002
    ADC_num=Get_Adc_Average(ADC_Channel_1,2);            //ADC1 通道 1 采样 2 次求平均后输出
    printf("ADC1_DATA = %d;",ADC_num);                   //输出采样值
    temp=(float)ADC_num*(3.3/4096);
    printf("Voltage_data = %.2f\r\n",temp);              //输出采样电压值
    printf("\r\n\r\n\r\n");                              //输出
    Delay_dht11_1us(500000);                             //自定义延时函数
}
```

2. 绘制原理图

在 Proteus 的 Environment 工程文件中，绘制 DHT11 的连接电路。

3. 编译后仿真测试

仿真测试 Virtual Terminal 窗口输出结果如图 5.56 所示。

图 5.56　温湿度传感器 DHT11 的仿真测试结果

5.15.6　环境温湿度采集系统集成

1. 环境温湿度采集系统电路图

完整的环境温湿度采集系统电路图如图 5.57 所示，图中各个单元电路与 STM32 的连接均保持前面分节介绍电路时的原始连接方案。编写应用层代码时，要便于底层函数的直接调用。

2. LCD1602 界面设计

（1）开机界面；

（2）显示日历时间、采集到的温湿度和光照值；

（3）图 5.57 中的按钮状态未做检测和显示处理；

（4）调用延时函数 Delay_dht11_1us，生成页面刷新的时间间隔。

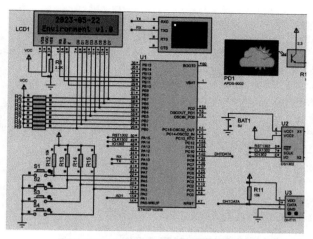

图 5.57　环境温湿度采集系统电路图

3. 主函数代码

main.c 文件中编写了主函数代码。

```
...
char dis_buffer0[16] ="    2023-05-22    ";        //开机界面
char dis_buffer1[16] ="Environment v1.0";
void dis_all(void);                                //显示全屏

int main(void)
{  u16 ADC_num;                                     //用于 ADC
   float temp;
   SYSTEMTIME CurrentTime;                          //读取时间
   u8 temperature;                                  //用于存储温湿度
   u8 humidity;
   RCC_SYSCLKConfig(RCC_SYSCLKSource_HSI);          //Proteus 串口用 HSI
   NVIC_PriorityGroupConfig(NVIC_PriorityGroup_2);  //设置 NVIC 中断响应优先级
   uart_init(9600);                                 //串口初始化为 9600b/s
   KEY_Init();
   LCD1602_Init();
   Adc_Init();                                      //ADC 初始化
   DS1302_Init();                                   //DS1302 初始化
   dht11_Init();                                    //DHT11 初始化
   dis_all();                                       //显示开机界面
   printf("Environment v1.0");                      //串口终端
   while(1)
   {  DS1302_GetTime(&CurrentTime);                 //获取时间
      printf("%d-%d-%d    ",CurrentTime.Year,CurrentTime.Month,CurrentTime.Day);
      printf("%d:%d:%d\r\n",CurrentTime.Hour,CurrentTime.Minute,CurrentTime.Second);
      dht11_Get_Temp(&temperature,&humidity);       //获取温湿度值
      printf("temperature =%d,humidity =%d\r\n",temperature,humidity);

      ADC_num=Get_Adc_Average(ADC_Channel_1,2);     //获取光照值
      printf("ADC1_DATA = %d;",ADC_num);
      temp=(float)ADC_num*(3.3/4096);
      printf("Voltage_data = %.2f\r\n",temp);
      sprintf(dis_buffer1,"%d-%d-%d",
              CurrentTime.Year,CurrentTime.Month,CurrentTime.Day);
```

```
        LCD1602_ShowStr(0,0,dis_buffer1,8);                //显示时间
        sprintf(dis_buffer1,"%d:%d:%d ",
                           CurrentTime.Hour,CurrentTime.Minute,CurrentTime.Second);
        LCD1602_ShowStr(8,0,dis_buffer1,8);
        sprintf(dis_buffer1,"T:%d H:%d L:%d",temperature,humidity,ADC_num);
        LCD1602_ShowStr(0,1,dis_buffer1,16);               //显示采集数据

        printf("\r\n\r\n\r\n");                             //用于 Virtual Terminal 窗口
        Delay_dht11_1us(500000);                           //刷屏延时
    }
}
```

4．仿真运行

环境温湿度采集系统的仿真运行界面如图 5.58 所示。

图 5.58　环境温湿度采集系统的仿真运行界面

5.16　习　　题

5.1　在 LED 工程文件中，将 D1 的控制引脚由 PB12 改为 PA12，由 PA12 输出逻辑 0 或 1，控制电路中 D1 的亮或灭。重新绘制电路原理图、编写代码、在 Proteus 环境中加载程序、仿真运行、查看测试结果。

5.2　在 KYE 工程文件中，使用引脚 PB13 再扩展一路 LED（D2），实现按键 KEY1 按下时 D1 亮且 D2 灭，按键 KEY1 松开时 D1 灭且 D2 亮。

5.3　在 EXTI(KEY)工程文件中，任务内容不变，将 S2 的检测引脚由 PB14 改为 PB9，改写工程中相关的位置代码，实现任务需求。

5.4　设计并绘制电路，编程实现串口通信功能。

5.5　设计并绘制电路，编程实现 A/D 数据采集功能。

5.6　设计并绘制电路，编程实现 I²C 数据传输功能。

5.7　设计并绘制电路，编程实现数码管显示功能。

5.8　设计并绘制电路，编程实现电子表功能。

5.9　设计并绘制电路，编程实现温湿度采集和显示功能。

第 6 章　基于 littleVGL 的 UI 设计

6.1　简　　介

littleVGL 是一个免费的开源图形库，它提供了创建嵌入式 GUI 所需的一切控件，具有易于使用的图形元素和漂亮的视觉效果。littleVGL 具有界面美观、消耗资源少、可移植度高、内存占用少和响应式布局等特点，全库采用 C 语言开发，旨在为嵌入式设备提供一个精美的界面设计环境。

1．littleVGL 的主要特性

（1）具有非常丰富的内置控件，如 buttons、charts、lists、sliders、images 等。

（2）支持 UTF-8 编码和自定制的图形元素。

（3）具有高级图形效果，如动画、反锯齿、透明度、平滑滚动等。

（4）支持多种显示设备，如同步显示在多个彩色屏或单色屏上。

（5）支持多种输入设备，如 touchpad、mouse、keyboard、encoder 等。

（6）运行时最少需要 64KB Flash 存储器和 16KB RAM。

（7）使用 C 语言编写以获得最大的兼容性（兼容 C++）。

（8）支持 PC 模拟器。

（9）基于自由和开源的 MIT 协议，提供了在线和离线文档。

2．硬件需求

（1）16 位、32 位或 64 位的单片机或微处理器，主频大于 16MHz。

（2）Flash 存储器/ROM：如果只用 littleVGL 核心组件，Flash 存储器/ROM 容量至少需要 64KB；如果完整使用 littleVGL，最好保证 180KB 以上的容量。

（3）SRAM：8~16KB。

（4）C99 或更新的编译器。

（5）目标板：正点原子精英板（STM32F103ZET6+LCD 屏）。

3．软件环境

（1）Windows10：64 位操作系统，8GB 内存。

（2）软件：Code::Blocks17.12、SDL2、littleVGL 模拟器。

4．littleVGL 工程的开发流程

（1）本章例程运行于正点原子精英板，可以参照正点原子公司编写的《手把手教你学 littleVGL》中"PC 模拟器的使用"一节，构建 Code::Blocks 环境。

（2）在 Code::Blocks 环境中编写 littleVGL 工程文件。

（3）在 Code::Blocks 环境的模拟器上仿真运行 littleVGL 工程文件，完成 UI 设计，并调试与硬件无关的逻辑关系代码。

（4）将 littleVGL 工程文件添加到 Keil 5 工程文件中，在 Keil 5 中编写与硬件有关的代码，实现任务要求。

6.2 littleVGL 开发环境

Code::Blocks：C:\Program Files (x86)\CodeBlocks\codeblocks.exe（littleVGL 模拟器）。

工程文件：C:\lv_pc_simulator\codeblocks\littleVGL\20230127littleVGL.cbp。

源文件路径：..\30 littleVGL\lvgl\20230128routine1\（UI 设计源文件，包含.c 和.h 文件）。

功能：显示"Hello world!"。

目的：熟悉使用 Code::Blocks 环境。

6.2.1 常规配置项

运行 Code::Blocks，打开 littleVGL 例程后的主界面如图 6.1 所示。在编写源文件前，需要在 Code::Blocks 中配置工程文件运行环境参数。

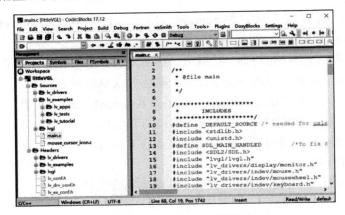

图 6.1 Code::Blocks 主界面

在 Code::Blocks 环境下选择菜单命令"Search"→"Find"，在提示框中输入需要搜索的关键字，可以快速定位搜索的内容。

1. 常规配置选项 lv_conf.h 文件

（1）模拟器像素点

这里仅需定义模拟器的长、宽像素点数即可。像素点数应与目标板 LCD 屏幕尺寸的规格一致。

```
#define LV_HOR_RES_MAX        (480)      //竖屏（本例配置）
#define LV_VER_RES_MAX        (800)
//#define LV_HOR_RES_MAX       (800)      //横屏
//#define LV_VER_RES_MAX       (480)
```

（2）颜色深度

```
/*Color depth: 1(1 byte per pixel), 8(RGB332), 16(RGB565), 32(ARGB8888)*/
//#define LV_COLOR_DEPTH       32
#define LV_COLOR_DEPTH        16         // （本例配置）
```

（3）日志打印设置

配置 LV_USE_LOG、LV_LOG_LEVEL、LV_LOG_PRINTF，其中 LV_USE_LOG 是总开关，代表是否使能 LOG 模块，通过 printf 函数来实现打印日志信息，把 LV_USE_LOG 设置为 0，即不使能。

```
//#define LV_USE_LOG           1
#define LV_USE_LOG            0          // （本例配置）
```

在代码调试阶段，可以在需要的位置编写代码，使用 printf 函数来打印断点信息。若在 lvgl_routine1.c 中添加用于输出日志信息的代码，可通过输出的日志信息监测程序走向。

```
void demo1_start()
{   lv_obj_t * scr = lv_disp_get_scr_act(NULL);
    lv_obj_t * label1 =  lv_label_create(scr, NULL);
    lv_label_set_text(label1, "Hello world!");
    lv_obj_align(label1, NULL, LV_ALIGN_IN_TOP_LEFT, 10, 20);
    printf("hello LVGL");                              //在 Virtual Terminal 窗口打印日志
}
```

用户通过 printf 函数打印日志信息或断点信息，仅用于模拟器环境下的仿真调试阶段，在目标板上运行代码时，需要将用于打印日志信息的 printf 语句注释掉。

（4）显示内存

需要的显示内存取决于所用的组件功能和 objects 控件对象类型。Code::Blocks 环境中默认用作 littleVGL（简称 lvgl）的动态内存为 128KB。

栈：至少为 2KB，一般推荐值为 4 KB。

动态数据（堆）：至少 4KB，如果用到了多个或多种控件，最好设置为 16KB 以上。

```
/*Size of the memory available for `lv_mem_alloc()` in bytes (>= 2kB)*/
LV_MEM_SIZE    (128U * 1024U)         //默认 128KB
```

（5）默认显示刷新周期

littleVGL 将在这段时间内重新绘制改变的区域。

```
#define LV_DISP_DEF_REFR_PERIOD        30      /*[ms]*/
```

2．关闭系统资源占用信息输出

方法 1：注释掉 main.c 文件第 180 行开始定义的函数内容

```
180     static void memory_monitor(lv_task_t * param)
        { /*    (void) param;                  //Unused
          lv_mem_monitor_t mon;   lv_mem_monitor(&mon);
          printf("used: %6d (%3d %%), frag: %3d %%, biggest free: %6d\n",
                    (int)mon.total_size - mon.free_size,
                    mon.used_pct, mon.frag_pct, (int)mon.free_biggest_size);*/
        }
```

方法 2：注释掉 main.c 文件第 156 行创建的任务

```
156     lv_task_create(memory_monitor, 3000, LV_TASK_PRIO_MID, NULL);
```

由于仿真运行时，在终端串口输出多种信息将导致重点不突出，建议注释掉，需要时可以使用该函数监测系统资源。在目标板上运行代码时，也建议注释掉。

3．编译环境编码

Code::Blocks 环境的编码需要与 Keil 5 环境的编码相统一。Code::Blocks 环境下选择菜单命令"Setting"→"Editor"→"Encodeing Setting"，编码方式选择 UTF-8。

6.2.2 在工程中添加文件

1．复制文件

将 20230128routine1 文件夹及所含文件复制到指定路径。

源文件路径：..\30 littleVGL\lvgl\20230128routine1。

目的路径：C:\lv_pc_simulator\lv_examples\lv_APPs\20230128routine1。

2．添加文件 lvgl_routine1.c

在图 6.1 的 Management 窗口的 Projects 选项卡中依次打开"Sources"→"lv_examples"→

"lv_apps",将光标移动到 lv_apps 并右击,弹出窗口如图 6.2 所示,选择 Add files 项,选择路径(C:\lv_pc_simulator\lv_examples\lv_APPS\20230128routine1)和 lvgl_routine1.c 文件,完成添加过程。

3．添加文件 lvgl_routine1.h

在图 6.1 的 Management 窗口的 Projects 选项卡中依次打开"Headers"→"lv_examples"→"lv_apps",将光标移动到 lv_apps 并右击,弹出窗口如图 6.3 所示,选择 Add files 项,选择路径和 lvgl_routine1.h 文件,完成添加过程。

工程文件目录结构如图 6.4 所示。

图 6.2　添加.c 文件

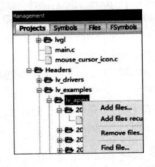

图 6.3　添加.h 文件

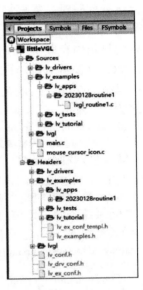

图 6.4 工程文件目录结构

6.2.3　编辑文件

1．编辑 lvgl_routine1.c 文件

在图 6.4 所示的工程文件目录结构中,单击 lvgl_routine1.c,在编辑窗口中打开文件。

```
#include "lvgl_routine1.h"              //
#include "lv_conf.h"
void demo1_start()                      //demo1_start 函数入口
{   lv_obj_t * scr = lv_disp_get_scr_act(NULL);      //获得当前屏幕对象 scr
    lv_obj_t * label1 =   lv_label_create(scr, NULL);  //基于 scr,创建标签 label1
    lv_label_set_text(label1, "Hello world!");   //初始化标签文本信息(主屏显示信息)
    lv_obj_align(label1, NULL, LV_ALIGN_IN_TOP_LEFT, 10, 20);   //屏幕左上,右 10 下 20
    printf("hello LVGL ")                //Virtual Terminal 窗口:监测信息
}
```

2．编辑 lvgl_routine1.h 文件

```
#ifndef _ _TEST_H_ _
#define _ _TEST_H_ _
#ifdef _ _cplusplus
extern "C" {
#endif
/*********************
```

```
* INCLUDES
*********************/
#ifdef LV_CONF_INCLUDE_SIMPLE
#include "lvgl.h"
#include "lv_ex_conf.h"
#else
#include "../../../lvgl/lvgl.h"
#include "../../../lv_ex_conf.h"
#endif
void test_start(void);                          //声明 test_start 函数
#ifdef __cplusplus
} /* extern "C" */
#endif
#endif
```

3. 编辑 main.c 文件

（1）添加头文件：

```
#include "lv_examples/lv_APPs/20230128routine1/lvgl_routine1.h"    //添加头文件路径
```

（2）主函数中添加入口文件：

```
int main(int argc, char ** argv)
{   (void) argc;                                /*Unused*/
    (void) argv;                                /*Unused*/
    lv_init();
    hal_init();
    demo1_start();                              //调用 demo1_start 函数
    while(1)
    {   lv_task_handler();                      //任务调度
        usleep(5 * 1000);        }
    return 0;}
```

6.2.4　编译运行

1. 编译工程文件

选择菜单命令"Build"→"Build"，开始编译工程文件。可以选择菜单命令"View"→"Logs"，打开日志窗口，便于观察编译过程中的信息，并快速定位到存在语法问题的语句。

2. 运行工程文件

编译无语法错误后，选择菜单命令"Build"→"Run"，开始运行工程文件。运行结果如图 6.5 所示。

（1）终端窗口：显示 printf 语句输出的过程监测信息"hello LVGL"。

（2）模拟器窗口（TFT Simulator）：显示所设计的 UI 界面。以屏幕左上角为参考点，右移 10 个像素点，下移 20 个像素点，显示文本框信息"Hello world!"，如图 6.5 所示。

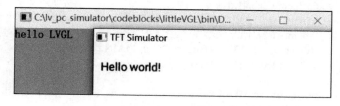

图 6.5　routine1 运行结果

6.3 littleVGL 的"Hello world！"

源文件路径：..\30 littleVGL\lvgl\20230128routine2\。

功能：显示"Hello world!"。

目的：

（1）熟悉使用 littleVGL 的控件（按钮、标签）。

（2）熟悉回调函数的编程方法。

6.3.1 在工程中添加文件

1．复制文件

将 20230128routine2 文件夹及所含文件复制到指定路径。

源文件路径：..\30 littleVGL\lvgl\20230128routine2。

目的路径：C:\lv_pc_simulator\lv_examples\lv_APPs\20230128routine2。

2．添加文件

将文件 lvgl_routine2.c 和 lvgl_routine2.h 添加到 lv_apps 工作组。

6.3.2 编辑文件

lvgl_routine2.h 文件与 lvgl_routine1.h 的相同，不再单独展开介绍。所有的函数声明和定义均在 lvgl_routine2.c 文件中实现。

1．声明阶段

```
void event_handler60(lv_obj_t * obj, lv_event_t event);      //事件处理回调函数
lv_obj_t * demo_label1;                                       //标签 1
lv_obj_t * demo_btn1;                                         //按钮 1
lv_obj_t * demo_btn2;                                         //按钮 2
```

2．demo2_start 函数（主函数中调用的函数）

（1）定义按钮，文本框绑定按钮，使用文本框为按钮命名；

（2）可以搜索 LV_ALIGN_IN_TOP_MID，有多种对齐方式；

（3）使用了图标字体和字体颜色；

（4）定义了回调函数，用于过滤触发源和处理按键触发事件。

```
void demo2_start()                                           //demo2_start 函数入口
{ lv_obj_t * scr = lv_disp_get_scr_act(NULL);               //获取当前的屏幕对象
  demo_label1 = lv_label_create(scr, NULL);                 //创建 demo_label1 控件（标签）
  lv_obj_align(demo_label1,NULL,LV_ALIGN_IN_TOP_MID,-60,20);//demo_label1 居中对齐
  lv_label_set_long_mode(demo_label1,LV_LABEL_LONG_BREAK);//设置长文本模式
  lv_obj_set_width(demo_label1,160);                        //设置宽度
  lv_label_set_recolor(demo_label1,true);                   //使能文本重绘色功能
  lv_label_set_text(demo_label1,"#f0f000 color:# who");     //设置文本，带有颜色重绘
  lv_label_set_align(demo_label1,LV_LABEL_ALIGN_CENTER);    //文本居中对齐
  lv_label_set_style(demo_label1,LV_LABEL_STYLE_MAIN,&lv_style_plain_color);//背景
  lv_label_set_body_draw(demo_label1,true);

  demo_btn1 = lv_btn_create(scr,NULL);                      //创建 demo_btn1（按钮 1）
  lv_obj_set_size(demo_btn1,120,40);
```

```
        lv_obj_align(demo_btn1,demo_label1,LV_ALIGN_IN_BOTTOM_MID,-80,80);//定位
        lv_obj_set_event_cb(demo_btn1,demo2_event_handler);//demo_btn1 动作调用回调函数

        demo_btn2 = lv_btn_create(scr,NULL);                              //创建 demo_btn2（按钮 2）
        lv_obj_set_size(demo_btn2,120,40);
        lv_obj_align(demo_btn2,demo_btn1,LV_ALIGN_CENTER,160,0); //参照创建 demo_btn1 定位
        lv_obj_set_event_cb(demo_btn2,demo2_event_handler);//demo_btn2 动作调用回调函数

        lv_obj_t *ui_btn_get_label=lv_label_create(demo_btn1,NULL);//按钮 1 绑定标签显示
        lv_obj_set_size(ui_btn_get_label,120,40);
        lv_obj_align(ui_btn_get_label,demo_btn1,LV_ALIGN_CENTER,0,0);
        lv_label_set_text(ui_btn_get_label,LV_SYMBOL_VIDEO"write_green");//图标+文字

        lv_obj_t * ui_btn_get_labe2 = lv_label_create(demo_btn2,NULL);//按钮 2 绑定标签 2
        lv_obj_set_size(ui_btn_get_labe2,120,40);
        lv_obj_align(ui_btn_get_labe2,demo_btn2,LV_ALIGN_CENTER,0,0);
        lv_label_set_text(ui_btn_get_labe2,LV_SYMBOL_HOME"write_red");}
```

3. 定义事件处理回调函数

（1）过滤触发源和触发事件；

（2）按键事件触发，在回调函数中修改 demo_label1 的内容。

```
void demo2_event_handler(lv_obj_t * obj, lv_event_t event)      //回调函数
{ if(obj == demo_btn1)                                          //过滤 demo_btn1
    { if(event == LV_EVENT_PRESSED)                             //进一步过滤触发事件
        { printf("demo_btn1\n");                                //打印调试信息
            lv_label_set_text(demo_label1,"#00ff00 color:# hit1"); }  //设置文本颜色
        }
    if(obj == demo_btn2)                                        //过滤 demo_btn2
        { if(event == LV_EVENT_PRESSED)                         //可以搜索触发事件种类
            { printf("demo_btn2\n");
                lv_label_set_text(demo_label1,"#ff0000 color:# hit2");}  //设置文本颜色
    }}
```

4. 编辑 main.c 文件

（1）添加头文件：

```
#include "lv_examples/lv_APPs/20230128routine1/lvgl_routine2.h"
```

（2）主函数中添加入口函数：

```
int main(int argc, char ** argv)
{    (void) argc;        /*Unused*/
     (void) argv;        /*Unused*/
     lv_init();
     hal_init();
  //demo1_start();                        //注释掉
     demo2_start();                       //运行 lvgl_routine2 中定义的 demo2_start 函数
     while(1)
  {   lv_task_handler();
      usleep(5 * 1000); }
     return 0;
}
```

6.3.3 编译运行

编译后运行工程文件，运行结果如图 6.6 所示。

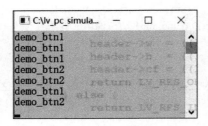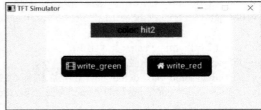

图 6.6   routine2 运行结果

（1）模拟器窗口（TFT Simulator）：显示所设计的 UI 界面。单击两个按钮，可以看到文本框中的颜色和内容有变化。

（2）终端窗口：显示 printf 语句输出的过程监测信息，检测到回调函数中按钮事件发生后处理的过程。

6.4   常 用 控 件

源文件路径：..\30 littleVGL\lvgl\20230128routine3\。

功能：在前端界面中添加控件。

目的：

（1）熟悉使用 littleVGL 的常用控件；

（2）熟悉页面布局。

6.4.1   编辑文件（页面设计）

复制源文件到目的路径：C:\lv_pc_simulator\lv_examples\lv_APPs\20230128routine3。

添加文件 lvgl_routine3.c 和 lvgl_routine3.h 到 lv_apps 工作组。

1. lvgl_routine3.c 声明阶段

```
#include "lvgl_routine3.h"
#include "lv_conf.h"

void demo3_tab1(lv_obj_t * parent);                    //声明函数，定义标签 1 界面
void demo3_tab12(lv_obj_t * parent);                   //声明函数，定义标签 2 界面
void demo3_event_handler(lv_obj_t * obj, lv_event_t event);//回调函数
//定义按钮矩阵图标
const char * const btnm_str1[] = {"1", "2", "3", LV_SYMBOL_OK, LV_SYMBOL_CLOSE, ""};
```

2. demo3_start 函数（主函数中调用的函数）

（1）创建 tabview1，添加 3 个标签。

（2）加载标签 1、2 界面。

```
void demo3_start()                                      //demo3_start 函数入口
{    lv_obj_t *scr = lv_disp_get_scr_act(NULL);         //获取当前的屏幕对象
    lv_obj_t *tabview1 = lv_tabview_create(scr,NULL);  //创建 tabview1
    lv_obj_t *tab1_page=lv_tabview_add_tab(tabview1,LV_SYMBOL_WIFI"Tab1"); //标签 1
    lv_obj_t *tab2_page=lv_tabview_add_tab(tabview1,LV_SYMBOL_AUDIO"Tab2");//标签 2
    lv_obj_t *tab3_page=lv_tabview_add_tab(tabview1,LV_SYMBOL_BELL"Tab3"); //标签 3
    demo3_tab1(tab1_page);               //加载标签 1 界面
    demo3_tab2(tab2_page);               //加载标签 2 界面，没有声明和定义标签 3 界面
}
```

3. 定义标签 1 界面

```
void demo3_tab1(lv_obj_t * parent)
{ lv_obj_t * demo3_label = lv_label_create(parent,NULL); //创建一个 demo3_label
  lv_label_set_text(demo3_label,"This is the tab1
  page\n1:lv_label\n2:lv_btn\n3:lv_slider\n 4:lv_led\n5:lv_bar\n6:lv_cb");//文本
  lv_obj_align(demo3_label,NULL,LV_ALIGN_IN_TOP_LEFT,20,20); //位置对齐当前屏幕

  lv_obj_t * demo3_btnl = lv_btn_create(parent,NULL); //创建一个 demo3_btn1
  lv_obj_align(demo3_btnl,demo3_label,LV_ALIGN_OUT_RIGHT_MID,10,0);//位置对齐

  lv_obj_t * ui_slider = lv_slider_create(parent,NULL);        //创建一个滑块 ui_slider
  lv_slider_set_range(ui_slider,0,100);                        //设置进度范围
  lv_slider_set_value(ui_slider,30,LV_ANIM_OFF);               //设置当前的进度值，使能动画效果
  lv_obj_align(ui_slider,demo3_btnl,LV_ALIGN_CENTER,50,60); //位置对齐 demo3_btnl

  lv_obj_t * led1 = lv_led_create(parent, NULL);               //创建一个 led1
  //lv_obj_set_pos(led1,50,50);                                //设置绝对位置坐标
  lv_obj_set_size(led1,30,30);                                 //尺寸
  lv_led_off(led1);                                            //led1 初值
  lv_obj_align(led1,ui_slider,LV_ALIGN_CENTER,-80,50);         //位置对齐 ui_slider
  lv_obj_t * bar1 = lv_bar_create(parent, NULL);               //创建进度条
  lv_obj_set_size(bar1,180,16);                                //设置大小，宽度比高度大就是水平的
  lv_bar_set_value(bar1,40,LV_ANIM_OFF);                       //设置新的进度值，无动画效果
  lv_obj_align(bar1,led1,LV_ALIGN_CENTER,70,50);               //位置对齐当前屏幕

  lv_obj_t * cb1 = lv_cb_create(parent, NULL);                 //创建一个复选框
  lv_cb_set_text(cb1,"checkbox");                              //设置文本
  lv_cb_set_checked(cb1,false);                                //设置复选框没有被选中
  lv_obj_align(cb1,bar1,LV_ALIGN_CENTER,-40,50);               //位置对齐当前屏幕
}
```

4. 定义标签 2 界面

```
void demo3_tab2(lv_obj_t * parent)
{ lv_obj_t * demo3_label2 = lv_label_create(parent,NULL);//创建一个 demo3_label2
  lv_label_set_text(demo3_label2,"This is the tab2
              page\n1:lv_label\n2:lv_btnm\n3:lv_sw\n4:lv_ddlist");
  lv_obj_align(demo3_label2,NULL,LV_ALIGN_IN_TOP_LEFT,20,20);//位置对齐当前屏幕

  lv_obj_t * btnm = lv_btnm_create(parent,NULL);                    //创建一个矩阵按钮 btnm
  lv_obj_set_size(btnm,LV_HOR_RES_MAX/3, 2*LV_DPI/3);               //尺寸
  lv_btnm_set_map(btnm,(const char **)btnm_str1);                  //加载按钮图标
  lv_btnm_set_btn_ctrl_all(btnm,LV_BTNM_CTRL_TGL_ENABLE);//按钮设置共同的控制属性
  lv_btnm_set_one_toggle(btnm,true);                               //只允许一个按钮处于切换状态
  lv_obj_align(btnm,demo3_label2,LV_ALIGN_OUT_RIGHT_MID,10,-20); //对齐当前屏幕

  lv_obj_t * demo3_sw =lv_sw_create(parent,NULL);                  //创建一个开关 demo3_sw
  lv_obj_align(demo3_sw,btnm,LV_ALIGN_CENTER,0,80);                //位置对齐 btnm

  lv_obj_t * ddlist = lv_ddlist_create(parent,NULL);               //创建一个下拉列表框 ddlist
  //为右侧的箭头腾出空间
  lv_ddlist_set_fix_width(ddlist,lv_obj_get_width(ddlist)+LV_DPI/2);
  lv_ddlist_set_draw_arrow(ddlist,true);
  lv_obj_align(ddlist,demo3_sw,LV_ALIGN_CENTER,0,40); }            //位置对齐 demo3_sw
```

5. 编辑 main.c 文件

（1）添加头文件：

```
#include "lv_examples/lv_APPs/20230128routine1/lvgl_routine3.h"
```

（2）主函数中添加入口函数：

```
int main(int argc, char ** argv)
{   …
//  demo2_start();                          //
    demo3_start();                          //运行 lvgl_routine3 中定义的 demo3_start 函数

    while(1)
    {   lv_task_handler();
        usleep(5 * 1000);        }
    return 0; }
```

6.4.2　编译运行

编译后运行工程文件，运行结果如图 6.7 所示。

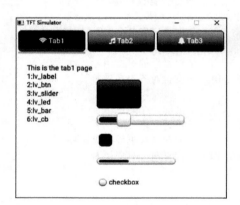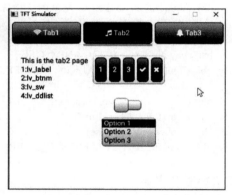

图 6.7　routine3 运行结果

6.5　字体和图片

源文件路径：..\30 littleVGL\lvgl\20230128routine4\。

当前工作目录：C:\lv_pc_simulator\lv_examples\lv_APPs\20230128routine4\。

功能：前端界面中显示汉字和图片。

目的：添加图标字体和图片。

6.5.1　UTF-8 编码

1. littleVGL 字符编码

littleVGL 支持 ASCII 编码和 UTF-8 编码。当 UI 中需要显示中文或图标字体时，需要选择 UTF-8 编码。

在 lv_conf.h 文件的第 301 行定义了默认使用 UTF-8 编码。

```
301    #define LV_TXT_ENC   LV_TXT_ENC_UTF8       //littleVGL 默认使用 UTF-8 编码
```

在 lv_txt.h 文件的第 32 行开始定义使用 UTF-8 编码和 ASCII 编码的常量名。

| 32 | #define LV_TXT_ENC_UTF8 | 1 | //UTF-8 编码 |
| | #define LV_TXT_ENC_ASCII | 2 | //ASCII 编码 |

2．获取一个字符的 UTF-8 编码

（1）可以搜索并使用网上的在线转换工具，获取一个字符的 UTF-8 编码。如"安"的 UTF-8 编码为 E5 AE 89，获取过程如图 6.8 所示。

（2）有很多优秀的离线字体转换工具也可获得字符的编码，如 ASCII 码转换器，如图 6.9 所示。

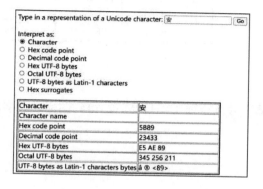

图 6.8　在线获取 UTF-8 编码

图 6.9　ASCII 码转换器

转换内容：机柜微环境监控系统

转换结果：E69CBA E69F9C E5BEAE E78EAF E5A283 E79B91 E68EA7 E7B3BB E7BB9F

6.5.2　图标字体

图标字体是 Web 前端中流行起来的一种技术，使用一种字体来显示图标，只能显示单色。littleVGL 自带了一些常用小图标，均定义在 lv_symbol_def.h 文件中。在互联网上的大型图标库中有数千种各种样式的图标可供选择，用户可以将所需图标字体添加到自建的 UTF-8 字库中，再通过编码检索字库即可。

1．littleVGL 自带图标

littleVGL 在 lv_symbol_def.h 文件的第 15~64 行中定义有图标字体。在 lvgl_routine2 中使用了图标字体，使用方法的代码在 lvgl_routine2.c 文件的第 39 行：

| 39 | lv_label_set_text(ui_btn_get_label,LV_SYMBOL_VIDEO"write_green"); //图标+文字 |

其中，LV_SYMBOL_VIDEO 为图标字体的宏定义，图标字体显示效果参见图 6.6。

2．创建图标

阿里巴巴矢量图标库是一个免费的图标字体平台，可登录官网后选择图标字体。如果是第一次使用，需要注册账号。

（1）挑选出需要的图标。可以在"素材库"→"图标库"中查找，或者直接在搜索栏中输入关键字，如温度计、湿度、时间等。

（2）选择合适图标并加入购物车。

（3）将购物车中的图标添加至项目，此时可以选择加入已有项目或创建新项目后再将图标添加至项目。

（4）选择菜单命令"资源管理"→"我的项目"，查看已添加的图标，如图 6.10 所示。

从图 6.10 中可以获得图标字体的 Unicode 编码，使用离线字体转换工具可以得到图标字体的 UTF-8 编码。图标字体的编码见表 6.1。

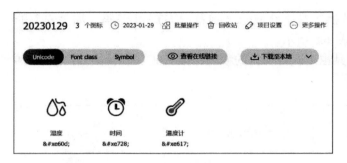

图 6.10　创建的图标

表 6.1　图标字体的编码

	Unicode 编码	UTF-8 编码	图标字体说明
1	0xe60d	EE 98 8D	湿度
2	0xe728	EE 9C A8	时间
3	0xe617	EE 98 97	温度计

（5）单击"下载至本地"按钮，将图标字体下载到当前工作目录下，得到图标字体字库文件 iconfont.ttf。

6.5.3　获得字体字库文件

得到一个字符的 UTF-8 编码后，还需要检索其字库文件，读出对应的字模，才可在 LCD 上显示出字符信息。由于 UTF-8 库的体量较大，littleVGL 环境带有西文和有限的图标字库，需要额外定制一个字库文件来存放特定的汉字和图标字体。

1．字库文件

（1）Windows 系统字库文件存放路径 C:\Windows\Fonts，将所需字体文件复制到当前工作目录下，更名为 heiti.ttf。

（2）含 3 个温度计、湿度、时间的图标字体字库文件：iconfont.ttf。

2．安装 lv_font_conv 工具

使用离线字体转换工具得到字库文件，离线字体转换工具是用 node.js 开发出来的，需要先安装 node.js 的运行环境。安装 node.js 的过程可以参考相关网络教程。

（1）在 Windows 环境下按组合键 Win+r，输入 cmd 命令，打开 cmd 窗口。

（2）在 cmd 窗口输入 path 命令，输出显示环境变量中已经包含 C:\Program Files\nodejs\。

（3）在 cmd 窗口输入 node --version 命令，输出显示本机安装的 node.js 版本号为 v16.18.0。

（4）输入 npm i lv_font_conv -g 命令后回车，安装 lv_font_conv 工具。

3．提取汉字字库操作命令

（1）在 cmd 窗口输入以下命令，调整 cmd 窗口的当前路径：

```
cd C:\lv_pc_simulator\lv_examples\lv_APPs\20230128routine4
```

输出显示当前的工作目录路径为：

```
C:\lv_pc_simulator\lv_examples\lv_APPs\20230128routine4>
```

（2）在 cmd 窗口输入：

```
lv_font_conv --no-compress --format lvgl --font heiti.ttf -o my_font.c --bpp 4 --size 30 --symbols
机柜微环境监控系统℃ -r 0x20-0x7F
```

在当前路径下生成 littleVGL 需要的字体字库文件 my_font.c。cmd 窗口的操作过程如图 6.11 所示。

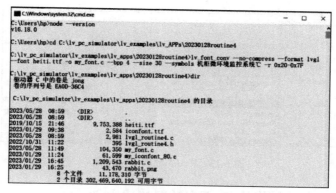

图 6.11　cmd 窗口中提取字体文件的操作过程

4．提取汉字字库操作命令字段说明

（1）源字库文件：Windows 自带简体黑体字库 heiti.ttf。

（2）提取内容：

汉字：机柜微环境监控系统℃

常用 ASCII 字符：0x20~0x7F（数字 0~9、字母 a~z、标点符号）

（3）提取参数：4bpp 抗锯齿，30×30 像素。

（4）提取后的字库文件：my_font.c。

5．提取图标字体字库操作命令

（1）打开 cmd 窗口，调整路径为当前工作目录路径。

（2）输入：

　　lv_font_conv --no-compress --format lvgl --font iconfont.ttf -o my_iconfont_80.c --bpp 4 --size 80 -r 0xe728,0xe617,0xe60d

在当前路径下生成 littleVGL 需要的字库文件 my_iconfont_80.c。

6．提取图标字体字库操作命令字段说明

（1）源字库文件：iconfont.ttf（来自阿里巴巴矢量图标库，3 个图标字体）。

（2）提取参数：4bpp 抗锯齿，80×80 像素。

（3）提取后的图标字库文件：my_iconfont_80.c。

7．设置编码格式

（1）Code::Blocks 环境的文件编码需要与 Keil 5 环境的文件编码相统一。Code::Blocks 环境下选择菜单命令"Setting"→"Editor"→"Encodeing settings"，编码方式选择 UTF-8，如图 6.12 所示。

（2）Keil 5 环境设置文件编码：在 Keil 5 中选择菜单命令"Edit"→"Configuration"→"Editor"，弹出如图 6.13 所示窗口，在图 6.13 的 Encoding 下拉列表中选择 Encode in UTF-8 without signature。

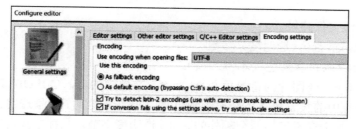

图 6.12　Code::Blocks 环境编码设置

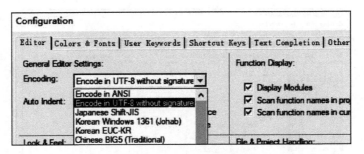

图 6.13　Keil 5 环境编码设置

6.5.4　图片格式文件转换为 C 语言数组格式文件

lv_img 是一个图片控件，它根据你传入的图片源来显示你想要的图片。littleVGL 支持如下 3 种图片源格式：C 语言数组格式文件，用 lv_img_dsc_t 结构体来进行描述；外部存储文件，比如 SD 卡或 U 盘上的图片文件；LV_SYMBOL_XXX 形式的图标字体或文本，此时 lv_img 图片控件就相当于一个 lv_label 标签控件。

1. 获取图片文件

注意当前 LCD 为 480×800 像素，本例中使用的图片文件是 rabbit.png（151×148 像素）。

2. 离线转换工具

lvgl_image_convert 是一款将 lvgl 图片转换成离线版封装的小工具，使用该工具，可将图片格式文件转换为 littleVGL 所需的 C 语言数组格式文件。离线转换工具的工作界面如图 6.14 所示，转换操作步骤如下。

图 6.14　获得图片数组

（1）添加图片源文件路径。

（2）设置 Transparency（透明度）参数。

● NONE-TrueColor：真彩色（本例选项）。

● Chrome keying：当图片的背景色与 lv_conf.h 文件中的 LV_COLOR_TRANSP 宏所定义的颜色相同时，图片中的背景色将不会被绘制出来，相当于实现了背景透明显示。

● Alpha byte：每个像素增加一个额外的 alpha 透明度字节，此种方式可以实现任意地方的透明显示，但缺点是会增加存储空间，而且渲染速度也会变慢。

（3）输入转换结果文件名：rabbit。

（4）选择"输出文件格式"：C 文件。

（5）选择文件的"保存路径"为当前工作目录。

（6）单击【转换】按钮，转换结束后，在指定目录生成 rabbit.c 文件。

6.5.5　编辑文件（显示汉字和定制图标）

复制源文件到目的路径：C:\lv_pc_simulator\lv_examples\lv_APPs\20230128routine4。当前工作目录下所含文件见表 6.2，将所有文件添加到 lv_apps 工作组。

表 6.2　当前工作目录下所含文件

序号	文件	文件说明	文件用途
1	heiti.ttf	Windows 系统自带黑体字库	提取并生成自定义汉字字库
2	iconfont.ttf	图标字体字库	生成自定义图标字体字库
3	lvgl_routine4.c	设计项目 4 的源文件	UI 界面设计
4	lvgl_routine4.h		
5	my_font.c	自定义汉字字库	UI 界面可以显示指定的汉字和西文字符
6	my_iconfont_80.c	自定义图标字体字库	UI 界面可以显示指定的图标
7	rabbit.c	littleVGL 支持的图片源格式文件	UI 界面可以显示指定的图片
8	rabbit.png	标准图片格式文件	用于提取 littleVGL 支持的图片源格式文件

当前工作目录下所含文件如图 6.15 所示。

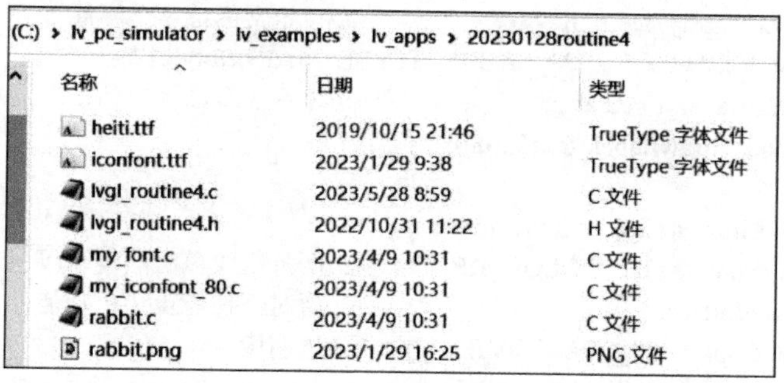

图 6.15　当前工作目录下所含文件

1. lvgl_routine4.c 声明阶段

```
//声明字体
LV_FONT_DECLARE(my_font);                    //自定义汉字库：机柜微环境监控系统℃
LV_FONT_DECLARE(my_iconfont_80);             //自定义图标字库：温度计、湿度、时间
//my_font
#define bei "\xe5\x8c\x97"                   //北       汉字 UTF-8 编码
#define jing "\xe4\xba\xac"                  //京
//my_font_80
#define Alarm "\xee\x9c\xa8"                 //时间     图标 UTF-8 编码
#define thermometer "\xee\x98\x97"           //温度计
#define humidity "\xee\x98\x8D"              //湿度
```

```
#define all "\xee\x98\x8D\xee\x98\x97\xee\x9c\xa8"
//图像
LV_IMG_DECLARE(rabbit);                          //C 语言数组格式文件名
lv_style_t img_style;
```

2．demo4_start 函数

这是主函数中调用的函数，显示汉字、自定义的汉字图标和图片。

```
void demo4_start()
{ lv_obj_t * scr = lv_disp_get_scr_act(NULL);              /*Get the current screen*/
  lv_obj_t * labe21 =  lv_label_create(scr, NULL);              //创建标签
  lv_label_set_text(labe21, "Hello world!123456");             //显示：Hello world!123456
  lv_obj_align(labe21, NULL, LV_ALIGN_IN_TOP_LEFT, 10, 2);   //位置对齐当前屏幕
  printf("hello LVGL");                                         //终端窗口输出日志
  static lv_style_t style1;                                     //自定义样式
  static lv_style_t style12;
  lv_obj_t* label_font = lv_label_create(scr,NULL);            //用于显示汉字
  lv_obj_t* label_font2 = lv_label_create(scr,NULL);           //用于显示图标
  lv_obj_align(label_font,scr,LV_ALIGN_IN_TOP_LEFT,10,80);     //位置对齐当前屏幕
  lv_obj_set_size(label_font,60,260);
  lv_style_copy(&style1,&lv_style_plain_color);
  style1.text.font = &my_font;                                  //自定义汉字字库
  lv_label_set_style(label_font,LV_LABEL_STYLE_MAIN,&style1);
  lv_label_set_text(label_font,"机柜微环境监控系统℃\nHello word!\n1234567890");
  lv_label_set_body_draw(label_font,true);
  lv_obj_align(label_font2,label_font,LV_ALIGN_IN_TOP_LEFT,0,120);  //位置对齐
  lv_obj_set_size(label_font2,60,260);
  lv_style_copy(&style12,&lv_style_plain_color);
  style12.text.font = &my_iconfont_80;                          //自定义图标字体字库
  lv_label_set_style(label_font2,LV_LABEL_STYLE_MAIN,&style12);
  lv_label_set_text(label_font2,all);                           //显示 3 个图标字体
  lv_label_set_body_draw(label_font2,true);

  lv_style_copy(&img_style,&lv_style_transp);
  img_style.image.color = LV_COLOR_RED;          //图片重绘色时的混合颜色或者文本的颜色
  img_style.image.intense = 0;                    //暂时不使能重绘色功能
  img_style.image.opa = LV_OPA_COVER;             //透明度
  lv_obj_t * img5 = lv_img_create(scr,NULL);                    //显示图片
  lv_img_set_src(img5,&rabbit);
  lv_img_set_style(img5,LV_IMG_STYLE_MAIN,&img_style);         //设置样式
  lv_img_set_auto_size(img5,false);                            //不使能大小自动适配
  lv_obj_set_size(img5,151,148);                               //图片实际像素
  lv_obj_align(img5,label_font2,LV_ALIGN_OUT_BOTTOM_MID,0,30);}
```

3．编辑 main.c 文件

（1）添加头文件：

```
#include "lv_examples/lv_APPs/20230128routine1/lvgl_routine4.h"
```

（2）主函数中添加入口函数：

```
int main(int argc, char ** argv)
  {  …
     //demo3_start();                    //注释掉
```

```
    Demo4_start();                          //运行 lvgl_routine4 中定义的 demo4_start 函数
    while(1)
    {   lv_task_handler();                  usleep(5 * 1000);      }
    return 0;}
```

6.5.6 编译运行

编译后运行工程文件，运行结果如图 6.16 所示。

图 6.16 routine4 运行结果

6.6 定时器与回调函数

源文件路径：..\30 littleVGL\lvgl\20230128routine5\。
功能：
（1）指示器（lv_lmeter_create）的使用，自定义样式，指示定时器减 1 过程。
（2）滚轮 lv_roller_create，分别设定定时器中分和秒的值。
（3）按钮 lv_btn_create，启动和停止计数器。
（4）1 个消息对话框 lv_mbox_create，定时时间到。
目的：
（1）回调函数的使用方法；
（2）创建自定义任务。

6.6.1 编辑文件

复制源文件到目的路径：C:\lv_pc_simulator\lv_examples\lv_APPs\20230128routine5。
添加文件 lvgl_routine5.c 和 lvgl_routine5.h 到 lv_apps 工作组。

1. lvgl_routine5.c 声明阶段

```
extern uint16_t test_date;
void task1_cb(lv_task_t* task);                              //定时器 1s 时间到的回调函数
static void roller_event_cb(lv_obj_t *obj,lv_event_t event);//设置定时时间的回调函数
const char * const btn_map[]={"Cancel","Ok",""};   //消息框中的按钮矩阵
const char * const btnm_str[] = {"1", "2", "3", LV_SYMBOL_OK, LV_SYMBOL_CLOSE, ""};
uint16_t start_timer1_data = 1;                   //定时器有初值，避免回调弹窗
uint8_t timer1_min_data = 34;
```

```
uint8_t timer1_sec_data = 56;
uint16_t lmeter_value = 0;

lv_style_t main_style;                              //自定义样式
lv_obj_t * lmeter1;                                 //lv_lmeter 刻度指示器
lv_obj_t * label1;                                  //显示当前倒计时进度值
lv_task_t *task1 = NULL;
lv_obj_t * mbox1;
lv_obj_t * btn_timer_data;                          //按键1: 显示定时时间
lv_obj_t * btn_timer_start;                         //按键2: 启动定时
lv_obj_t * btn_timer_stop;                          //按键3: 定时时间归零
lv_obj_t * btn_timer_stop_label;                    //按键标签
lv_obj_t * btn_timer_start_label;
lv_obj_t * btn_timer_data_label;
lv_obj_t * roller_min;                              //滚轮: 用于设定分
lv_obj_t * roller_sec;                              //滚轮: 用于设定秒
```

2. demo2_start 函数

这是主函数中调用的函数，定义前端界面，设置回调函数：roller_event_cb、btn_event_cb。

```
void demo5_start()
{ lv_obj_t * scr = lv_scr_act();                    //获取当前活跃的屏幕对象
                                                    //创建1个lv_lmeter刻度指示器
  lv_style_copy(&main_style,&lv_style_plain_color); //1.创建一个自定义样式, 继承
  main_style.body.main_color = LV_COLOR_GREEN;      //活跃刻度线的起始颜色
  main_style.body.grad_color = LV_COLOR_RED;        //活跃刻度线的终止颜色
  main_style.line.color = LV_COLOR_SILVER;          //非活跃刻度线的颜色
  main_style.line.width = 2;                        //每条刻度线的宽度
  main_style.body.padding.left = 16;                //每条刻度线的长度

  lmeter1 = lv_lmeter_create(scr,NULL);             //2.创建一个刻度指示器对象 lmeter1
  lv_obj_set_size(lmeter1,180,180);                 //设置大小
  lv_obj_align(lmeter1,NULL,LV_ALIGN_CENTER,0,0)    //与屏幕保持居中对齐
  lv_lmeter_set_range(lmeter1,0,100);               //设置进度范围
  lv_lmeter_set_value(lmeter1,lmeter_value);        //设置当前的进度值
  lv_lmeter_set_scale(lmeter1,360,60);              //设置角度和刻度线的数量
  lv_lmeter_set_style(lmeter1,LV_LMETER_STYLE_MAIN,&main_style);  //设置样式
  label1 = lv_label_create(scr,NULL);               //显示当前倒计时进度值%
  lv_obj_align(label1,lmeter1,LV_ALIGN_CENTER,0,-30);  //位置: 对齐 lmeter1
  lv_obj_set_auto_realign(label1,true);             //使能自动对齐功能
  lv_label_set_text(label1,"0%");                   //显示初值

  roller_min = lv_roller_create(scr,NULL);          //创建1个滚轮: 分, roller_min
  lv_roller_set_options(roller_min,"0\n1\n",LV_ROLLER_MODE_INIFINITE); //循环滚动
  lv_roller_set_align(roller_min, LV_LABEL_ALIGN_CENTER);  //文本居中
  lv_roller_set_selected(roller_min,1,false);       //默认值: 1
  lv_roller_set_visible_row_count(roller_min,4);    //显示的条数
  lv_roller_set_fix_width(roller_min,100);          //宽度
  lv_obj_set_pos(roller_min,100,150);               //位置: 绝对坐标

  roller_sec = lv_roller_create(scr,roller_min);    //创建1个滚轮: 秒, 样式同分
```

```
    lv_obj_align(roller_sec,roller_min,LV_ALIGN_IN_LEFT_MID,200,00) //对齐 roller_min
    lv_obj_set_event_cb(roller_min,roller_event_cb);          //注册设置分事件回调函数
    lv_obj_set_event_cb(roller_sec,roller_event_cb);          //注册设置秒事件回调函数

    lv_obj_t * label_min;                                     //创建 2 个标签
    label_min = lv_label_create(scr,NULL);
    lv_obj_align(label_min,roller_min,LV_ALIGN_IN_TOP_MID,0,-25);//位置：对齐当前屏幕
    lv_label_set_text(label_min,"min");
    lv_obj_t * label_sec;
    label_sec = lv_label_create(scr,NULL);
    lv_obj_align(label_sec,roller_sec,LV_ALIGN_IN_TOP_MID,0,-25);//位置：对齐当前屏幕
    lv_label_set_text(label_sec,"sec");

    btn_timer_start = lv_btn_create(scr,NULL);                //创建 2 个按钮
    lv_obj_set_pos(btn_timer_start,100,500);                  //位置：绝对坐标
    btn_timer_start_label = lv_label_create(btn_timer_start,NULL);
    lv_label_set_text(btn_timer_start_label,"start_timer");
    lv_obj_set_event_cb(btn_timer_start,btn_event_cb);        //回调函数：启动定时器

    btn_timer_stop = lv_btn_create(scr,NULL);
    btn_timer_stop_label = lv_label_create(btn_timer_stop,NULL);
    lv_label_set_text(btn_timer_stop_label,"clr_timer");
    lv_obj_set_event_cb(btn_timer_stop,btn_event_cb);         //回调函数：停止定时器
    lv_obj_align(btn_timer_stop,btn_timer_start,LV_ALIGN_IN_LEFT_MID,180,0);//对齐按钮

    char Time_data_String [12];
    sprintf(Time_data_String,"%d : %d",timer1_min_data,timer1_sec_data); //日志
    btn_timer_data = lv_btn_create(scr,NULL);                 //创建 1 个按钮
    btn_timer_data_label = lv_label_create(btn_timer_data,NULL);
    lv_label_set_text(btn_timer_data_label,Time_data_String); //显示时间 34:56
    lv_obj_align(btn_timer_data,lmeter1,LV_ALIGN_CENTER,0,20); //位置：对齐 meter1
}
```

3. roller_event_cb 回调函数

设置并得到倒计时时长。

```
static void roller_event_cb(lv_obj_t * obj,lv_event_t event)//设置定时时间
  { if(event==LV_EVENT_VALUE_CHANGED)
      { if(obj==roller_min)
          { timer1_min_data=lv_roller_get_selected(roller_min);
            printf("timer1_min_data: %d\r\n",timer1_min_data); }   //测试用日志
        else if(obj==roller_sec)
          { timer1_sec_data=lv_roller_get_selected(roller_sec);
            printf("timer1_sec_data: %d\r\n",timer1_sec_data); }   //测试用日志
        char Time_data_String [12];
        start_timer1_data = timer1_min_data*60+timer1_sec_data;
        printf("start_timer1_data: %d\r\n",start_timer1_data);     //测试用日志
        timer1_min_data = start_timer1_data/60;
        timer1_sec_data = start_timer1_data%60;
        //得到倒计时时间
        sprintf(Time_data_String,"%d : %d",timer1_min_data,timer1_sec_data);
        lv_label_set_text(btn_timer_data_label,Time_data_String);  }
  }
```

4．btn_event_cb 回调函数

（1）创建回调函数：50ms 启动一次 task1_cb，间隔时间参数可调节。

（2）停止定时器，删除 task1_cb 任务。

```
static void btn_event_cb(lv_obj_t * obj,lv_event_t event)        //启动或关闭
  { if(event==LV_EVENT_RELEASED)
      { if(obj==btn_timer_stop)                                  //过滤源
          { if(task1 == NULL)
              printf("test_date: %d\r\n",13);
            else
              { lv_task_del(task1);                              //删除定时器任务
                task1 = NULL;
                start_timer1_data =0;
                char Time_data_String [12];
                sprintf(Time_data_String,"%d",start_timer1_data);
                lv_label_set_text(btn_timer_data_label,Time_data_String);
                printf("test_date: %d\r\n",13);    }              //测试用日志
          }
        else if(obj==btn_timer_start)                            //过滤启动按钮
          { if(task1 == NULL)                                    //定时任务过程中不再次响应按钮事件
              { timer1_min_data=lv_roller_get_selected(roller_min);//获取分和秒的设定值
                timer1_sec_data=lv_roller_get_selected(roller_sec);
                char Time_data_String [12];     //整理时间格式如 3:20
                start_timer1_data = timer1_min_data*60+timer1_sec_data;
                timer1_min_data = start_timer1_data/60;
                timer1_sec_data = start_timer1_data%60;
                sprintf(Time_data_String,"%d : %d",timer1_min_data,timer1_sec_data);
                lv_label_set_text(btn_timer_data_label,Time_data_String);
                task1=lv_task_create(task1_cb,50,LV_TASK_PRIO_MID,NULL);}//50ms 一次
          }
      }}
```

5．task1_cb 回调函数

该函数用于倒计时计数器数值减 1，以及定时时间到的后续处理。

```
void task1_cb(lv_task_t* task)                          //定时器 1s 时间到的回调函数
{    char Time_data_String [12];
     start_timer1_data--;                               //定时器值-1
     timer1_min_data = start_timer1_data/60;            //计算倒计时剩余值
     timer1_sec_data = start_timer1_data%60;
     sprintf(Time_data_String,"%d : %d",timer1_min_data,timer1_sec_data);
     printf("Time_data_String: %s\r\n",Time_data_String);        //测试用日志
     lv_label_set_text(btn_timer_data_label,Time_data_String);

     char buff[10];
     lmeter_value    = start_timer1_data%100;
     lv_lmeter_set_value(lmeter1,lmeter_value);
     sprintf(buff,"%d%%",lmeter_value);
     lv_label_set_text(label1,buff);
     if(start_timer1_data==0)
       { if(task1 !=NULL)                               //删除 task1 任务
           { lv_task_del(task1);
             task1 = NULL;
             start_timer1_data =1;                      //避免再次弹窗
```

```
            lv_obj_t * scr1 = lv_scr_act();      //获取当前活跃的屏幕对象
            mbox1 = lv_mbox_create(scr1,NULL);   //创建定时时间到消息对话框
            lv_obj_set_pos(mbox1,10,20);
            lv_obj_set_width(mbox1,300);                     //宽度
            lv_mbox_ext_t * ext = lv_obj_get_ext_attr(mbox1); //获取控件的扩展字段
            lv_label_set_recolor(ext->text,true);//使能消息内容的文本重绘色
            //设置消息内容,标题,对标题重绘色
            lv_mbox_set_text(mbox1,"#ff0000 timer_1 is over#\n");
            lv_mbox_add_btns(mbox1,(const char**)btn_map); }
       }}
```

6.6.2　编译运行

编译后运行工程文件,运行结果如图 6.17 所示。在图 6.17 显示的工作界面中:

（1）分别滑动滚轮 min 和 sec,可以设定需要的定时时间;

（2）单击 start_timer 按钮,定时器开始工作,工作界面中显示定时剩余时间;

（3）当设置的定时时间到时,工作界面中弹出"timer_1 is over"消息对话框,依据需求,可单击对话框中的按钮,结束本次定时操作。

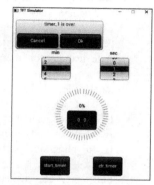

图 6.17　routine5 运行结果

6.7　基于 littleVGL 的温湿度采集系统

源文件路径:..\30 littleVGL\lvgl\20230128routine6\。

功能:

（1）使用自定义字体,颜色重绘;

（2）使用回调函数处理文本内容的更新;

（3）回调函数中发布自定义事件,自定义事件中处理文本内容的更新。

目的:

（1）字体的使用;

（2）使用回调函数;

（3）发布自定义事件。

6.7.1　编辑文件

复制源文件到目的路径:C:\lv_pc_simulator\lv_examples\lv_APPs\20230128routine6。

添加文件 lvgl_routine6.c 和 lvgl_routine6.h 到 lv_apps 工作组。

1. lvgl_routine6.c 声明阶段

```
#define USER_EVENT_START      20                              //序号 0~19 用于系统自定义事件
#define USER_EVENT_1        (USER_EVENT_START+1)              //添加用户自定义事件 1
//在 lvgl\src\lv_core\lv_obj.h 文件的第 73~95 行中定义系统事件类型
char user_data1[20] ={"123.45"};
char user_data2[20] ={"567.89"};
```

```c
char user_data3[20] ={"36.7"};

LV_FONT_DECLARE(my_font);                              //声明字体的内容是：机柜微环境监控系统℃
void JDQ_event_handler(lv_obj_t * obj, lv_event_t event);        //声明回调函数

lv_obj_t *btn1,*btn2,*btn3,*btn4,*btn5;   //温度1，温度2，湿度，控制节点1，控制节点2
lv_obj_t *label_btn1,*label_btn2,*label_btn3,*label_btn4,*label_btn5;    //按钮名称
lv_obj_t *label_data1,*label_data2,*label_data3,*label_data4;    //关联数据
lv_obj_t *label_tittle;                                //标题
static lv_style_t style_text;                          //定义样式
```

2. demo6_start 函数

```c
void demo6_start()
{ lv_obj_t * scr = lv_disp_get_scr_act(NULL);          //屏幕对象
lv_style_copy(&style_text,&lv_style_plain_color);      //继承父样式
style_text.text.font = &my_font;                       //在样式中使用 my_font 字体

label_tittle = lv_label_create(scr, NULL);             //创建 label_tittle
lv_label_set_style(label_tittle,LV_LABEL_STYLE_MAIN,&style_text);    //字体
lv_label_set_text(label_tittle,"机柜微环境监控系统");              //设置文本
lv_label_set_body_draw(label_tittle,true);
lv_obj_align(label_tittle, NULL, LV_ALIGN_IN_TOP_MID, 0, 20);  //位置：对齐当前屏幕

btn1   = lv_btn_create(scr, NULL);                           //btn1：temperature1
lv_obj_set_size(btn1,160,60);
lv_obj_align(btn1, NULL, LV_ALIGN_IN_TOP_LEFT,20, 100);
label_btn1 = lv_label_create(btn1, NULL);                    //label_btn1：依赖 btn1
  lv_label_set_text(label_btn1, "temperature1");             //文本内容
label_data1 = lv_label_create(scr, NULL);                    //label_data1：依赖屏幕
  lv_obj_align(label_data1, btn1, LV_ALIGN_CENTER,160,0); //位置：对齐 btn1
  lv_label_set_style(label_data1,LV_LABEL_STYLE_MAIN,&style_text);//字体
  lv_label_set_recolor(label_data1,true);                    //颜色重置
  lv_label_set_text(label_data1, "#000000 0.00℃#");          //文本黑色，初始值为 0

btn2   = lv_btn_create(scr, NULL);                           //btn2：temperature2
lv_obj_set_size(btn2,160,60);
lv_obj_align(btn2, btn1, LV_ALIGN_CENTER,0,100);             //位置：对齐 btn1
label_btn2 = lv_label_create(btn2, NULL);                    //label_btn2：依赖 btn2
lv_label_set_text(label_btn2, "temperature2");
label_data2 = lv_label_create(scr, label_data1);//label_data2：依赖 label_data1
lv_obj_align(label_data2,label_data1,LV_ALIGN_CENTER,0,100);//位置对齐 label_data1
lv_label_set_text(label_data2, "#000000 0.00℃#");            //文本黑色，初始值为 0

btn3   = lv_btn_create(scr, NULL);                           //btn3：humidity
lv_obj_set_size(btn3,160,60);
lv_obj_align(btn3, btn2, LV_ALIGN_CENTER,0, 100);
label_btn3 = lv_label_create(btn3, NULL);                    //label_btn3
lv_label_set_text(label_btn3, "humidity");
label_data3 = lv_label_create(scr, label_data1);             //label_data3
lv_obj_align(label_data3, label_data2, LV_ALIGN_CENTER,0,100);
lv_label_set_text(label_data3, "#000000 0.0RH%#");

btn4   = lv_btn_create(scr, NULL);                           //btn4：继电器开
lv_obj_set_size(btn4,140,80);
lv_obj_align(btn4, btn3, LV_ALIGN_CENTER,60, 200);
```

```
        label_btn4 = lv_label_create(btn4, NULL);
        lv_label_set_text(label_btn4, "JDQ_ON");
        lv_obj_set_event_cb(btn4,JDQ_event_handler);        //btn4 回调函数
        btn5    = lv_btn_create(scr, NULL);                   //btn5：继电器关
        lv_obj_set_size(btn5,140,80);
        lv_obj_align(btn5, btn4, LV_ALIGN_CENTER,160, 0);
        label_btn5 = lv_label_create(btn5, NULL);
        lv_label_set_text(label_btn5, "JDQ_OFF");
        lv_obj_set_event_cb(btn5,JDQ_event_handler);        //btn5 回调函数

        label_data4 = lv_label_create(scr, label_data1);     //label_data4：继电器状态显示
        lv_obj_align(label_data4, btn5, LV_ALIGN_OUT_RIGHT_MID, 10, 0);
        lv_label_set_text(label_data4, "#000000 ON#");
    }
```

3. JDQ_event_handler 函数

```
    void JDQ_event_handler(lv_obj_t * obj, lv_event_t event)
    {   char buff[50];
        if( event == LV_EVENT_RELEASED)
        {   if(obj==btn4)                                    //btn4 回调函数：ON，修改 1 个参数
            {   lv_label_set_recolor(label_data4,true);
                lv_label_set_text(label_data4, "#00ff00 ON#");
                sprintf(buff,"#ff0000 %s℃#",user_data1);
                lv_label_set_text(label_data1,buff);    }
            if(obj==btn5)                                    //btn5 回调函数：OFF，发布用户事件
            {   lv_label_set_recolor(label_data4,true);
                lv_label_set_text(label_data4, "#ff0000 OFF#");
                lv_event_send(btn5,USER_EVENT_1,NULL);  }    //发布自定义事件
        }
        if( event == USER_EVENT_1)                           //自定义事件回调函数
        {   if(obj==btn5)
            {   printf("USER_EVENT_1:%d\r\n",user_data1[1]); //输出日志
                sprintf(buff,"#480808 %s℃#",user_data1);     //修改 3 个参数
                lv_label_set_text(label_data1,buff);
                sprintf(buff,"#00ff00 %s℃#",user_data2);
                lv_label_set_text(label_data2, buff);
                sprintf(buff,"#8308BC %sRH%%#",user_data3);
                lv_label_set_text(label_data3, buff);   }
    }}
```

6.7.2 编译运行

编译后运行工程文件，运行结果如图 6.18 所示。

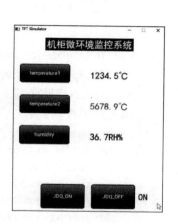

6.8 littleVGL 例程的移植

6.8.1 在 STM32 上运行 littleVGL 例程

源文件路径：..\30 littleVGL\lvgl\。

工程模板：..\30 littleVGL\stm32\20230530(STM32)。

将 littleVGL 环境设计的 UI 文件移植到 STM32 单片机上运行。

图 6.18 routine6 运行结果

目标板：正点原子精英板。

核心单片机：STM32F103ZET6。

LCD：480×800 像素。

工程模板文件来自正点原子的 littleVGL 例程。

lcd.c 文件中设置了 LCD 显示方向：

| 450 | void LCD_Display_Dir(u8 dir) | //dir：0,竖屏；1,横屏 |
| 2082 | LCD_Display_Dir(0); | //默认为竖屏 |

lcd.h 文件中设置了 LCD 分辨率：

| 133 | #define SSD_HOR_RESOLUTION | 800 | //LCD 水平分辨率 |
| 134 | #define SSD_VER_RESOLUTION | 480 | //LCD 垂直分辨率 |

本例程在使用过程中仅需要设置 LCD 显示方向，littleVGL 中模拟器设置的分辨率与目标板 LCD 保持一致。

1．复制源文件

将 6 个源文件夹（lvgl_routine1~6）含文件复制到工程模板指定文件目录下：..\20230530(STM32)\GUI\lv_examples\lv_apps\。

2．完善工程环境

（1）20230530(STM32)工程模板的工程文件：..\20230530(STM32)\USER\template.uvprojx。

（2）在 Keil 5 中打开工程文件，在 GUI_APP 组中添加 6 个源文件夹中所有的.c 文件。

复制源文件和添加源文件如图 6.19 所示。

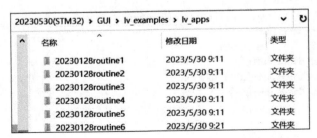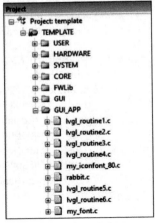

图 6.19　复制源文件和添加源文件

（3）在 Options for Target 窗口中，添加 6 个源文件夹中所有.h 文件的路径。

（4）在 Options for Target 窗口中，单击 C/C++选项卡，勾选 C99 Mode 模式。

3．main.c 声明阶段

添加以下代码：

```
#include "lvgl.h"
#include "lv_port_disp.h"
#include "lv_port_indev.h"
#include "lv_conf.h"
#include "lvgl_routine1.h"          //lvgl_routine1 头文件
#include "lvgl_routine2.h"          //lvgl_routine2 头文件
#include "lvgl_routine3.h"          //lvgl_routine3 头文件
```

```
#include "lvgl_routine4.h"          //lvgl_routine4 头文件
#include "lvgl_routine5.h"          //lvgl_routine5 头文件
#include "lvgl_routine6.h"          //lvgl_routine6 头文件
```

4. main.c 主函数

```
1      int main(void)
2      {
3          delay_init();                                        //延时函数初始化
4          NVIC_PriorityGroupConfig(NVIC_PriorityGroup_2);      //设置中断优先级
5          uart_init(115200);                                   //串口初始化为 115200b/s
6          printf("hello jong: \r\n");
7          LED_Init();                                          //LED 端口初始化
8          LCD_Init();                                          //LCD 初始化
9
10         TIM3_Int_Init(999,71);       //提供 1ms 的定时中断
11         tp_dev.init();               //触摸初始化
12         lv_init();                   //littleVGL 系统初始化
13         lv_port_disp_init();         //littleVGL 显示接口初始化，放在 lv_init()的后面
14         lv_port_indev_init();        //littleVGL 输入接口初始化，放在 lv_init()的后面
15
16         // demo1_start();            //启动 lvgl_routine1
17         // demo2_start();
18         // demo3_start();            //启动 lvgl_routine3
19         // demo4_start();            //启动 lvgl_routine4
20         // demo5_start();            //启动 lvgl_routine5
21         // demo6_start();
22             while(1)
23             {   tp_dev.scan(0);
24                 lv_task_handler();}}
25      }
```

5. 编译运行

（1）将第 16~21 行代码，每次取消一行程序注释，其他行保留注释状态，编译无误。

（2）将仿真器（本例使用 JTAG 仿真器）连接目标板和 PC，组建在线调试环境。

（3）设置 Keil 5 在线仿真模式。选择菜单命令"Project"→"Options for Target"，打开 Options for Target 'TEMPLATE'窗口，选择 Debug 选项卡，如图 6.20 所示。图中勾选"Use"，并在其后的下拉框中选择 J-LINK 类型。

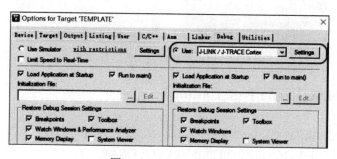

图 6.20　Debug 选项卡

（4）设置 Keil 5 连接仿真器。在图 6.20 中单击【Settings】按钮，弹出仿真器跟踪窗口，如图 6.21 所示。

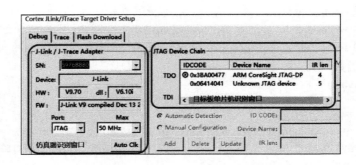

图 6.21　仿真器跟踪窗口

仿真器识别窗口：提示信息表示 Keil 5 已经正确识别出连接的 JTAG 类型仿真器（需要安装驱动）。本例 Port 下拉列表中选择 JTAG，最大连接速率依据连接质量可适当降速。

目标板单片机识别窗口：提示信息表示 Keil 5 借助 JTAG 仿真器已经正确识别出目标板单片机（此时的目标板应处于上电工作状态），随后可以将编译好的程序代码下载到目标板运行。

（5）下载运行。

方法 1：选择菜单命令 "Debug" → "Start/stop Debug Session"，进入调试模式，使用仿真器运行程序，可以在目标板的 LCD 上看到程序运行结果（适合开发调试阶段）。

方法 2：选择菜单命令 "Flash" → "Download"，自动将编译后的文件（..\obj\template.hex）下载到目标板。下载过程结束后，目标板手动复位（或重新上电），可以在目标板的 LCD 上看到程序运行结果（适合量产模式）。

例程 lvgl_routine4 和 lvgl_routine5 在精英板上的运行结果如图 6.22 所示。

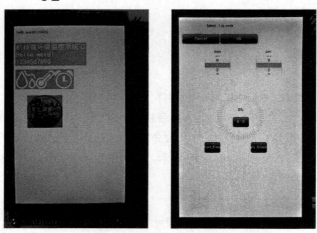

图 6.22　例程在精英板上的运行结果

6.8.2　在 STM32 上运行 lvgl_routine6

源文件路径：..\30 littleVGL\lvgl\lvgl_routine 6。

工程模板：..\30 littleVGL\stm32\20230530(LVGLUSART1)。

1．复制文件

将 lvgl_routine 源文件夹所含文件复制到工程模板指定目录下：..\20230530(STM32littleVGL6)\GUI\lv_examples\lv_apps\。

2．完善工程环境

（1）20230530(STM32littleVGL6)工程模板的工程文件：..\20230530(STM32)\USER\littleVGL6(32).uvprojx。

（2）在 Keil 5 中打开工程文件，在 GUI_APP 组中添加.c 文件：..\lv_apps\20230530(LVGLUSART1)\lvgl_routine6.c、my_font.c、my_iconfont_80.c。

（3）添加.h 文件的路径，勾选 C99 Mode 模式。

3．完善工程文件

实现使用 UI 界面中的按钮控制板载 LED，USART1 接收数据，修改温湿度显示值。

（1）在 lvgl_routine6.c 中添加头文件

```
#include "led.h"                          //LED0,LED1
```

工程中已添加 LED 的源文件。

（2）在 lvgl_routine6.c 的 JDQ_event_handle 回调函数中添加按钮控制 LED 代码

```
void JDQ_event_handler(lv_obj_t * obj, lv_event_t event)
{ char buff[50];
    if( event == LV_EVENT_RELEASED)
    {  if(obj==btn4)                                        //btn4 回调函数
       {  lv_label_set_recolor(label_data4,true);           //重绘颜色，内容修改为 ON
          lv_label_set_text(label_data4, "#00ff00 ON#");
        LED0=1;    LED1=0;  }                                //按钮控制硬件 LED 亮、灭
       if(obj==btn5)                                         //btn5 回调函数
       {  lv_label_set_recolor(label_data4,true);            //重绘颜色，内容修改为 OFF
          lv_label_set_text(label_data4, "#ff0000 OFF#");
          lv_event_send(btn5,USER_EVENT_1,NULL);             //发布用户自定义事件
        LED0=0;       LED1=1;  }                             //按钮控制硬件 LED 亮、灭
    }
    if( event == USER_EVENT_1)                               //自定义事件回调函数
    {  if(obj==btn5)
       {   sprintf(buff,"#480808 %s℃#",user_data1);          //修改 3 个参数，重绘颜色
           lv_label_set_text(label_data1,buff);
           sprintf(buff,"#00ff00 %s℃#",user_data2);
           lv_label_set_text(label_data2, buff);
           sprintf(buff,"#8308BC %sRH%%#",user_data3);
           lv_label_set_text(label_data3, buff);    }
    }}
```

（3）main.c 添加头文件

```
#include "lvgl_routine6.h"

#define USER_EVENT_START      20
#define USER_EVENT_1(USER_EVENT_START+1)          //再次声明用户事件宏
extern   lv_obj_t * btn5;                          //主程序使用 lvgl_routine6.c 中定义的屏幕对象
extern char user_data1;                            //主程序使用 user_data1~3 传递温湿度值
extern char user_data2;
extern char user_data3;
```

（4）main 主函数中添加代码

```
int main(void)
{ u16 len;                                         //串口通信用过程变量
  char ri_data;
  delay_init();                                    //延时函数初始化
  NVIC_PriorityGroupConfig(NVIC_PriorityGroup_2);  //设置中断优先级分组
```

```
uart_init(115200);                                        //串口初始化为115200b/s
printf("hello jong: \r\n");                                //USART1 串口测试
LED_Init();                                                //LED 初始化
LCD_Init();                                                //LCD 初始化
TIM3_Int_Init(999,71);                                     //提供 1ms 的定时中断
tp_dev.init();                                             //触摸初始化
lv_init();                                                 //littleVGL 系统初始化
lv_port_disp_init();                                       //littleVGL 显示接口初始化，放在 lv_init()的后面
lv_port_indev_init();                                      //littleVGL 输入接口初始化，放在 lv_init()的后面
demo6_start();                                             //启动 UI 界面
while(1)
{ tp_dev.scan(0);                                          //littleVGL 调度
  lv_task_handler();
  if(USART_RX_STA&0x8000)                                  //接收到有效数据
  { ri_data = USART_RX_BUF[0];                             //保留接收到的数据
    len=USART_RX_STA&0x3fff;                               //得到此次接收到的数据长度
    printf("您发送的消息为\r\n");
    while(USART_GetFlagStatus(USART1,USART_FLAG_TC)!=SET);
    for(u8 t=0;t<len;t++)
      { USART_SendData(USART1, USART_RX_BUF[t]);                        //向串口 USART1 发送数据
        while(USART_GetFlagStatus(USART1,USART_FLAG_TC)!=SET);//等待发送结束
      }
    printf("\r\n");                                                     //插入换行
    USART_RX_STA=0;
    if(ri_data=='1')                                       //接收数据的判断和处理
      { sprintf(&user_data1,"12.34");                      //传递参数 1：修改温湿度值
        sprintf(&user_data2,"56.78");
        sprintf(&user_data3,"33.66"); }
    else
      { sprintf(&user_data1,"11.11");                      //传递参数 2：修改温湿度值
        sprintf(&user_data2,"22.22");
        sprintf(&user_data3,"33.33");    }
        lv_event_send(btn5,USER_EVENT_1,NULL); } //发布 btn5 事件类型 USER_EVENT_1
}}
```

4．编译后下载实现控制目标板的 LED 功能

单击 UI 界面上的按钮 JDQ_ON 和 JDQ_OFF，可以看到实现了控制目标板上 LED 的亮、灭。

5．编译后下载实现串口命令更新 UI 界面数据

（1）确定通信协议

发送端发送数据格式：1\r\n、2\r\n。

单片机接收到数据后做出判断并更新显示。

● 接收到字符 1 后 LCD 更新对应位置的内容为：12.34、56.78、33.66。

● 接收到字符 2 后 LCD 更新对应位置的内容为：11.11、22.22、33.33。

（2）搭建串口测试环境

步骤 1：连接目标板的 USART1 串口到 PC。

步骤 2：PC 使用串口调试助手，配置界面如图 6.23 所示。

步骤 3：串口调试助手依照通信协议发送命令。

步骤 4：目标板显示内容跟随命令发生变化，如图 6.24 所示。

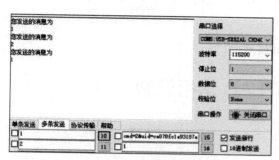

图 6.23 串口调试助手配置界面

图 6.24 UI 连接串口

6.9 习 题

6.1 安装 littleVGL 环境，运行例程程序。

6.2 在窗体中添加按钮控件。

6.3 在窗体中添加文字和图片。

6.4 基于回调函数使用定时器。

6.5 基于按钮控制 I/O。

6.6 编写串口通信程序界面。

第7章　STM32F103x 实现 FFT 和 FIR

本章例程使用的 MATLAB 版本：R2017a。

7.1　MATLAB 常用函数

7.1.1　MATLAB 绘制曲线波形

1．单斜线

绘制函数 $y=0.2x$ 曲线的 MATLAB 代码如下：

```
x=0:0.1:10;          %设置横轴：步长 0.1，范围 0~10
y=0.2*x;             %设置纵轴：函数关系的描述
plot(x,y,'k');       %k 为颜色参数，绘制黑色线条
grid on              %显示网格
title('温度特性曲线');  %标题
legend('输出信号');    %
xlabel('t(milliseconds)')  %x 轴标注
ylabel('x(t)')       %y 轴标注
```

程序的运行结果如图 7.1 所示。

2．正弦曲线

绘制函数 $y=\sin(x)$ 曲线的 MATLAB 代码如下：

```
x=0:0.1:10;
y=sin(x);
plot(x,y);
```

程序的运行结果如图 7.2 所示。

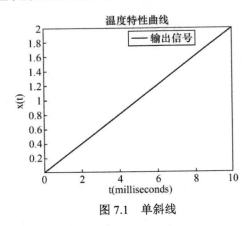

图 7.1　单斜线

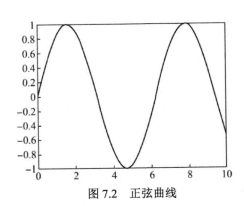

图 7.2　正弦曲线

颜色参数说明：r，红色；g，绿色；b，蓝色；y，黄色；k，黑色；w，白色。

3．多函数曲线同框

方法 1　MATLAB 代码如下：

```
t=linspace(0,2*pi,50);                          %在区间[0;2π]均匀地取 50 个点，构成向量 t
y1=sin(2*t-0.3);
y2=2*cos(t+0.5);
plot(t,y1,'r',t,y2,'b');                         %同一窗口绘制曲线 y1 和 y2，坐标轴刻度为默认值
gtext('y1=sin(2*t-0.3)');                        %标注函数表达式，绘图完成后，需要单击确认位置
gtext('y2=2*cos(t+0.5)');
set(gca,'xlim',[0,2.*pi]);                       %设置 x 轴坐标刻度范围
set(gca,'xtick',0:pi/2:2*pi);                    %设置 x 轴坐标刻度间隔
set(gca,'XTickLabel',{'0','\pi/2','\pi','3\pi/2','2\pi'});        %\pi=π
```

方法 2　MATLAB 代码如下：

```
t=linspace(0，2*pi，50);
y1=sin(2*t-0.3);
plot(t，y1，'r')
hold on;                                         %保持 y1 曲线
y2=2*cos(t+0.5);
plot(t，y2，'b');
set(gca，'xlim'，[0，2.*pi]);
set(gca，'xtick'，0:pi/2:2*pi);
set(gca，'XTickLabel'，{'0'，'\pi/2'，'\pi'，'3\pi/2'，'2\pi'});
```

方法 1 和方法 2 的运行结果如图 7.3 所示。

4. 同一矩阵绘制多函数曲线

创建一个矩阵绘制多个时域余弦波的 MATLAB 代码如下：

```
Fs = 3000;                                       % Sampling frequency，采样频率
T = 1/Fs;                                        % Sampling period，采样周期
L =3000;                                         % Length of signal，生成 3000 个点数据
t = (0:L-1)*T;                                   % Time vector，时间轴向量
y1 = cos(2*pi*50*t);                             % First row wave，50Hz
y2 = cos(2*pi*150*t);                            % Second row wave，150Hz
y3 = cos(2*pi*300*t);                            % Third row wave，300Hz
Y = [y1; y2; y3];
for i = 1:3
    subplot(3,1,i)
    plot(t(100:199), Y(i,100: 199))%仅绘制和分析第 100~199 个点（绘制的点数可自定义）
    title(['Row',num2str(i),'in the Time Domain'])
end
```

程序的运行结果如图 7.4 所示。

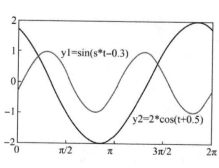

图 7.3　多函数曲线同框

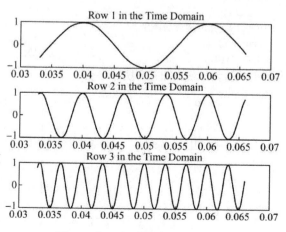

图 7.4　同一矩阵绘制多函数曲线

5. 多个 figure 绘制多函数曲线

创建多个 figure 绘制多个时域余弦波的 MATLAB 代码如下：

```
Fs = 3000;                          %Sampling frequency
T = 1/Fs;                           %Sampling period
L =200;                             %Length of signal，生成 200 个点数据
t = (0:L-1)*T;                      %Time vector
y1 = cos(2*pi*50*t);                %First row wave
y2 = cos(2*pi*150*t);               %Second row wave
y3 = cos(2*pi*300*t);               %Third row wave
figure(1)
plot(t,y1);                         %单独绘制 50Hz 波形
title('50Hz');
figure(2);
plot(t,y2);                         %单独绘制 150Hz 波形
title('150Hz');
figure(3);
plot(t,y3);                         %单独绘制 300Hz 波形
title('300Hz');
```

程序的运行结果如图 7.5 所示。

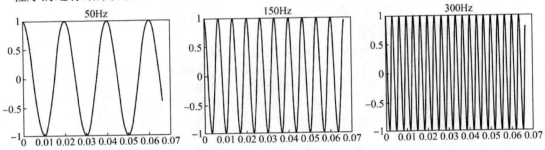

图 7.5　多个 figure 绘制多函数曲线

6. 数组绘图

```
clc;close;clear;
n=0:1:9;                            %x 轴：步长 1，范围 0~9，数组下标
y=[21,13,15,30,19,23,24,25,26,29]   %y 轴：数组的值
figure(1);
scatter(n,y,'b');title('散点图');
grid on
figure(2);
plot(n,y,'r');title('折线图');
xlabel('n')                         %x 轴标注
ylabel('y(n)')                      %y 轴标注
```

程序的运行结果如图 7.6 所示。

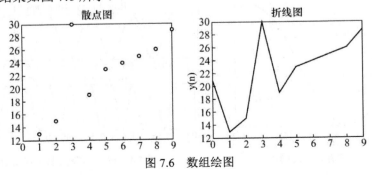

图 7.6　数组绘图

7.1.2 数组操作

1. 一维数组

```
x1=[1 2 3 4 5 6 7 8 9];          %定义一维数组
x12 =1:13                         %定义一维数组
x1(end) =33                       %数组最后一个元素赋值
number=length(x1)                 %数组的元素个数
x1 =[x1 11]                       %数组补 11
mean(x1)                          %求一维数组均值
length(x1)                        %求一维数组长度
```

2. 二维数组

```
x1=[1 2 3; 4 5 6; 7 8 9];         %定义二维数组
temp1 = x1(1,2)                   %取元素
temp2 = x1(2,3)
```

3. 二维数组赋值

```
x1=zeros(3,4);                    %定义一个 3 行 4 列的二维数组，值为 0
x1=[1 2 3 4; 5 6 7 8; 9 11 12 13]; %定义一个 3 行 4 列的二维数组，并赋值
x1(1,:)= 66                       %一个 3 行 4 列的二维数组，赋值第 1 行元素
x1(3,:)= 88                       %一个 3 行 4 列的二维数组，赋值第 3 行元素
x1(:,2)= [77,78,79]               %一个 3 行 4 列的二维数组，赋值第 2 列元素
x1(:,3)= 0                        %一个 3 行 4 列的二维数组，赋值第 3 列元素
```

4. 求多维数组列的均值（数学期望值）

```
x1=[1 2 3; 4 5 6; 7 8 9];         %三维数组
Ex1 = mean(x1,1);                 %求 x1 的期望值，即每列均值
```

5. 数组读写操作

```
x1=[1 2 3; 4 5 6];                %二维数组
x2=[1 2 3 4 5 6 7];               %一维数组
save 20220812data x1             %保存工作区中数组 x1 到文件 20220811data
save x2                           %保存数组 x2 到文件 x2
load 20220811data                 %读取数组文件 20220811data 到工作区，呈现的数组名称为 x1
load x2                           %读取数组 x2 到工作区
```

可以指定数据的存储读取路径，如图 7.7 所示。

图 7.7 指定数据的存储路径

7.2 MATLAB 的串口使用

MATLAB 封装的串口对象可以实现对串口的异步读写操作，支持使用 Instrument Control Toolbox 工具箱和用户编程两种方法对串口进行设置并完成数据的收发。使用虚拟串口工具在 PC 上虚拟出 COM3 和 COM4 两个串口，MATLAB 使用 COM3，串口调试助手使用 COM4。

7.2.1　Instrument Control Toolbox 工具箱

MATLAB 的 Instrument Control Toolbox 工具箱提供了 MATLAB 与仪器仪表通信的功能，它支持 GPIB、TCP/IP、UDP、RS-232 等，具有同步和异步读写功能以及事件处理和回调操作功能，可读写和记录二进制数据及 ASCII 文本数据。

通过调用 Instrument Control Toolbox 工具箱中的 serial 类函数来创建串口对象。对串口对象操作就是对串口操作，使用起来非常方便，也便于了解 MATLAB 串口操作的基本过程。

1．打开 Instrument Control Toolbox 工具箱

依照图 7.8 中的标记点数字顺序，在 APP 的应用下搜索并单击 Instrument Control。

图 7.8　Instrument Control 应用

在图 7.8 中标记点 4 处单击图标，打开 Test & Measurement Tool 对话框，如图 7.9 所示。

2．添加串口设备

右击图 7.9 中的 Interface Objects 选项，在弹出菜单中选择 Creat New Interface Object 选项，弹出 New Object Creation 对话框，如图 7.10 所示。图 7.10 中，Interface object type 框中选择 serial port，Port 框中选择 COM3，单击【OK】按钮确认后，在 Instrument Control Toolbox 中出现接口设备对象 Serial-COM3。单击 Serial-COM3，弹出 Serial-COM3 的设置窗口，如图 7.11 所示。

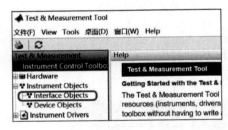

图 7.9　Test & Measurement Tool 对话框

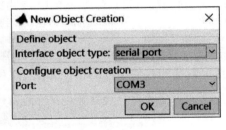

图 7.10　New Object Creation

3．Configure 选项卡设置

（1）BaudRate：115200。

（2）InputBufferSize/OutputBufferSize：512。

（3）Timeout：5.0。

4．Communicate 选项卡设置

在图 7.11 中单击【Connect】按钮（单击后变成【Cancel】按钮），MATLAB 连接到 COM3，配置发送、接收数据格式如下。

● Data type：ASCII。

● Data format：%s\n。

● Size(optional)：14，最大接收数据长度。接收开始但 5s 内还未收到 14 个数据，返回接收超时错误；接收到 14 个数据，显示接收缓存中的数据。

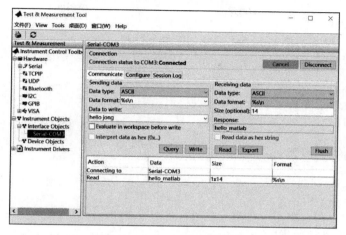

图 7.11　Serial-COM3 设置窗口

（1）发送数据。在 Data to write 栏中输入"hello jong"，单击图 7.11 中的【Write】按钮，MATLAB 发送 Data to write 栏中的信息，此时在串口调试助手中会收到 MATLAB 发送的"hello jong"。

（2）接收数据。

步骤 1：打开串口调试助手，使用 COM4，准备发送的数据内容为"hello_matlab"，勾选"发送新行"，如图 7.12 所示。

步骤 2：单击图 7.11 中的【Read】按钮，MATLAB 开始处于接收数据状态。

步骤 3：单击图 7.12 中的【发送】按钮，此时图 7.11 中的信息栏会显示收到串口调试助手发送的"hello_matlab"。

（3）注意：

串口调试助手需要在 MATLAB 开始处于接收数据状态的 5s 内发送数据，否则会引起接收超时错误。

串口调试助手发送的"hello_matlab"信息加上结束符，共发送 14 个字符，与 MATLAB 中设置的接收数据长度一致。

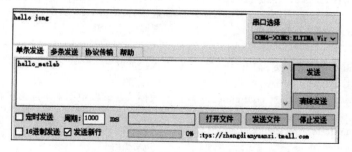

图 7.12　串口调试助手与 MATLAB 联机通信

5. Session Log 选项卡

Session Log 选项卡会显示通信过程中的一些日志信息，可供串口编程参考。

7.2.2 基于命令行配置串口

1. 开通串口设备

本次开通的串口设备名称是 Serial_Obj，在命令行窗口输入：

```
clc                                              %清屏
try
    Serial_Obj=serial('com3');
    text1 = ' COM3 串口打开成功';
    disp(text1);
catch
    text = '串口打开失败';
    disp(text);
    fclose(Serial_Obj);
    delete(Serial_Obj);                          %删除串口
end
```

命令行窗口显示执行结果：

```
COM3 串口打开成功
```

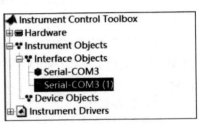

使用 Instrument Control Toolbox 工具箱查看，若之前已打开 COM3 并处于连接状态，执行上述代码后会再次打开同一个串口，如图 7.13 所示。此时，需将多余的 Serial-COM3(1) 串口删除。在对串口设备编程期间，需要经常查看是否重复打开同一串口。

图 7.13　重复打开的串口

2. 查询设备属性

```
>>get(Serial_Obj)              %查询设备所有的属性命令，在开通串口设备中已经定义了 Serial_Obj
Status = closed                %命令返回信息
…
>>get(Serial_Obj, 'BaudRate') %单独查询命令
ans =      115200
>>Serial_Obj.Status            %单独查询命令
ans =      'open'
```

注：本段代码使用"＞＞"表示命令，用于区分返回信息。

3. 参数设置命令

```
set(Serial_Obj,'BaudRate',115200,'DataBits',8,'StopBits',1,'Parity','none','FlowControl','none');
set(Serial_Obj,'BaudRate',115200);              %设置波特率方法 1
Serial_Obj.BaudRate    = 115200;                %设置波特率方法 2
```

可设置参数如下：

```
%Serial_Obj.InputBufferSize =512;               %输入缓冲区
%Serial_Obj.OutputBufferSize =512;              %输出缓冲区
Serial_ObjReadAsyncMode = 'continuous';%异步通信模式，读取数据采用连续接收数据方式，
                                %下位机返回的数据自动存入输入缓冲区中
Serial_Obj.BaudRate    = 115200;                    %设置波特率
Serial_Obj.Parity = 'none';                         %无校验位
Serial_Obj.StopBits    = 1;                         %1 个停止位
Serial_Obj.DataBits    = 8;                         %8 个数据位
%Serial_Obj.Terminator = 'LF';          %设置终止符（CR 为回车符，LF 为换行符）
Serial_Obj.FlowControl    = 'none';                 %流控
Serial_Obj.Timeout    = 1;                          %一次操作超时时间
```

```
%Serial_Obj.BytesAvailableFcnMode = 'terminator';%数据读入格式
%Serial_Obj.BytesAvailableFcnCount    = 1024;        %触发中断的数据数量
%Serial_Obj.BytesAvailableFcn    = @callback;        %串口接收中断回调函数
```

7.2.3 常用操作命令

1. 打开串口设备

```
fopen(Serial_Obj);                              %打开串口设备
Serial_Obj.InputBufferSize =4100;               %重新设置输入缓冲区
```

2. 数据的发送

```
fprintf(Serial_Obj, 'hello jong');              %发送字符
fwrite(Serial_Obj,'hello jiang ok');
fwrite(Serial_Obj,[hex2dec('01') hex2dec('FD') ]);   %发送十六进制数
```

3. 数据的接收

```
a=fscanf(Serial_Obj,'String',10)                %接收 10 个字符
b=fread(Serial_Obj,10)                          %十六进制数
```

4. 关闭串口设备操作命令

```
fclose(Serial_Obj);                             %关闭串口设备
delete(Serial_Obj);                             %删除串口设备
clear Serial_Obj;                               %清空串口设备占用内存
clc;clear;
```

7.3 MATLAB 实现 FFT

7.3.1 两个单频合成信号的幅频特性

时域信号：$X = 0.7*\sin(2*pi*16*t) + \sin(2*pi*64*t)$，含有幅度为 0.7、频率为 16Hz 的正弦波信号和幅度为 1、频率为 64Hz 的正弦波信号。

采样频率：512Hz。

采样点数：256、512、1024。

分别计算时域信号在 3 种采样点数下的 FFT 并绘制波形。

MATLAB 代码如下：

```
clc;clear;                          %清屏
Fs = 512;                           %采样频率
T = 1/Fs;                           %采样周期
%L =256;                            %信号长度(256 个采样点)
L =512;                             %512 个采样点
%L =1024;                           %1024 个采样点
t = (0:L-1)*T;                      %时间向量
X=0.7*sin(2*pi*16*t)+sin(2*pi*64*t);%幅度 0.7、频率 16Hz+幅度 1、频率 64Hz 的正弦波信号
figure(1);
plot(t(1:128), X(1: 128));          %仅绘制 128 个采样点时域波形（采样频率没变化）
title('时域信号 X(t)');
xlabel('t(s)');
ylabel('X(t)(v)');

Y = fft(X);                         %FFT
```

```
P2 = abs(Y/L);                          %计算单边幅度
P1 = P2(1:L/2+1);
P1(2:end-1) = 2*P1(2:end-1);
f = Fs*(0:(L/2))/L;
figure(2);
%plot(f(1:50),P1(1:50))                  %仅绘制 50 个点的幅频特性曲线（共计 256 点）
plot(f(1:100),P1(1:100))                 %仅绘制 100 个点的幅频特性曲线（共计 512 点）
%plot(f(1:150),P1(1:150))                %仅绘制 150 个点的幅频特性曲线（共计 1024 点）
%plot(f,P1)                              %绘制所有点的幅频特性曲线

%title('Single-Sided Amplitude Spectrum of X(t)-256')
title('Single-Sided Amplitude Spectrum of X(t) -512')
%title('Single-Sided Amplitude Spectrum of X(t) -1024')
xlabel('f(Hz)')
ylabel('|P1(f)|')
```

上述代码仅计算 512 点的 FFT，若计算其他点数，需要调整注释指令的位置。时域信号和 FFT 波形如图 7.14(a)、(c)所示。

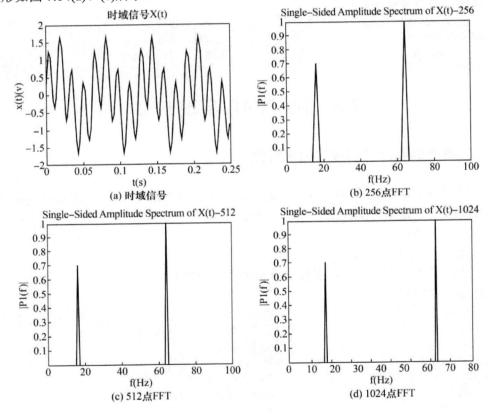

图 7.14　原始时域信号和 FFT 波形

1. 采样频率为 512Hz、做 256 点的 FFT

```
Fs = 512;                               %采样频率
L = 256;                                %信号长度
```

修改上述代码后运行，在 MATLAB 的工作区可得变量的值如下。

（1）数组 f 的下标范围为 1~129，数组的值表示频率值，分辨率为 2Hz（分辨率= Fs/L）。

（2）数组 P1 的下标范围为 1~129，下标的值表示频率值，数组的值表示该频率分量信号的

幅度。其中：

　　P1[9]=0.7000 表示时域信号中含有频率为(9-1)×2 = 16Hz，幅度为 0.7 的成分；

　　P1[33]=1　　　表示时域信号中含有频率为(33-1)×2 = 64Hz，幅度为 1 的成分。

256 点 FFT 波形如图 7.14(b)所示。

2. 采样频率为 512Hz、做 512 点的 FFT

```
Fs = 512;                    %采样频率
L = 512;                     %信号长度
```

修改上述代码后运行，在 MATLAB 的工作区可得变量的值如下。

（1）数组 f 的下标范围为 1~257，数组的值表示频率值，分辨率为 1Hz（分辨率= Fs/L）。

（2）数组 P1 的下标范围为 1~257，下标的值表示频率值，数组的值表示该频率分量信号的幅度。其中：

　　P1[17]=0.7000 表示时域信号中含有频率为(17-1)×1 = 16Hz，幅度为 0.7 的成分；

　　P1[65]=1　　　表示时域信号中含有频率为(65-1)×1 = 64Hz，幅度为 1 的成分。

3. 采样频率为 512Hz、做 1024 点的 FFT

```
Fs = 512;                    %采样频率
L = 1024;                    %信号长度
```

运行上述代码后，在 MATLAB 的工作区可得变量的值如下。

（1）数组 f 的下标范围为 1~513，数组的值表示频率值，分辨率为 0.5Hz（分辨率= Fs/L）。

（2）数组 P1 的下标范围为 1~513，下标的值表示频率值，数组值表示该频率分量信号的幅度。其中：

　　P1[33]=0.7　　表示时域信号中含有频率为(33-1)×0.5 = 16Hz，幅度为 0.7 的成分；

　　P1[129]=1　　　表示时域信号中含有频率为(129-1)×0.5 = 64Hz，幅度为 1 的成分。

1024 点 FFT 波形如图 7.14(d)所示。

4. 结论说明

在相同采样频率的条件下，FFT 计算的点数越多，得到结果的频率分辨率越高，需要更多的时间完成采样。

7.3.2　两个单频+随机合成信号的幅频特性

1. 时域信号

幅度为 0.7、频率为 16Hz 的正弦波信号+幅度为 1、频率为 64Hz 的正弦波信号+幅度为 0.5的随机噪声信号。

2. 计算 FFT 并绘制波形

```
clc;clear;
Fs = 512;                           %采样频率
T = 1/Fs;                           %采样周期
L =256;                             %信号长度
t = (0:L-1)*T;                      %时间向量
S = 0.7*sin(2*pi*16*t) + sin(1*pi*64*t);
X = S + randn(size(t));             %随机噪声信号
figure(1);
plot(100*t(1:199), X(1:199))
title('时域信号 X(t)');
xlabel('t(s)');
```

```
ylabel('X(t)(v)');

Y = fft(X);
P2 = abs(Y/L);
P1 = P2(1:L/2+1);
P1(2:end-1) = 2*P1(2:end-1);
f = Fs*(0:(L/2))/L;
figure(2);
plot(f,P1)
title('Single-Sided Amplitude Spectrum of X(t)-256')
xlabel('f(Hz)')
ylabel('|P1(f)|')
```

含随机噪声的时域信号和 256 点 FFT 波形如图 7.15 所示。

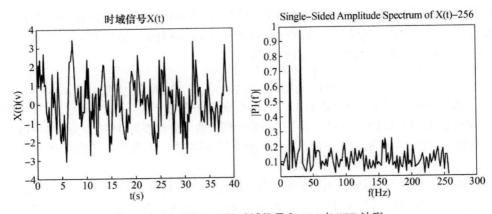

图 7.15　含随机噪声的时域信号和 256 点 FFT 波形

3．结论说明

（1）FFT 波形可以较好地识别信号的频率特征。

（2）白噪声属于随机信号，是信号处理、通信及自动控制等领域常用的噪声模型，理想的白噪声信号的频谱密度在整个频域内均匀分布。

（3）rand 函数用来生成均值为 0.5，方差为 1/12，幅度在 0~1 之间均匀分布的伪随机数，在数字信号处理中用它来模拟均匀分布的白噪声信号。

7.4　使用 STM32F103x 实现 FFT

基于库函数的工程文件（STM32F1 系列）：..\21 FFT\20221231FFT(1024)\。

7.4.1　设计描述

采样频率：Fs=512（需要满足采样定理，即 Fs 应高于信号中最高频率的 2 倍）。

采样点数：NPT = 1024。

FFT 后的频率分辨率：Fs /NPT = 0.5Hz。

测试用时域信号说明如下：

（1）测试用时域信号包含 3 种频率的正弦波；

（2）3 种频率值分别为 10Hz、100Hz、200Hz；

（3）3 种频率值的幅度分别为 800、1600、3200；

（4）测试用时域信号的离散函数表达式为

fx=800*sin(PI2*i*10/Fs)+1600*sin(PI2*i*100/Fs)+3200*sin(PI2*i*200/Fs);

其中，PI 为 3.1416，i 为采样点，Fs 为采样频率。

7.4.2 资源文件

在工程文件中需要导入以下资源文件：

- ..\FFT\src\cr4_fft_64_stm32.s   //64 点 FFT
- ..\FFT\src\cr4_fft_256_stm32.s   //256 点 FFT
- ..\FFT\src\cr4_fft_1024_stm32.s   //1024 点 FFT
- ..\FFT\inc\stm32_dsp.h
- ..\FFT\inc\table_fft.h

7.4.3 main.c 关键函数

1. InitBufInArray 函数

利用该函数可以得到模拟采样数据数组。

```
1      signed long lBufInArray[1024];          //1024 个时域信号采样值存储数组（全局变量）
2      u16 NPT = 1024;                         //采样点数（全局变量）
3
4      //**********************************************************
5      //函数名称:InitBufInArray()
6      //函数功能:模拟采样数据，采样数据中包含 3 种频率的正弦波(10Hz，100Hz，200Hz)
7      //参数说明:
8      //备      注:在 lBufInArray 数组中，存储时域采样值
9      //**********************************************************/
10     void InitBufInArray()
11     {
12         unsigned short i;
13         float fx;
14         float PI2=3.1416*2;                  //圆周率
15         u16   Fs=512;                        //采样频率
16
17         //1024 点
18         for(i=0; i<NPT; i++)                 //共 1024 个采样值
19         {
20             fx = 800 * sin(PI2 * i * 10.0 / Fs) +        //成分：幅度 800，频率 10Hz
21                 1600 * sin(PI2 * i * 100.0 / Fs) +       //成分：幅度 1600，频率 100Hz
22                    3200 * sin(PI2 * i * 200.0 / Fs);     //成分：幅度 3200，频率 200Hz
23             lBufInArray[i] = ((signed short)fx) << 16; }
24         }
```

2. GetPowerMag 函数

利用该函数计算模拟采样数据数组的 FFT，得到时域信号的幅度谱线。

```
1      signed long lBufOutArray[1024];         //1024 个 FFT 计算结果（全局变量）
2      signed long lBufMagArray[1024];         //1024 个幅度谱线（全局变量）
3      u16 NPT = 1024;                         //采样点数
4      //**********************************************************
```

```
5        //函数名称:GetPowerMag()
6        //函数功能:计算各次谐波幅值
7        //参数说明:
8        //入口参数：lBufOutArray[]，1024 个 FFT 变换结果
9        //出口参数：lBufMagArray[]
10       //数组下标为各次谐波频率值，频率分辨率为 0.5Hz，数组下标 1~512 对应 0.5~256Hz 谐波
11       //数组的值为各次谐波幅度值
12       //备注:先将 lBufOutArray 分解成实部(X)和虚部(Y)，然后计算幅度值 sqrt(X*X+Y*Y)
13       /*****************************************************************/
14       void GetPowerMag()
15       {
16           signed short lX，lY;
17           float X，Y，Mag;
18           unsigned short i;
19           for(i=0; i<NPT/2; i++)
20           {   lX   = (lBufOutArray[i] << 16) >> 16;
22               lY   = (lBufOutArray[i] >> 16);
23               X = NPT * ((float)lX) / 32768;
24               Y = NPT * ((float)lY) / 32768;
25               Mag = sqrt(X * X + Y * Y) / NPT;
26               if(i == 0)
27                   lBufMagArray[i] = (unsigned long)(Mag * 32768);
28               else
29                   lBufMagArray[i] = (unsigned long)(Mag * 65536);
30           }}
```

3. 主函数

```
#include "stm32f10x.h"
#include "math.h"
#include "table_fft.h"              //官方源文件
#include "stm32_dsp.h"              //官方源文件
signed long lBufInArray[1024];      //1024 个时域信号采样值存储数组
signed long lBufOutArray[1024];     //1024 个 FFT 计算结果
signed long lBufMagArray[1024];     //1024 个幅度谱线
u16 NPT = 1024;                     //采样点数

void InitBufInArray(void);
void GetPowerMag(void);
int main(void)
{ u8 temp;
InitBufInArray();                                        //生成模拟源采样数据数组
  while(1)
{ cr4_fft_1024_stm32(lBufOutArray，lBufInArray，NPT);     //FFT
  GetPowerMag();                                         //计算幅度谱线
  temp++;
}}
```

7.4.4 运行结果

1. Keil 5 调试模式下模拟运行

在 Keil 5 调试模式下，在 while 循环中的 temp 代码处设置断点，全速运行一次 FFT 运算。

（1）单次 1024 点 FFT 的运算时间：5.5ms。

（2）通过 Keil 5 的观察窗口，查看数组变量 lBufMagArray 的内容。

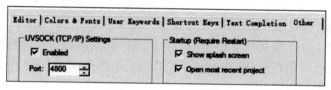

lBufMagArray[20] = 794(0x31A)	//10Hz，800
lBufMagArray[200] = 1595(0x63A)	//100Hz，1600
lBufMagArray[400] = 3194(0xC7C)	//200Hz，3200

FFT 计算结果与时域信号的各次谐波的幅度值一一对应，计算结果正确。

2. 使用 Keil Array Visualization 工具绘制波形

Keil Array Visualization 是一款功能强大的 Keil 调试辅助工具。可以借助 Keil 5，获取单片机程序运行过程中的变量或数组值，然后将这些数据以波形方式显示。

在 Keil 5 调试模式下，运行一次本例工程的单片机程序后：

lBufInArray 数组——生成的时域模拟源采样数据数组，长度为 1024 点。

lBufMagArray 数组——单边 FFT 计算结果，长度为 2048 点，由于波形对称，取前 1024 点绘制波形即可。

（1）查看 Keil 5 的 TCP/IP 端口号。在调试模式下，选择菜单命令 "Edit" → "Configuration" → "Other"，如图 7.16 所示。图中勾选 Enabled，记录端口号（Port）。

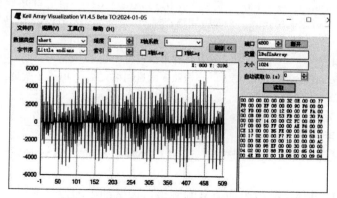

图 7.16　Keil 5 端口设置

（2）运行 Keil Array Visualization，其工作界面如图 7.17 所示，对图中选项进行设置。

● 数据类型：Short。

● 字节序：Little endians（小端模式）。

● 端口：4800（自动识别出 Keil 5 当前的端口），当与 Keil 5 当前端口号一致时，单击【连接】按钮，完成 Keil Array Visualization 与 Keil 5 的连接。

● 变量：输入工程文件中定义的数组 lBufInArray。

● 长度：1024（读入数组 lBufInArray 的元素个数）。

（3）单击【读取】按钮，Keil 5 中 lBufInArray 数组的值将在左侧窗口中以波形方式显示。时域信号波形如图 7.17 所示。

图 7.17　Keil Array Visualization 工作界面

读入 lBufMagArray 数组数据，FFT 波形如图 7.18 所示。

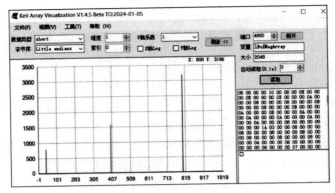

图 7.18　FFT 波形

（4）使用 Keil Array Visualization 读取数组 lBufInArray 的值并将数组值存盘，作为原始时域采样数据供 MATLAB 分析。

7.4.5　MATLAB 数据分析

1．获取原始数据

MATLAB 可以通过 PC 的通信接口获得实时的采样数据或历史采样数据，并进行相关分析。以下通过串口接收上一节保存的 lBufInArray 数组的值，并在 MATLAB 中分析。

（1）初始化 MATLAB 串口

```
clc                              %清屏
try
    Serial_Obj=serial('com3');
    text1 = 'COM3 串口打开成功';
    disp(text1);
catch
    text = '串口打开失败';
    disp(text);
    fclose(Serial_Obj);
    delete(Serial_Obj);          %删除串口
end
Serial_Obj.InputBufferSize =4100; %需要接收 lBufInArray[1024]，占用 4096 字节
set(Serial_Obj, 'Timeout',10.0);     %数据间隔延时
```

（2）接收数据

```
fopen(Serial_Obj);               %打开串口设备
SamplArray=fread(Serial_Obj,4096);  %按照十六进制格式接收 4096 个数据
fclose(Serial_Obj);              %关闭串口设备
```

至此 MATLAB 处于接收状态。

2．串口调试助手

（1）在串口调试助手中，"串口选择"选用 COM4，勾选"16 进制发送"和"发送新行"选项；

（2）将保存的 lBufInArray 数组的值复制到串口调试助手的发送窗口；

（3）单击【发送】按钮，将数据发出，串口调试助手发送数据如图 7.19 所示。

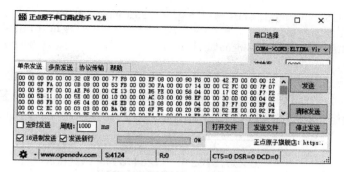

图 7.19　串口调试助手发送数据

3. 数组 SamplArray 运算

（1）关闭串口设备操作命令。

```
clear Serial_Obj;              %清空串口设备占用内存
delete(Serial_Obj);            %删除串口设备
```

（2）转置矩阵。至此收到的数据存于数组 SamplArray 中，此时数组为 4096 行、1 列，使用数据之前需要将数组转置，转置为 1 行、4096 列。

```
SamplArray = SamplArray.';      %求转置矩阵
```

（3）小端模式。定义数组 Sampldata[1,1024]，将 SamplArray 数组中的 4 字节合成 1 字节（长整型），且需要处理符号。工程文件中定义 lBufInArray 数组的数据类型为有符号长整型，数组中存储的采样数据内容如图 7.20 所示。

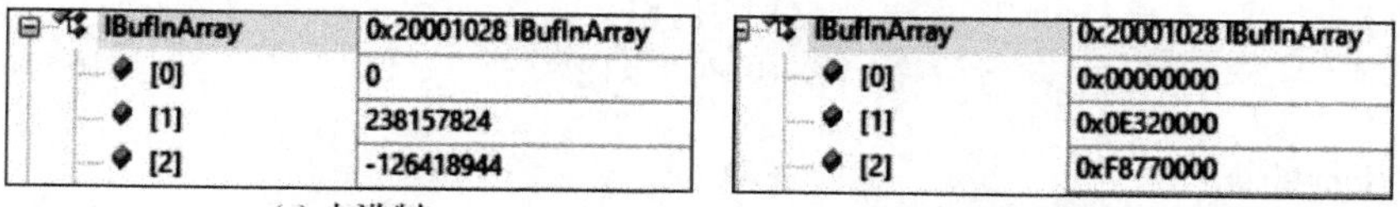

(a) 十进制

(b) 十六进制(signed long)

图 7.20　lBufInArray 数组中存储的采样数据内容

（4）分析 4 字节格式。

```
A = SamplArray(1,5);                      %4 字节合成 1 字节
A = (SamplArray(1,6) *256)+A;
A = (SamplArray(1,7) *256*256)+A;
A = (SamplArray(1,8) *256*256*256)+A;     %238157824     00 00 50 14（小端十进制）


A = SamplArray(1,9);
A = (SamplArray(1,10) *256)+A;
A = (SamplArray(1,11) *256*256)+A;
A = (SamplArray(1,12) *256*256*256)+A;    %4168548352     00 00 119 248
if   A>2147483647                         %0x7fffffff = 2147483647
    A = (4294967296-4168548352)*-1        %0x100000000 = 4294967296
end
```

（5）定义数组 inputdata[1,1024]：

```
inputdata(1,1024) =0                       %定义一维数组
```

整理 SamplArray 数组的 4096 个数据，并将整理后的数据保存到 inputdata 数组：

```
for i = 1: 1024
inputdata(1,i) = SamplArray(1,(i-1)*4+1)
inputdata(1,i) = (SamplArray(1,(i-1)*4+2) *256)+ inputdata(1,i)
inputdata(1,i) = (SamplArray(1,(i-1)*4+3) *256*256)+ inputdata(1,i)
```

```
        inputdata(1,i) = (SamplArray(1,(i-1)*4+4) *256*256*256)+ inputdata(1,i)
        if   inputdata(1,i)>2147483647                          %0x7fffffff = 2147483647
            inputdata(1,i) = (4294967296- inputdata(1,i))*-1    %0x100000000 = 4294967296
        end
    end
```

（6）MATLAB 将接收数据整理后，获得的采样数据结果如图 7.21 所示。经过对比，与图 7.20 所示 lBufInArray 数组中存储的采样数据格式一致。

1	2	3	4
0	238157824	-126418944	149880832

图 7.21　MATLAB 整理后的采样数据结果

4．计算 FFT 并绘制波形

采样数据在数组 inputdata 中，由于时域信号的频率分量中最高为 200Hz，此处仅绘制 256 个采样点，即连续半秒采样数据。时域采样波形如图 7.22 所示。

```
    inputdata = inputdata*1.526 /100000;     %幅度系数需要校准
    n=1:1:1024;                              %x 轴：步长 1，范围为 1~1024，数组下标
    figure(1);
    plot(n(1:256), inputdata(1:256));        %绘制数组 256 个点（0.5s）的数据
    title('时域采样波形');

    Fs = 512;                               %采样频率
    T = 1/Fs;                               %采样周期
    L = 1024;                               %1024 个采样点

    Y = fft(inputdata);                     %FFT
    P2 = abs(Y/L);                          %计算单边幅度
    P1 = P2(1:L/2+1);
    P1(2:end-1) = 2*P1(2:end-1);
    f = Fs*(0:(L/2))/L;
    figure(2);
    plot(f,P1)                              %绘制所有点的幅频特性曲线
    title('Single-Sided Amplitude Spectrum of X(t) -1024')
    xlabel('f(Hz)')
    ylabel('|P1(f)|')
```

FFT 波形如图 7.23 所示。

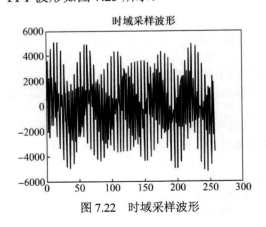

图 7.22　时域采样波形

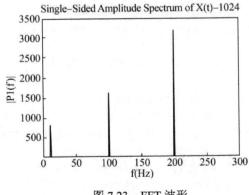

图 7.23　FFT 波形

3 种信号的频率值分别为10Hz、100Hz、200Hz，对应频率值的幅度分别为800、1600、3200。
MATLAB 计算 FFT 结果存储数组：

    P1[21] = 800；
    P1[201] = 1600；
    P1[401] = 3200

经验证，工程文件中实现的 FFT 算法的运算结果与 MATLAB 计算结果一致。

5. 使用条件

使用 STM32F103x 实现 FFT 运算时，该算法对采样频率低于 1024Hz 的应用场景有较好的使用效果。

（1）STM32F103x 片内 ADC 的转换速度上限为每秒 1 万次，对于采样频率要求较高的应用，还需要选择合适的 ADC 芯片，以单独实现 A/D 转换，并将结果送给 STM32F103x 处理。

（2）FFT 运算需要单片机具有较高的处理速度和较多的内存容量，使用时需要注意。

7.5 使用 MATLAB 设计数字滤波器

7.5.1 有限冲激响应（FIR）滤波器设计

1. 设计需求

采样频率：512Hz。

类型：低通，Hamming 窗。

截止频率：60Hz。

阶数：19。

2. 启动滤波器设计器

在 MATLAB 命令窗口输入 filter designer 命令，启动滤波器设计器。如图 7.24 所示，依照设计需求，在图中输入滤波器的相应参数后，单击【Design Filter】按钮，完成低通滤波器设计。当更改设计参数后，需要再次单击图中的【Design Filter】按钮，更新设计过程。

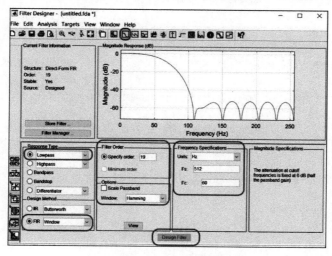

图 7.24 低通滤波器设计

3．设计文件

（1）fir_19.m 文件内容如下：

```
function Hd = fir_19
%FIR_19 Returns a discrete-time filter object.
% MATLAB Code
% Generated by MATLAB(R) 9.2 and the Signal Processing Toolbox 7.4.
% Generated on: 30-Dec-2022 15:36:34
% FIR Window Lowpass filter designed using the FIR1 function.
% All frequency values are in Hz.
Fs = 512;                % Sampling Frequency
N    = 19;               % Order
Fc  = 60;                % Cutoff Frequency
flag = 'noscale';              % Sampling Flag
% Create the window vector for the design algorithm.
win = hamming(N+1);
% Calculate the coefficients using the FIR1 function.
b   = fir1(N,  Fc/(Fs/2),  'low',  win,  flag);
Hd = dfilt.dffir(b);            %设计的滤波器函数名称
% [EOF]
```

（2）保存设计文件。在图 7.24 中选择菜单命令"File"→"Generate MATLAB Code"→"Filter Design Function"，在弹出窗口中选择路径保存滤波器设计文件：..\fir_19。

7.5.2 低通滤波器验证

1．时域信号

原始时域信号：y = 0.1*cos(2*pi*30*t)+ 0.1*cos(2*pi*100*t)。

采样频率：512Hz。

采样点数：1024。

在 MATLAB 环境中添加 fir_19 文件路径：..\fir_19。

```
clc;clear;
Fs = 512;                %采样频率
T = 1/Fs;                %采样周期
L = 1024;                %信号长度，共 2s 的数据
t = (0:L -1)*T;          %时间向量
y = 0.1*cos(2*pi*30*t)+ 0.1*cos(2*pi*100*t);       %原始信号：30Hz+100Hz
figure(1);
plot(t(1:51),y(1:51) ,'b');     %画出输入信号图形，显示(51/1024)*2=0.1s 的数据

Hd = fir_19;             %引入滤波器，Hd 包含 fir_19 滤波器的各项参数
d = filter(Hd,y);        %通过 filter 函数将信号 y 送入参数为 Hd 的滤波器
hold on;
plot(t(1:51),d(1:51),'k');      %画出通过滤波器的信号 d 的波形

title('输入-输出 信号时域');
xlabel('s')
grid on
gtext('原始信号：30+100');   %第 1 次捕获
gtext('滤波后：30');         %第 2 次捕获
```

滤波前后时域信号对比波形如图 7.25 所示。

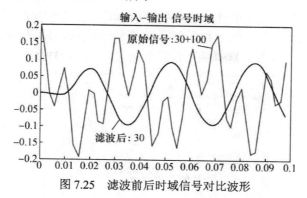

图 7.25　滤波前后时域信号对比波形

2. 频率特性验证

在上述低通滤波器验证代码后添加以下代码，进行频率特性验证。

```
Y = fft(y);                      %滤波前信号频谱
P2 = abs(Y/L);
P1 = P2(1:L/2+1);                %幅度= 实部+虚部
P1(2:end-1) = 2*P1(2:end-1);
f = Fs*(0:(L/2))/L;
figure(3);
plot(f,P1)
title('原始信号频谱')
xlabel('f(Hz)')
ylabel('|P1(f)|')
Y = fft(d);                      %滤波后信号频谱
P2 = abs(Y/L);
P1 = P2(1:L/2+1);
P1(2:end-1) = 2*P1(2:end-1);
f = Fs*(0:(L/2))/L;
figure(4);
plot(f,P1)
title('滤波后信号频谱')
xlabel('f(Hz)')
ylabel('|P1(f)|')
```

滤波前后频域信号对比波形如图 7.26 所示。

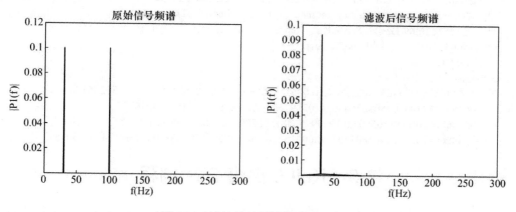

图 7.26　滤波前后频域信号对比波形

3. 生成.h 文件

（1）生成文件。在图 7.24 中选择菜单命令"Target"→"Generate C header"，打开头文件参数配置窗口，如图 7.27 所示。图中数据类型选择 Single-precision float（单精度浮点型），单击【Generate】按钮生成头文件。选择头文件存放路径：..\FIR_19.h。

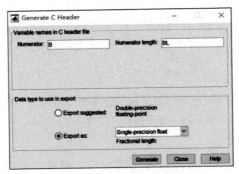

图 7.27　头文件参数配置窗口

（2）文件内容。从 fir_19.h 文件中可以看到一个数组，这个数组就是编写 STM32 单片机滤波器软件过程中需要的 DSP 库中 FIR 滤波器函数用到的滤波系数。

```
/ *
 * Filter Coefficients(C Source) generated by the Filter Design and Analysis Tool
 * Generated by MATLAB(R) 9.2 and the Signal Processing Toolbox 7.4.
 * Generated on: 30-Dec-2022 19:23:27 */
/ *
 * Discrete-Time FIR Filter(real)
 * ------------------------------
 * Filter Structure    : Direct-Form FIR
 * Filter Length       : 20
 * Stable              : Yes
 * Linear Phase        : Yes (Type 2) */
/ * General type conversion for MATLAB generated C-code    */
#include "tmwtypes.h"
/ *
 * Expected path to tmwtypes.h
 * C:\Program Files\MATLAB\R2017a\extern\include\tmwtypes.h    */
/ *
 * Warning - Filter coefficients were truncated to fit specified data type.
 *     The resulting response may not match generated theoretical response.
 *     Use the Filter Design & Analysis Tool to design accurate
 *     single-precision filter coefficients. */
const int BL = 20;
const real32_T B[20] = {
0.00174249534,−9.596870223e−05,−0.005155105609,−0.01401801407,−0.01939266175,
−0.006956353318,0.03509676456,0.1039975658,0.1781865805,0.2265946865,
0.2265946865, 0.1781865805,0.1039975658,0.03509676456,−0.006956353318,
−0.01939266175,−0.01401801407,−0.005155105609,−9.596870223e−05, 0.00174249534};
```

7.6　Keil 5 自带 FIR 例程

Keil 5 自带 FIR 例程工程文件：arm_fir_example，存放路径为：C:\Keil_v5\ARM\Pack\ARM\

CMSIS\5.0.1\CMSIS\DSP_Lib\Examples\ARM\。

复制后的当前路径：..\22 FIR\arm_fir_example(Keil5 自带例程) \。

7.6.1 设计描述

1. 设计 FIR 低通滤波器

使用 MATLAB 设计 FIR 低通滤波器，低通滤波器滤除 15kHz 信号，在输出端仅留下 1kHz 正弦波。

滤波器的通带增益为 1.0，在截止频率 6kHz 时增益为 0.5。

输入是两个正弦信号之和：1kHz + 15kHz。

采样频率：48kHz。

截止频率：6kHz。

长度：29 阶。

2. 函数

（1）h=fir1(28,6/24)

第一个参数是滤波器的"阶"，始终比设计长度小 1。

第二个参数是归一化截止频率，该值在 0~1.0 范围内。截止频率为 6kHz、奈奎斯特频率为 24kHz，则归一化频率为 6/24=0.25。

使用 MATLAB 提供的 fir1 函数，生成的滤波器系数保存于数组 h 中。依照 CMSIS 标准，DSP 库中的 FIR 滤波器函数要求系数按时间倒序排列。

使用 MATLAB 提供的 fir1 函数生成的滤波器系数如下所示，与使用 MATLAB 滤波器设计器设计出的滤波器系数相比，精度较差。

```
>> fir1(28, 6/24)                              %精度不够
ans = −0.0018   −0.0016   0.0000    0.0037    0.0081    0.0085   −0.0000   −0.0174
       −0.0341   −0.0334   0.0000    0.0676    0.1522    0.2229    0.2505    0.2229
        0.1522    0.0676   0.0000   −0.0334   −0.0341   −0.0174   −0.0000
        0.0085    0.0081   0.0037    0.0000   −0.0016   −0.0018
```

（2）Fliplr(h)

依据线性相位 FIR 滤波器的特性，即群延时为常数，自带例程中滤波器一次计算 32 个采样点，因此，滤波器对所有频率的延时为 32 个采样点的采样时间。每次计算的采样点的值为可以设置的参数，该值越大，延时越长。

3. 工程文件中变量的描述

- testInput_f32_1kHz_15kHz   采样数组
- refOutput   参考输出数组
- testOutput   计算结果
- firStateF32   状态缓存
- firCoeffs32   滤波器系数
- blockSize   每次计算的采样点数
- numBlocks   计算的次数

4. 调用 DSP 库中的函数

- arm_fir_init_f32()
- arm_fir_f32()

5．资源文件

arm_math.h、arm_fir_data.c、math_helper.c、math_helper.h。

7.6.2　FIR 例程关键代码

在 Keil 5 中打开工程文件。

工程文件：..\arm_fir_example(Keil5 自带例程)\arm_fir_example.uvprojx。

主函数：..\arm_fir_example(Keil5 自带例程)\arm_fir_example_f32.c。

1．滤波器系数

自带 FIR 例程中滤波器系数的数据类型是常量浮点型，长度为 29（滤波器系数长度或 FIR 阶数）。若要实现自行设计的滤波器，该系数可通过 MATLAB 滤波器设计器生成。

滤波器系数保存在 arm_fir_example_f32.c 文件定义的数组中。

```
#define NUM_TAPS    29
const float32_t firCoeffs32[NUM_TAPS] = {
−0.0018225230f,−0.0015879294f,+0.0000000000f,+0.0036977508f,+0.0080754303f,
+0.0085302217f,−0.0000000000f,−0.0173976984f,−0.0341458607f,−0.0333591565f,
+0.0000000000f,+0.0676308395f,+0.1522061835f,+0.2229246956f,+0.2504960933f,
+0.2229246956f,+0.1522061835f,+0.0676308395f,+0.0000000000f,−0.0333591565f,
−0.0341458607f,−0.0173976984f,−0.0000000000f,+0.0085302217f,+0.0080754303f,
+0.0036977508f,+0.0000000000f,−0.0015879294f,−0.0018225230f};
```

2．输入/输出数组

（1）定义 testInput_f32_1kHz_15kHz 采样数组

模拟原始输入信号采样数组，长度为 320，采样时间为 1/(320/48000)= 6.66ms。

（2）定义 refOutput 参考输出数组

arm_fir_data.c 文件中预置有信号滤波后的数据数组，便于滤波结果的对比。

```
float32_t testInput_f32_1kHz_15kHz[320]={...}
float32_t refOutput[320] ={...}
```

以上两个数组内容可以参考 arm_fir_data.c 文件。在 Keil 5 中复制数组变量数据，导出到 MATLAB，用于分析验证。

3．函数 arm_fir_init_f32

调用该函数初始化实例结构体，依赖 CMSIS 的 arm_math.h。

（1）函数原型

```
arm_fir_init_f32(
arm_fir_instance_f32        *S          //arm_math.h 中定义 arm_fir_instance_f32 结构体
uint16_t                    numTaps,
loat32_t                    *pCoeff,
float32_t                   *pState,
uint32_t                    blockSize  )
```

参数说明：

● S，FIR 实例指针；

● numTaps，FIR 滤波器中的滤波器系数长度（阶数）；

● pCoeffs，滤波器系数缓冲区指针；

● pState，状态缓冲区指针，其长度为 numTaps+ blockSize−1；

● blockSize，每次调用处理的采样点数，大于 1 且小于或等于原始数据的总长即可。

（2）调用方法

在 arm_fir_example_f32.c 文件中调用 arm_fir_init_f32 函数。

```
#define NUM_TAPS          29              //本例设计滤波器为29阶，29个系数
#define BLOCK_SIZE        32              //本例一次计算32个采样点
static float32_t   firStateF32[BLOCK_SIZE + NUM_TAPS - 1]; //32+29-1=60
const float32_t    firCoeffs32[NUM_TAPS]={…}   //滤波器系数数组，由 MATLAB 设计生成
uint32_t          blockSize =BLOCK_SIZE;
int32_t main(void)
{ arm_fir_instance_f32        S;           //arm_math.h 中定义 arm_fir_instance_f32 结构体
arm_fir_init_f32(&S, NUM_TAPS, (float32_t *)&firCoeffs32[0], &firStateF32[0], blockSize);}
```

4．函数 arm_fir_f32

该函数为指定点数的采样数据进行数字滤波计算。在调用方法部分描述了针对 320 个点的采样数据，分 10 次计算，每次计算 32 个点。

（1）函数原型

```
void arm_fir_f32  (
//points to an instance of the floating-point FIR filter structure
const arm_fir_instance_f32    *S,
const float32_t            *pSrc,           //points to the block of input data
float32_t                *pDst,           //points to the block of output data
uint32_t                 blockSize)       //number of samples to process
```

由于设置了 blockSize，即每次调用 arm_fir_f32 计算的长度，如 blockSize 设置为 32，如果对长度为 320 个采样点的原始数据进行计算，就需要循环调用 10 次 arm_fir_f32，其中 pSrc 和 pDst 指针也需要随着循环进行后移。

（2）调用方法

在 arm_fir_example_f32.c 文件中调用 arm_fir_f32 函数。

```
#define TEST_LENGTH_SAMPLES       320         //采样点数，采样数组存储320个采样点数据
#define BLOCK_SIZE                32
uint32_t blockSize = BLOCK_SIZE;                //本例每次计算32个采样点
uint32_t numBlocks = TEST_LENGTH_SAMPLES/BLOCK_SIZE;  //一次采样需要计算的次数：10
static float32_t    testOutput[TEST_LENGTH_SAMPLES];    //存储滤波后的数据

int32_t main(void)
{    arm_fir_instance_f32        S;
     float32_t   *inputF32，*outputF32;
     inputF32 = &testInput_f32_1kHz_15kHz[0];           //存储原始采样数据
     outputF32 = &testOutput[0];
     for(i=0; i < numBlocks; i++)
     { arm_fir_f32(&S, inputF32 + (i * blockSize), outputF32 + (i * blockSize),blockSize);}}
```

（3）计算代码运行时间

添加以下代码可以测试 STM32F103x 计算一次数字滤波所需的时间：

```
uint32_t timeTick=GetTick():
uint32_t     timePass
timePass     = GetTick()-timeTick;
```

7.6.3 MATLAB 代码验证

MATLAB 需要的数据文件：..\22 FIR\DATA1-2.txt。

1．提取数组数据

在 Keil 5 调试模式下，复制数组变量的数据信息，并导出到文件，用于 MATLAB 分析验证。运行 arm_fir_example 工程文件，得到一次数字滤波结果。

（1）提取输入数组数据，存于一维数组 data1；

（2）提取输出数组数据，存于一维数组 data2。

在生成数组数据文件时，数组元素之间只能有 "," ，不能存在回车符。

2. MATLAB 代码

```
data1=[…];                    %复制 data1、data2 中的数据，数组内容需要自行补充完整
data2=[…];                    %数据文件：\22 FIR\DATA1-2.txt，或自行到工程文件中提取
A=zeros(1,length(data1));      %A=B 元素，为 1 行、length(B)列的全 0 向量
for i=1:length(data1)
A(i)=i;
end
figure(1);            plot(A,data1,'r'); title('滤波前时域信号');
figure(2);            plot(A,data2);     title('滤波后时域信号');

Fs = 48000;          L=320;
Y = fft(data1);
P2 = abs(Y/L);       P1 = P2(1:L/2+1);      P1(2:end-1) = 2*P1(2:end-1);
f = Fs*(0:(L/2))/L;
figure(3);           plot(f,P1)                title('滤波前信号单边幅度谱')

Y = fft(data2);
P2 = abs(Y/L);       P1 = P2(1:L/2+1);      P1(2:end-1) = 2*P1(2:end-1);
f = Fs*(0:(L/2))/L;
figure(3);           plot(f,P1)                title('滤波后信号单边幅度谱')
```

3. MATLAB 代码运行结果

Keil 5 自带 FIR 例程的运行结果如图 7.28 所示。

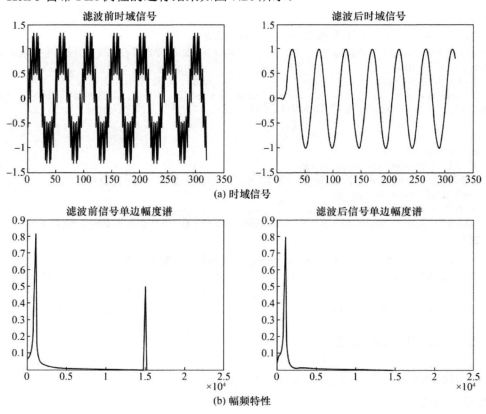

(a) 时域信号

(b) 幅频特性

图 7.28　Keil 5 自带 FIR 例程的运行结果

7.6.4 生成 Keil 5 自带例程滤波器系数.h 文件

使用 MATLAB 设计 FIR 低通滤波器,低通滤波器滤除 15kHz 信号,在输出端仅留下 1kHz 正弦波。

1. 滤波器参数

采样频率:48kHz。

类型:低通,Hamming 窗。

截止频率:6kHz。

阶数:29。

2. 启动滤波器设计器

在 MATLAB 命令窗口输入 filter designer 命令,启动滤波器设计器,如图 7.29 所示,按照图中所示完成滤波器参数设置。

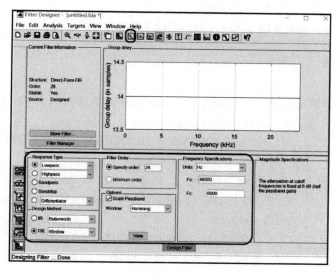

图 7.29 滤波器设计器

3. 生成.h 文件

在 7.29 中选择菜单命令 "Target" → "Generate C header",打开头文件参数配置窗口。数据类型选择 Single-precision float(单精度浮点型),选择头文件存放路径: ..\FL6K.h。

(1) FL6K.h

```
/* Discrete-Time FIR Filter(real)
* Filter Structure       : Direct-Form FIR
* Filter Length          : 29
* Stable                 : Yes
* Linear Phase           : Yes (Type 1)*/
const int BL = 29;
const real32_T B[29] = {
-0.001822523074, -0.001587929321, 1.226008847e-18, 0.003697750857, 0.008075430058,
0.008530221879, -4.273456581e-18, -0.01739769801, -0.03414586186, -0.03335915506,
8.073562366e-18, 0.06763084233, 0.1522061825, 0.2229246944, 0.2504960895,
0.2229246944, 0.1522061825, 0.06763084233, 8.073562366e-18, -0.03335915506,
-0.03414586186, -0.01739769801, -4.273456581e-18, 0.008530221879, 0.008075430058,
0.003697750857, 1.226008847e-18, -0.001587929321, -0.001822523074};
```

（2）Keil 5 自带例程的滤波器系数

```
#define NUM_TAPS                    29
const float32_t firCoeffs32[NUM_TAPS] = {
-0.0018225230f, -0.0015879294f, +0.0000000000f, +0.0036977508f, +0.0080754303f,
+0.0085302217f, -0.0000000000f, -0.0173976984f, -0.0341458607f, -0.0333591565f,
+0.0000000000f, +0.0676308395f, +0.1522061835f, +0.2229246956f, +0.2504960933f,
+0.2229246956f, +0.1522061835f, +0.0676308395f, +0.0000000000f, -0.0333591565f,
-0.0341458607f, -0.0173976984f, -0.0000000000f, +0.0085302217f, +0.0080754303f,
+0.0036977508f, +0.0000000000f, -0.0015879294f, -0.0018225230f};
```

使用滤波器设计器设计的滤波器系数与 Keil 5 自带例程的滤波器系数一致。

7.7　使用 STM32F103x 实现 FIR

本节介绍将 Keil 5 自带 FIR 例程移植到主控单片机为 STM32F103C8 的过程。

STM32F103C8 模板：..\22 FIR\2 Template(printf)。

移植后的 STM32F1 系列 FIR 模板：..\22 FIR\C8FIR。

7.7.1　复制文件

将 STM32F103C8 模板的文件夹名称 2 Template(printf)重新命名为 C8FIR。

（1）修改工程文件名为：..\C8FIR\C8FIR.uvprojx。

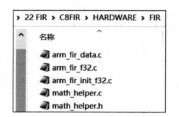

图 7.30　复制资源文件

（2）新建文件夹：..\C8FIR\HARDWARE\FIR。

（3）复制资源文件。

源文件路径：C:\Keil_v5\ARM\Pack\ARM\CMSIS\5.0.1\CMSIS\ DSP_Lib\Examples\ARM\arm_fir_example\arm_fir_data.c、math_helper.c、 math_helper.h、arm_fir_f32.c、arm_fir_init_f32.c。

目的路径：..\C8FIR\HARDWARE\FIR\。

复制后资源文件内容如图 7.30 所示。

（4）使用 Keil 5 在 C8FIR 工程中添加文件。

添加工作组：HARDWARE。

工作组添加文件：arm_fir_data.c、math_helper.c、arm_fir_f32.c、arm_fir_init_f32.c。

添加头文件：math_helper.h。

7.7.2　完善 main.c 文件内容

（1）复制 arm_fir_example_f32.c 文件

源文件路径：..\22 FIR\arm_fir_example(Keil5 自带例程)\。

删除 C8FIR 工程中 main.c 文件的全部内容。复制 arm_fir_example_f32.c 文件的全部内容，并全部粘贴到 C8FIR 工程中的 main.c 文件，替换 main.c 之前内容。

（2）添加头文件

```
#include "arm_math.h"                  //确认有
#include "arm_const_structs.h"         //需要添加
```

（3）编译

main.c 中添加 arm_math.h，编译后会提示搜索 arm_math.h 错误。

7.7.3 配置编译环境

在 Keil 5 的编辑状态下执行以下步骤。

（1）选择菜单命令"Project"→"Options for Target"，打开 Options for Target 'Target 1'对话框。选择 C/C++选项卡，在 Preprocessor Symbols（预编译符号）栏中添加 ARM_MATH_CM3，需要使用逗号与前项分开，如图 7.31 所示。

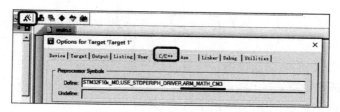

图 7.31　添加 ARM_MATH_CM3

（2）在工程中添加 DSP 功能组件。选择菜单命令"Project"→"Manage"→"Run-Time Environment"，弹出如图 7.32 所示对话框，勾选 CMSIS 下的 DSP 功能。

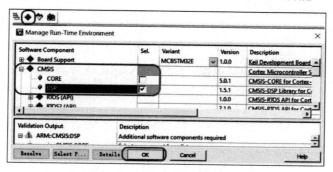

图 7.32　勾选 DSP 功能组件

（3）编译。此时的工程已经添加支持 FIR 的组件，再次编译，编译结果如图 7.33 所示。

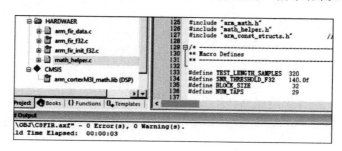

图 7.33　编译结果

7.7.4 运行结果对比

设置两处断点后仿真运行程序代码，程序停在第 231 行，如图 7.34 所示。程序运行过程中完成了 FIR 运算和结果对比，程序停在的断点位置显示，运算结果与预存结果一致，实现了设计要求。

（1）例程中 FIR 运算结果存储数组：testOutput[]。

（2）预存结果数据存储数组：refOutput[]。

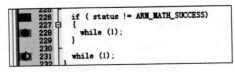

图 7.34　设置断点

7.8　习　　题

7.1　编写 MATLAB 绘制曲线函数，运行程序并观察波形。

7.2　编写串口接收函数。

7.3　编写 FFT 函数，绘制输入/输出信号波形。

7.4　使用 MATLAB 滤波器设计器，设计 FIR 低通滤波器，得到 FIR 滤波器系数文件。设计要求如下：

采样频率：16000Hz。

类型：低通、Hamming 窗。

截止频率：4000Hz。

阶数：29。

7.5　编写 FIR 函数，实现低通滤波器，绘制输入/输出信号波形。

第8章 基于 STM32 的电子称重系统

8.1 系 统 概 述

电子秤是集成现代传感器技术、电子技术和计算机技术于一体的电子称量装置，是衡器的一种，与人们的生活密切相关。

基于 STM32 的电子称重系统结构如图 8.1 所示，整个电子称重系统包括 STM32 单片机、称重模块、键盘模块、LCD 显示模块、语音模块、报警电路（蜂鸣器和 LED 组成）等。其中，称重模块由称重传感器和模数转换器 HX711 组成，称重传感器完成数据采集后，将数据送入模数转换器 HX711 进行 A/D 转换，并将转换后的数字信号与通过键盘模块完成的单价输入等，一并送入 STM32 单片机进行处理，最后由 LCD 显示模块进行称重结果的显示、语音模块进行语音播报等。

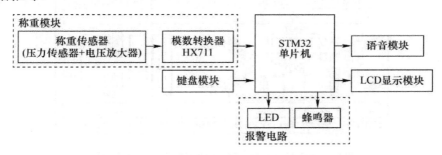

图 8.1 基于 STM32 的电子称重系统结构

称重传感器和模数转换器 HX711：实现数据采集和 A/D 转换。

键盘模块：完成输入功能，包括输入单价、清零、重新输入单价等。

语音模块：按下按键后，可播报按键对应的数值。在输入单价时，播报输入的数字；显示结果时，播报总价；当物品超过测量值时，语音播报"超标"。

LED 和蜂鸣器：超标报警。警告结果为 LED 闪烁，蜂鸣器鸣叫。

8.2 系统主要模块介绍

8.2.1 单片机最小系统

本系统中，单片机采用 STM32F103C8T6，其最小系统原理图如图 8.2 所示。

在 STM32F103C8T6 的使用过程中，BOOT 启动模式是非常重要的一部分。所谓启动，一般来说就是指我们下载好程序重启芯片时，在 SYSCLK 的第 4 个上升沿，BOOT[1:0]引脚的当前值将被锁存。用户可以通过设置 BOOT1 和 BOOT0 引脚的状态，来选择芯片复位后的启动模式，即在复位上电后从芯片的哪个位置开始执行代码。本系统中 STM32F103C8T6 的 BOOT 启动模式如图 8.3 所示，其中 BOOT0 设置为 0。有关 BOOT 启动模式的内容可参见 2.3 节。

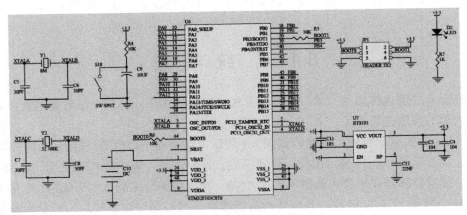

图 8.2　STM32F103C8T6 最小系统原理图

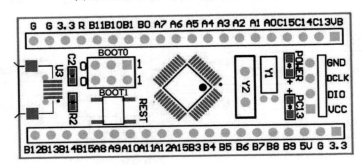

图 8.3　STM32F103C8T6 的 BOOT 启动模式示意图

8.2.2　称重模块

1．HX711 简介

HX711 是一款专为高精度称重传感器而设计的 24 位 A/D 转换器芯片。与同类型其他芯片相比，该芯片是专门为称重传感器设计的，称重传感器只需要一个 HX711 芯片即可完成称重信号的处理及 A/D 转换。对单片机来说，只需一个简单函数读取此时的 A/D 转换值，并通过一个线性方程的转换即可获取物品的精确重量。HX711 A/D 转换电路原理图及实物图如图 8.4 所示。

图 8.4　HX711 A/D 转换电路原理图及实物图

HX711 芯片与单片机的通信只需要两个引脚，即时钟引脚 PD_SCK 和数据输出引脚 DOUT。

当数据输出引脚 DOUT 为高电平时，表明 A/D 转换器还未准备好输出数据，此时时钟引脚 PD_SCK 应为低电平。当 DOUT 从高电平变低电平后，PD_SCK 应输入 25~27 个不等的时钟脉冲。其中，在第一个时钟脉冲的上升沿将读出 24 位输出数据的最高位（MSB），直至第 24 个时钟脉冲完成，24 位输出数据从最高位至最低位逐位输出完成。第 25~27 个时钟脉冲用来选择下一次 A/D 转换的输入通道和增益。HX711 的时序如图 8.5 所示。

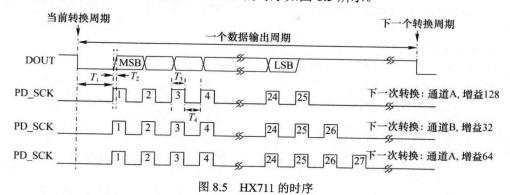

图 8.5　HX711 的时序

2．称重原理

称重模块中的称重传感器主要由压力传感器和电压放大器组成。

压力传感器：感知物品重量，并将重力转化为电压信号。本系统中使用 0~10kg 的压力传感器，其灵敏电压为 1mV，即 1kg 重量产生 1mV 电压。

电压放大器：由于压力传感器产生的电压太小，需要对电压信号放大，本系统中电压增益采用 128。

HX711 将模拟信号（放大后的电压值）转化为数字信号（ad 值）。假设重量为 $x$kg，则 ad＝$(x/10) \times 128 \times 2^{24} \times (5/5000)$（压力传感器的满量程为 10kg，128 倍放大，精度为 24 位，满偏电压为 5mV，供电电压为 5V），由公式可求出重量 x＝ad/214748.3648。

3．程序代码

（1）头文件（.h 文件）

在头文件中设置 I/O 接口和 I/O 方向。

```
//I/O 接口定义
#define HX711_DAT_PORT GPIOA
#define HX711_DAT_PIN  GPIO_Pin_1
#define HX711_SCK_PORT GPIOA
#define HX711_SCK_PIN  GPIO_Pin_0
//I/O 方向设置
#define HX711_DAT_IN() {GPIO_Config(HX711_DAT_PORT,HX711_DAT_PIN,GPIO_Mode_IPU);}
#define HX711_DAT_OUT()
            {GPIO_Config(HX711_DAT_PORT,HX711_DAT_PIN,GPIO_Mode_Out_PP);}//推挽输出
#define HX711_SCK_OUT()
            {GPIO_Config(HX711_SCK_PORT,HX711_SCK_PIN,GPIO_Mode_Out_PP);}//推挽输出
```

（2）HX711.c 文件的部分代码

① 设置 HX711

```
#define getHX711_DAT() GPIO_ReadInputDataBit(HX711_DAT_PORT,HX711_DAT_PIN)
void setHX711_DAT(u8 _sta)
{
```

```
    if(_sta)GPIO_SetBits(HX711_DAT_PORT,HX711_DAT_PIN);
    else GPIO_ResetBits(HX711_DAT_PORT,HX711_DAT_PIN);
}
void setHX711_SCK(u8 _sta)
{
    if(_sta)GPIO_SetBits(HX711_SCK_PORT,HX711_SCK_PIN);
    else GPIO_ResetBits(HX711_SCK_PORT,HX711_SCK_PIN);
}
```

② 读取 HX711

```
unsigned long HX711_Read(void)    //25 个脉冲，增益为 128
{
u32 Count=0;
u8 i;
HX711_DAT_OUT();
setHX711_DAT(1);
setHX711_SCK(0);                  //拉低 PD_SCK，使 HX711 处于正常工作状态
HX711_DAT_IN();
while(getHX711_DAT()){;}          //等待 DOUT 从高电平变为低电平，即 HX711 准备好
delay_us(1);                      //24 个下降沿
for(i=0;i<24;i++)
  {
setHX711_SCK(1);
Count=Count<<1;                   //先读出 MSB，因此左移
    delay_us(1);                  //PD_SCK 正脉冲电平时间
setHX711_SCK(0);
if(getHX711_DAT())                //从时序图可知，下降沿时读取数据
    Count++;
    delay_us(1);                  //PD_SCK 负脉冲电平时间
  }
setHX711_SCK(1);                  //第 25 个下降沿
delay_us(1);                      //PD_SCK 正脉冲电平时间
Count=Count^0x800000;            //^异或运算符，位值相同为 0，不同为 1
setHX711_SCK(0);
    delay_us(1);                  //PD_SCK 负脉冲电平时间
  return(Count);
}
```

8.2.3 语音模块

图 8.6　语音模块实物图

1.硬件电路

本系统采用的语音芯片 YF 是一款具有 PWM 输出的 OTP 语音标准芯片。该芯片共有 3 个 I/O 接口，外围电路仅需要一个 104 电容就可以稳定工作；工作电压为 2.2~5.5V。语音模块实物图如图 8.6 所示。

YF 芯片可以通过最少 2 个单片机 I/O 接口控制多达 128 段声音的任意调用和组合，表 8.1 列举了前 33 个地址对应的语音输出内容。

表 8.1 语音输出内容

地址	内容	地址	内容	地址	内容
1	—	12	百	23	血氧
2	1	13	点	24	烟雾
3	2	14	克	25	一氧化碳
4	3	15	重量	26	PM2.5
5	4	16	距离	27	血压
6	5	17	总价	28	度
7	6	18	元	29	超标
8	7	19	心率	30	单价
9	8	20	温度	31	米
10	9	21	湿度	32	—
11	10	22	危险	33	0

本系统采用 3 个 I/O 接口模拟串行的控制方式，如需要播放第几个地址的内容就发送几个脉冲（脉冲宽度大于 50μs 即可，建议采用 100μs 左右），可以快速控制多达 128 个地址的任意组合。语音模块控制脉冲示意图及电路原理图如图 8.7 所示。

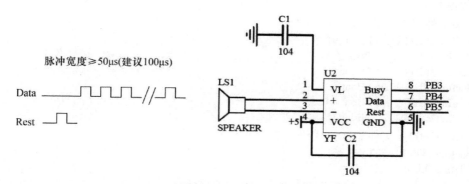

图 8.7 语音模块控制脉冲示意图及电路原理图

模拟串行工作时各 I/O 接口的作用如下。

Busy：YF 芯片工作时（播放声音），输出低电平；停止工作或者待机时，保持高电平。

Data：接收控制脉冲。收到几个脉冲，就播放第几个地址的内容。

Rest：任何时候收到一个脉冲，就使芯片的播放指针归零（也就是 Data 引脚恢复到初始状态），同时使芯片立即停止，进入待机状态。

2．程序代码

（1）头文件（.h 文件）

头文件中定义语音芯片接口。

```
#define SP_BSY_PORT GPIOB
#define SP_BSY_PIN   GPIO_Pin_3
#define SP_DAT_PORT GPIOB
#define SP_DAT_PIN   GPIO_Pin_4
#define SP_RST_PORT GPIOB
#define SP_RST_PIN   GPIO_Pin_5
```

（2）单片机控制播放子程序

```
void speak(uint z) //赋值变量 z 等于几就播放第几段
{
yyxp_rest=1;        //语音芯片的 Rest 引脚为高电平
yydalay(2);         //持续 200μs
yyxp_rest=0;        //然后 Rest 引脚置 0
yydalay(2);
while(z>0)          //若 z 等于 0，则不工作；若大于 0，则继续自减
{
yyxp_data=1;        //data 引脚为高电平
yydalay(1);         //持续 100μs
yyxp_data=0;        //然后置 0
yydalay(1);         //持续 100μs
z--;                //z 自减完成后，开始播放对应的语音（因为 z 是几就播放第几段）//
}
}
```

8.2.4　LCD 显示模块

1. 硬件电路
本系统中 LCD 显示模块采用 LCD1602 芯片，具体内容可参见 5.10.1 节。

2. 程序代码
（1）头文件（.h 文件）

```
#define lcd1602_RS PBout(9)
#define lcd1602_EN PBout(8)
#define lcd1602_D4 PBout(12)
#define lcd1602_D5 PBout(13)
#define lcd1602_D6 PBout(14)
#define lcd1602_D7 PBout(15)
```

（2）LCD1602.c 文件的部分代码

```
#define COMMAND    0
#define DATA            1
void LCD_Write(unsigned char cmd,unsigned char isData)
{
    delay_us(2000); //Hardcoding delay, keep waiting while the LCD is busy
    lcd1602_RS = isData;
    lcd1602_EN = 0;
    if(cmd&0x80)lcd1602_D7=1;else lcd1602_D7=0;
    if(cmd&0x40)lcd1602_D6=1;else lcd1602_D6=0;
    if(cmd&0x20)lcd1602_D5=1;else lcd1602_D5=0;
    if(cmd&0x10)lcd1602_D4=1;else lcd1602_D4=0;
    delay_us(2);
    lcd1602_EN=1;
    delay_us(2);
    lcd1602_EN=0;
    if(cmd&0x08)lcd1602_D7=1;else lcd1602_D7=0;
    if(cmd&0x04)lcd1602_D6=1;else lcd1602_D6=0;
    if(cmd&0x02)lcd1602_D5=1;else lcd1602_D5=0;
    if(cmd&0x01)lcd1602_D4=1;else lcd1602_D4=0;
    delay_us(2);
    lcd1602_EN=1;
```

```
            delay_us(2);
            lcd1602_EN=0;
    }
    void LCD_WrCmd(unsigned char dat)
    {
    LCD_Write(dat,COMMAND);
    }
    void LCD_WrDat(unsigned char dat)
    {
    LCD_Write(dat,DATA);
    }
    void LCD_WrNUM(unsigned char dat)
    {
            LCD_WrDat(dat+'0');
    }
    void LCD_GotoXY(unsigned char _X,unsigned char _Y)
    {
            unsigned char temp;
    if(_Y)temp=0xC0+(_X&0x0F);//这里高位非零即是第 1 行
    else temp=0x80+(_X&0x0F);
            LCD_WrCmd(temp);
    }
    void LCD_Cursor(unsigned char show)    //设置光标位置，闪烁 show=1，隐藏 show=0
    {
      if(show)
            LCD_WrCmd(0x0f);//光标显示
      else
            LCD_WrCmd(0x0c);//光标隐藏
    }
    void LCD_Print(char *Pwdata)
    {
      while(*Pwdata != '\0')
            LCD_WrDat(*Pwdata++);
    }
    void LCD_Clear(void)
    {       LCD_WrCmd(0x01);}//清显示
    void LCD_WrHex(unsigned char _hex)
    { char temp;
      temp=_hex>>4;
      if(temp<10){temp=temp+'0';}
            else temp=temp-10+'A';
            LCD_WrDat(temp);
            temp=_hex&0x0F;
            if(temp<10){temp=temp+'0';}
            else temp=temp-10+'A';
            LCD_WrDat(temp);
    }
```

8.2.5 键盘模块

1. 硬件电路

键盘电路结构及映射功能如图 8.8 所示。

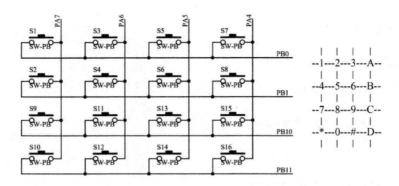

图 8.8　键盘电路结构及映射功能分布图

本系统的键盘模块采用 4 行、4 列的矩阵键盘，可正常识别 1、2、3、4、5、6、7、8、9、A、B、C、D、*、#、0，按下"*"键时显示姓名、学号，按下"A"键时语音播报总价，按下"B"键时清空当前称重值，按下"C"键时计算总价，按下"D"键时切换菜单显示。

2．程序代码

（1）头文件（.h 文件）

```
//--使用的 I/O 接口定义--//
#define X1_PORT GPIOB
#define X1_NUM    GPIO_Pin_0
#define X2_PORT GPIOB
#define X2_NUM    GPIO_Pin_1
#define X3_PORT GPIOB
#define X3_NUM    GPIO_Pin_10
#define X4_PORT GPIOB
#define X4_NUM    GPIO_Pin_11
#define Y1_PORT GPIOA
#define Y1_NUM    GPIO_Pin_7
#define Y2_PORT GPIOA
#define Y2_NUM    GPIO_Pin_6
#define Y3_PORT GPIOA
#define Y3_NUM    GPIO_Pin_5
#define Y4_PORT GPIOA
#define Y4_NUM    GPIO_Pin_4
```

（2）key_m.c 文件的部分代码

```
#include "key_m.h"
unsigned char Key_Map(unsigned char key);
void KeyM_Init(void) //按键初始化函数
{
//推挽下拉 Y 线
GPIO_Config(Y1_PORT,Y1_NUM,GPIO_Mode_Out_PP);//A
GPIO_Config(Y2_PORT,Y2_NUM,GPIO_Mode_Out_PP);//B
GPIO_Config(Y3_PORT,Y3_NUM,GPIO_Mode_Out_PP);//C
GPIO_Config(Y4_PORT,Y4_NUM,GPIO_Mode_Out_PP);//D
//下拉输入 X 线
GPIO_Config(X1_PORT,X1_NUM,GPIO_Mode_IPD);//1
GPIO_Config(X2_PORT,X2_NUM,GPIO_Mode_IPD);//2
GPIO_Config(X3_PORT,X3_NUM,GPIO_Mode_IPD);//3
GPIO_Config(X4_PORT,X4_NUM,GPIO_Mode_IPD);//4
}
```

```c
unsigned char KeyScan(unsigned char mode)   //函数介绍：扫描矩阵键盘，并返回按键值
{
 static unsigned char key_up = 1;
 unsigned char markmaster;
 static unsigned char step = 0;
 uint8_t X1state,X2state,X3state,X4state;
 switch(step)   //依次拉高 Y 线
     {
         case 0:
             GPIO_SetBits(Y1_PORT,Y1_NUM);
             GPIO_ResetBits(Y2_PORT,Y2_NUM);
             GPIO_ResetBits(Y3_PORT,Y3_NUM);
             GPIO_ResetBits(Y4_PORT,Y4_NUM);
             break;
         case 1:
             GPIO_ResetBits(Y1_PORT,Y1_NUM);
             GPIO_SetBits(Y2_PORT,Y2_NUM);
             GPIO_ResetBits(Y3_PORT,Y3_NUM);
             GPIO_ResetBits(Y4_PORT,Y4_NUM);
             break;
         case 2:
             GPIO_ResetBits(Y1_PORT,Y1_NUM);
             GPIO_ResetBits(Y2_PORT,Y2_NUM);
             GPIO_SetBits(Y3_PORT,Y3_NUM);
             GPIO_ResetBits(Y4_PORT,Y4_NUM);
             break;
         case 3:
             GPIO_ResetBits(Y1_PORT,Y1_NUM);
             GPIO_ResetBits(Y2_PORT,Y2_NUM);
             GPIO_ResetBits(Y3_PORT,Y3_NUM);
             GPIO_SetBits(Y4_PORT,Y4_NUM);
             break;
         default:
             break;
     }
   X1state = GPIO_ReadInputDataBit(X1_PORT,X1_NUM);
   X2state = GPIO_ReadInputDataBit(X2_PORT,X2_NUM);
   X3state = GPIO_ReadInputDataBit(X3_PORT,X3_NUM);
   X4state = GPIO_ReadInputDataBit(X4_PORT,X4_NUM);

   if(X1state|X2state|X3state|X4state)//读取按键是否按下
   {
       if(key_up)
       {
           key_up = 0;
           delay_ms(10);//延时 10ms 进行消抖
           if(X1state||X2state||X3state||X4state)//再次检测按键是否按下
           {
               markmaster = 0x10 << step;
               if      (X1state)return (0x01|markmaster);
               else if(X2state)return (0x02|markmaster);
               else if(X3state)return (0x04|markmaster);
               else if(X4state)return (0x08|markmaster);
```

```
                }}
        }
        else//按键松手检测
        {
                key_up = 1;
                step++;
                if(step>3)step = 0;
        }
        return 0;
}
```

8.2.6 报警电路

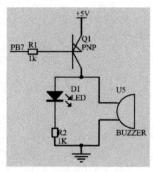

图 8.9 报警电路

1. 硬件电路

本系统中蜂鸣器选用有源蜂鸣器，这类蜂鸣器工作时需要较大电流，所以需要使用三极管来进行电流的放大。在蜂鸣器两侧并联一个发光二极管，再串联一个电阻来分压以保护发光二极管。三极管的基极连接单片机的 PB7 引脚，发射极接高电平，集电极连接蜂鸣器的高电平端。当基极为低电平时，三极管导通，集电极为高电平，蜂鸣器鸣叫，发光二极管变亮。当基极为高电平时，三极管截止，集电极为低电平，蜂鸣器无响应，发光二极管熄灭。报警电路如图 8.9 所示。

2. 程序代码

（1）头文件（.h 文件）

```
//LED 端口定义
#define LED PCout(13)          //定义用户使用的 LED
void LED_Init(void);           //初始化
#endif
//BUZZER 端口定义
#define buzzer PBout(7)
void Buzzer_Init(void);        //初始化
void SetBeep(u8 _sta);
void Beep(u16 _ms);
#endif
```

（2）buzzer.c 文件的部分代码

```
//外接 LED 的 GPIO 引脚的初始化
void LED_Init(void)
{
  RCC->APB2ENR|=1<<4;          //使能 GPIOC 端口时钟
  GPIOC->CRH&=0xFF0FFFFF;
  GPIOC->CRH|=0x00300000;      //PC13 推挽输出
  GPIOC->ODR|=1<<13;           //PC13 输出高电平
}
//BUZZER 设置：
void Buzzer_Init(void)
{
```

```
//PB3、PB4 重映射
RCC->APB2ENR|= 0x00000001;//AFIOEN = 1，复用功能 AFIO 时钟使能
AFIO->MAPR   |= 0x02000000;
                    //配置 AFIO_MAPR 的 SWJ_CFG[2:0]位为 010：关闭 JTAG-DP，启用 SW-DP
GPIO_Config(GPIOB,GPIO_Pin_7,GPIO_Mode_Out_PP);
SetBeep(0);
}
```

8.3　仿真器下载程序

8.3.1　通过 ST–Link 方式下载

连接好 ST-Link 调试器与单片机，并将 ST-Link 调试器插在计算机上，此时，在"设备管理器"中应能找到 STM32 STLink，如图 8.10 所示，如果没有，请检查 ST-Link 调试器是否正常或重新安装 ST-Link 调试器的驱动程序。

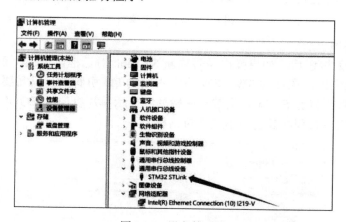

图 8.10　设备管理器

8.3.2　操作流程

1．使用 Keil 5 打开需要下载的 STM32 工程

单击 Keil 5 工具栏中的 按钮，如图 8.11 所示，或选择菜单命令"Project"→"Options for Target"，弹出 Options for 'Target1'对话框，如图 8.12 所示。

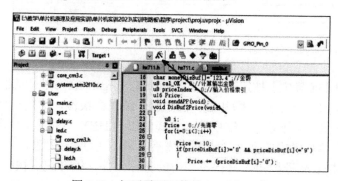

图 8.11　打开需要下载的 STM32 工程

2．调试模式设置

单击 Debug 选项卡，选中 Use 项，设置调试器为 ST-Link Debugger，然后单击【Setting】按钮，如图 8.12 所示。

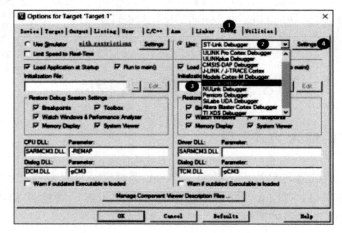

图 8.12　Debug 选项卡

3．设置下载环境

单击【Settings】按钮后，如果弹出是否更新 ST-Link 对话框，请选"否"。然后在图 8.13 中的❶处选择调试端口，通常为 SW。SW 方式占用的 I/O 引脚少，只需要 2 个，而且速度很快。如果单片机连接正确且 ST-Link 正常，在❷处应显示单片机的 IDCODE。取消勾选❸处的验证版本，否则每次下载程序都会弹出更新对话框。

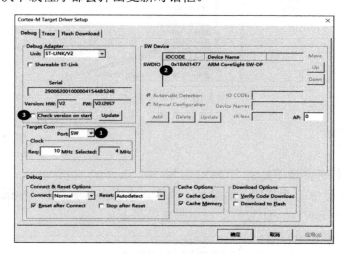

图 8.13　下载环境设置

4．编译代码

设置完成后，单击【确定】按钮，回到 Options for Target 'Target1'对话框。单击 Output 选项卡进行设置，如图 8.14 所示。选中❶和❷；选中❸，编译会很慢，但是支持函数跳转功能，不选能加快程序编译速度，可不选。在❹中输入编译输出的 HEX 文件的文件名，默认即可。HEX 文件是最终要下载到单片机中的文件。设置完成后，单击【OK】按钮。

在图 8.11 中单击编译按钮，只编译当前的目标文件，编译速度快；单击编译按钮，编译所有文件，编译速度慢。新工程第一次编译时需要编译所有文件，如图 8.15 所示。

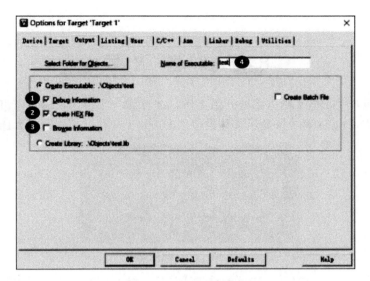

图 8.14　Output 选项卡

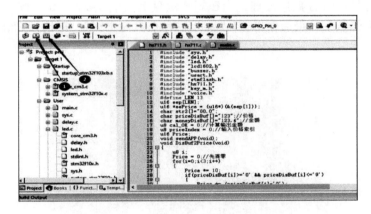

图 8.15　编译程序

编译完成后，在图 8.15 下方的 Build Output 窗口显示编译结果，提示无报错警告，并输出程序占用空间，说明编译成功，如图 8.16 所示。

5. 下载程序

单击下载 🔣 按钮，下载程序，图 8.15 下方的 Build Output 窗口提示下载完成，此时程序已经下载到单片机中，如图 8.17 所示。

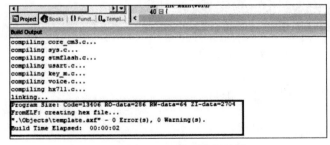

图 8.16　显示编译结果

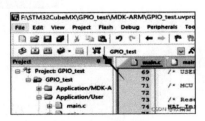

图 8.17　程序下载

8.4 实测结果

（1）按下电源开关，电子称重系统开始工作，LCD 第一行显示"+WEI ｜PRI ｜MON"，即重量、单价、总重，LCD 第二行显示具体数值"0.000｜ . ｜ "，如图 8.18 所示。

图 8.18 LCD 显示结果

（2）在托盘上放置一个物品，物品的重量通过压力传感器被采集，采集到的数据经过 A/D 转换，被送入单片机中进行数据处理。当在矩阵键盘上按下 0~9 这 10 个按键时，LCD 的单价一栏会显示所按下的数字，最后在 LCD 上显示物品重量为 1.167、单价为 25.8、总价为 30.11，如图 8.19 所示。

图 8.19 电子称重系统测试结果

8.5 习 题

8.1 完成电子称重系统工程文件的编写。

8.2 根据本章内容进行实例练习，实现电子称重系统。

第9章 基于物联网云平台的家庭语音控制器系统

9.1 系统概述

基于物联网云平台的家庭语音控制器系统的结构如图9.1所示。在居家环境中，可以使用本系统实现语音控制诸如台灯、窗帘等的打开与关闭，在手机APP上可以远程浏览存储在云平台的家居监测信息。

9.1.1 系统组成

在家庭语音控制器系统中，主要有物联网云平台、移动终端（APP）、天猫精灵、无线路由器和多个终端设备，如图9.1所示。

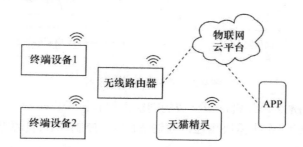

图9.1 基于物联网云平台的家庭语音控制器系统的结构

1. 物联网云平台

物联网云平台选用巴法云平台。云平台完成的功能主要有：

（1）完成终端设备的注册。

（2）接收终端设备向关联注册设备推送的消息，支持移动终端使用网页或APP浏览存储在云平台的消息。

（3）接收天猫精灵推送的一条指令，并将指令发布到指定的终端设备。

2. 智能终端

移动终端可选用智能手机。智能手机完成的功能主要有：

（1）在巴法云平台注册天猫精灵。

（2）浏览云平台，对注册的主题设备进行管理（查询历史数据，发布控制指令）。

3. 天猫精灵

巴法云平台支持天猫精灵、亚马逊alexa语音、小度音箱、米家小爱和Google语音等多种语音设备的接入，实现语音控制功能，本例选用天猫精灵。

天猫精灵接入用户自己的巴法云平台账号后，可以借助天猫精灵的语音识别功能，使用语音向在云平台注册的终端设备发布指令，实现控制功能。若所设计的"终端设备1"分别连有客厅插座和卧室插座，当天猫精灵接收到语音指令如"天猫精灵，打开卧室插座"时，天猫精灵会通过云平台向"终端设备1"发布卧室插座连通指令。"终端设备1"接收到云平台推送的指令后，接通卧室插座，插座连接的电器设备开始工作。此时，通过浏览 APP 可知卧室插座所接设备处于接通电源的工作状态。

4．无线路由器

在居家环境中提供热点，支持 WiFi 设备连接到互联网。

5．终端设备

终端设备通过热点连接到巴法云平台，使用 TCP 协议，与云平台交互信息。依据系统需求，可将多个终端设备连接到云平台。

9.1.2 终端设备

家庭语音控制器系统中的终端设备主要由主控 CPU、WiFi 无线模块（ESP8266）、继电器模块、传感器模块和供电电源组成，如图 9.2 所示。

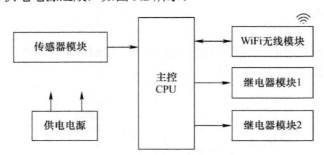

图 9.2 终端设备组成框图

主控 CPU 选用 STM32 单片机，所完成的功能主要有：

（1）使用串口与 WiFi 无线模块相连，通过 AT 指令控制 WiFi 无线模块连接热点，实现与云平台的信息交互。

（2）使用 GPIO 连接继电器模块，控制外部用电设备。

9.1.3 设计任务

1．巴法云平台的使用

（1）注册主题。

（2）了解云平台接入协议。

（3）了解协议内容及测试方法。

2．天猫精灵接入云平台

（1）了解天猫精灵接入云平台的过程。

（2）实现向云平台发布语音指令。

3．终端设备关键代码分析

（1）了解 AT 指令集。

（2）测试协议：连接热点，订阅云平台主题，发布主题消息，获取主题推送消息。

9.2 巴法云平台

巴法云平台的使用可以参考云平台提供的说明和帮助文档，其主界面如图 9.3 所示。

图 9.3　巴法云平台

9.2.1　配置巴法云平台

1．注册登录

使用巴法云平台之前，需要完成注册，在图 9.3 中单击【注册】按钮。用户通过电子邮箱即可注册，也可使用微信扫码，一键登录。如使用天猫精灵实现语音控制，需要在微信扫码后绑定电子邮箱。注册后，单击【登录】按钮。

巴法云下辖 TCP 设备云、TCP 创客云、MQTT 云和图云，TCP 设备云和 TCP 创客云下的主题设备在使用时无明显差别。本例接入 TCP 创客云。微信扫码登录后，选择 TCP 创客云进入云平台控制台，如图 9.4 所示。

图 9.4　登录 TCP 创客云平台控制台

2．获取私钥

登录完成后，可在控制台看到自己的私钥，如图 9.5 所示。后续在协议帧中需要填写该私钥，私钥内容可复制。

图 9.5　私钥

3．创建主题

连接到巴法云平台的终端设备在控制台中以主题方式呈现和管理。在图 9.4 的输入栏中输入主题名称后，单击【新建主题】按钮，创建主题。

在 TCP 创客云上创建的主题类型主要有控制型和数据型两种。控制型主题所关联设备可接收云平台发送的指令，数据型主题所关联设备可向云平台推送消息。

（1）新建两个控制型主题。家庭语音控制器系统中的终端设备可归类为继电器控制的插座类设备，依据云平台对接入天猫精灵控制设备的命名规范，两个主题分别命名为 parlour001 和

bedroom001。两个主题随后通过传输协议分别关联到终端设备 1 中的继电器模块 1 和继电器模块 2。

（2）新建一个数据型主题。终端设备 1 中使用传感器采集环境湿度数据并传到云平台，这里将主题命名为 humidity。

创建主题后，可在 TCP 创客云控制台中看到这 3 个主题，如图 9.6 所示。

图 9.6　创建主题

图 9.6 中显示在 TCP 创客云下创建的 3 个主题的运行界面。如果终端设备与云平台完成在线连接和数据上传，可在运行界面中看到终端设备的更新数据。

9.2.2　巴法云平台接入协议

1．订阅主题

物联网云平台组建的应用系统中，单片机需要在巴法云平台订阅一个主题。只有订阅了该主题，单片机才能将采集数据上传到服务器，供手机 APP 浏览；或当手机 APP 往这个主题推送一个指令后，单片机就可以收到这个主题的消息，达到手机控制单片机的目的。

订阅主题的协议内容如下。

上行：

```
cmd=1&uid=ce878fc1e93187e8fa33940400cd3ada&topic=humidity\r\n
```

正常返回：

```
cmd=1&res=1
```

上行是指终端设备发送数据到云平台的数据流。正常返回是指云平台响应终端设备请求，返回给终端设备的数据。注：可实现终端设备上线申请。

（1）cmd 为消息类型。cmd=1 订阅消息，终端设备发送一次此消息类型，完成登录云平台并保持在线状态，随后可以向云平台发送更新数据。

（2）uid 为用户私钥，如 ce878fc1e93187e8fa33940400cd3ada 可在控制台获取。

（3）topic 为用户主题，可以在控制台创建主题，格式为英文或数字，相当于设备标识，用于关联终端设备与主题。

（4）\r\n 为回车换行符，每条指令后都需要回车换行符，表示指令的结束。

（5）&为连接符，各字段间用"&"隔开。

2．发布消息

上行：

```
cmd=2&uid=ce878fc1e93187e8fa33940400cd3ada&topic=humidity&msg=36.7%\r\n
```

正常返回：

```
cmd=2&res=1
```

注：可实现一次更新主题数据（在线状态时，将湿度数据上传云平台）。

msg 为消息体，是用户想要发送到某个主题（humidity）的数据。

3．获取一次已推送的消息

（1）上传订阅主题（bedroom001）

cmd=3&uid=ce878fc1e93187e8fa33940400cd3ada&topic=bedroom001\r\n

（2）云平台推送消息

在消息栏填入内容，单击【推送消息】按钮完成推送，如图 9.7 所示。

（3）云平台返回一次数据

cmd=3&uid=ce878fc1e93187e8fa33940400cd3ada&topic=bedroom001&msg=on

上传一次订阅主题后，返回之前最后一次云平台推送的消息，此时主题设备处于接收订阅主题状态，当有新的推送消息时，依然可接收新的推送消息。

图 9.7　云平台向主题设备（bedroom001）推送消息

4．获取一次时间

上行：

cmd=7&uid=ce878fc1e93187e8fa33940400cd3ada&type=1\r\n

正常返回：

2021-06-11 16:39:27

说明：

（1）type=1，获取当前日期和时间，例如，2021-06-11 16:39:27。

（2）type=2，获取当前时间，例如，16:39:27。

（3）type=3，获取当前时间戳，例如，1623403325。

（4）获取一次时间之前，需要发送一次订阅主题。

5．获取一次已发消息

上行：

cmd=9&uid=ce878fc1e93187e8fa33940400cd3ada&topic=temp\r\n

正常返回：

cmd=9&time=1638592416&uid=ce878fc1e93187e8fa33940400cd3ada&topic=temp&msg=54.2

6．发送心跳命令

巴法云平台基于 TCP 协议栈同时支持 TCP 心跳长连接。单片机发送心跳命令，用于持续保持单片机与云平台之间通信链路的连接，协议内容如下。

上行：

ping\r\n

正常返回：

cmd=0&res=1

说明：发送任意数据为心跳消息，包括上述指令也算是心跳消息，但要以\r\n 结尾。心跳消息是告诉服务器设备还在线，可 20s 发送一次，结尾以\r\n 结尾。

7．json 响应

上述任意指令中加入 mode=1 时，服务器响应的数据格式是 json 类型。

9.2.3 巴法云平台接入协议测试环境

使用网络调试助手软件，可以模拟终端设备与巴法云的 TCP 设备云之间建立连接，测试云平台接入协议的内容。网络调试助手软件的网络环境按照如图 9.8 所示设置后，单击【连接】按钮，即可连接到巴法云平台。连接完成后，该按钮变成【断开】，此时单击【断开】按钮，可以断开与巴法云平台的连接。

协议类型：TCP Client；远程主机地址：bemfa.com；远程主机端口：8344。

在图 9.8 中，"数据发送"栏填入的是终端设备需要发送的数据帧。"数据日志"窗口接收的数据是巴法云平台下发送的数据帧。

需要注意终端设备上传巴法云平台的数据时间间隔有限制，最短间隔时间依据用户权限而定，最长间隔时间不要超过 20s（以实际测试时间为准）。若需要终端设备持续保持在线状态，当上传数据间隔时间较长时，可以插入心跳消息告诉远程主机终端设备还在线。

1．订阅主题协议

（1）设置网络调试助手参数，连接巴法云平台。

（2）在网络调试助手中发送订阅主题通信协议帧，如图 9.8 所示。

图 9.8　在网络调试助手中发送订阅主题通信协议帧

在网络调试助手的"数据日志"窗口可以看到收发数据的内容，其中可以清晰了解到云平台返回数据的内容，便于后续单片机的编程处理。

（3）依据云平台接入协议，合成订阅 3 个主题的通信协议帧。

cmd=1&uid=ce878fc1e93187e8fa33940400cd3ada&topic=humidity\r\n
cmd=1&uid=ce878fc1e93187e8fa33940400cd3ada&topic=parlour001\r\n
cmd=1&uid=ce878fc1e93187e8fa33940400cd3ada&topic=bedroom001\r\n

（4）在 TCP 创客云控制台中可以看到 3 个主题已经订阅成功，终端设备处于在线状态，如图 9.9 所示。

图 9.9　主题订阅成功

2. 发布消息

（1）依据云平台接入协议，合成发布信息的通信协议帧。

```
cmd=2&uid=ce878fc1e93187e8fa33940400cd3ada&topic=humidity&msg=56.8%\r\n
cmd=2&uid=ce878fc1e93187e8fa33940400cd3ada&topic=parlour001&msg=ON\r\n
cmd=2&uid=ce878fc1e93187e8fa33940400cd3ada&topic=bedroom001&msg=OFF\r\n
```

（2）确认终端设备在线，在网络调试助手中发送发布信息的通信协议帧。

（3）在 TCP 创客云控制台中可以看到 3 个主题内容已经更新，并显示更新时间，如图 9.10 所示。

图 9.10　主题内容更新

3. 接收云平台推送消息

当终端设备在线时，可以接收云平台推送的消息。

（1）在主题（bedroom001）的信息栏中填入消息内容（ON），单击【推送消息】按钮。

（2）网络调试助手接收到一帧云平台推送的消息，如图 9.11 所示。

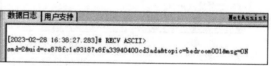

图 9.11　接收云平台推送消息

接收云平台推送消息（ASCII）：

```
cmd=2&uid=ce878fc1e93187e8fa33940400cd3ada&topic=bedroom001&msg=on
```

接收云平台推送消息（HEX）：

```
      63 6D 64 3D 32 26 75 69 64 3D 63 65 38 37 38 66 63 31 65 39 33 31 38 37 65 38 66 61 33 33
39 34 30 34 30 30 63 64 33 61 64 61 26 74 6F 70 69 63 3D 62 65 64 72 6F 6F 6D 30 30 31 26 6D 73 67
3D 6F 6E 0D 0A
```

从 HEX 格式中可以看到，接收到推送消息的结束符为 0D 和 0A，以此作为接收一帧的结束条件。接收到完整一帧消息后，在一帧内容中过滤推送主题名称（bedroom001）和消息内容（on），将名称（bedroom001）字段内容与继电器模块关联，依据内容（ON/OFF 或 on/off）与控制继电器动作关联，并将执行结果发布到云平台。9.2.1 节在控制台中已经新建主题：parlour001、bedroom001，两个主题均为插座类设备，在天猫精灵 APP 中设置设备位置，如客厅、卧室，设置后实施语音控制时可以说"打开客厅的插座"。

9.3 天猫精灵接入巴法云平台实现语音控制终端设备

9.3.1 接入设备主题命名规范

巴法云平台可接入天猫精灵的以下类型设备：插座、灯泡、风扇、传感器、空调、开关、窗帘等，用户可以自主选择是否接入天猫精灵。

主题名字后 3 位表示接入的设备类型：001 时为插座；002 时为灯泡；003 时为风扇；004 时为传感器；005 时为空调；006 时为开关；009 时为窗帘。

当主题名字为其他时，默认为普通主题，不会同步到天猫精灵 APP。

9.3.2 同步到天猫精灵 APP

（1）从手机中自行下载并安装天猫精灵 APP，在 APP 中绑定天猫精灵设备。

（2）在 APP 中登录巴法云平台，如图 9.12 所示。

① 打开天猫精灵 APP，搜索巴法云。

② 单击搜索巴法云图标，使用注册的电子邮箱登录巴法云平台。

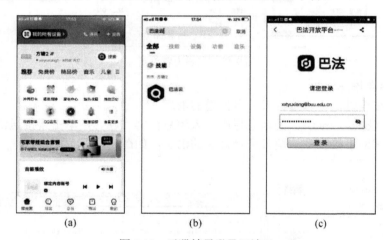

图 9.12 天猫精灵登录巴法云

（3）在 APP 中同步云平台的插座设备，如图 9.13 所示。

① 登录巴法云平台后，单击【设备同步】按钮，可以看到在云平台创建的两个主题插座设备。

② 长按插座图标，可以修改插座位置。

③ 选择修改插座位置，将两个插座位置分别修改为客厅和卧室。

9.3.3 天猫精灵 APP 我家

再次打开天猫精灵 APP，在主页中单击【我的所有设备】，可看到天猫精灵 APP 中我的全部设备，包含巴法云平台关联过来的两个插座设备，此时可以发出语音指令如"天猫精灵，关闭卧室插座"。也可单击图 9.14(a)中的卧室插座图标，进入插座操作界面。

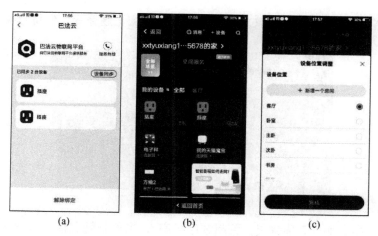

图 9.13 在 APP 中同步我的插座设备

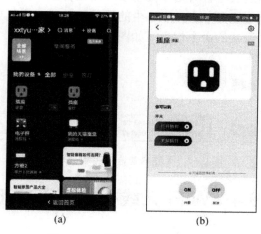

图 9.14 天猫精灵 APP 我家

1．手动操作

（1）登录巴法云平台的 TCP 创客云。

（2）使用网络调试助手连接到 TCP 创客云，发送订阅主题命令，保持订阅的主题在线（见图 9.8）。

（3）在图 9.14（b）中手动单击图标 ON 按钮，此时可看到 TCP 创客云控制台主题 bedroom001 中的数值和时间内容已更新，网络调试助手中接收到云平台推送给主题关联设备的命令信息，如图 9.15 所示。

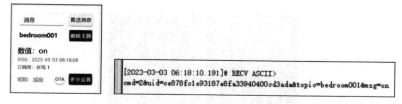

图 9.15 天猫精灵 APP 手动控制云平台设备

2．语音指令

（1）在天猫精灵 APP 中确认天猫猫音在线，天猫猫音如图 9.16 所示。

（2）登录巴法云平台的 TCP 创客云。

（3）使用网络调试助手连接到 TCP 创客云，发送订阅主题命令，保持订阅的主题在线（见图 9.8）。

图 9.16　天猫猫音

（4）发出语音指令如"天猫精灵，关闭客厅插座"，当天猫精灵接收到语音指令后，指令内容会上传到云平台，并通过云平台将指令推送给终端设备。

（5）TCP 创客云控制台主题 parlour001 中的数值和时间内容已更新，网络调试助手中接收到云平台推送给主题关联设备的命令信息，如图 9.17 所示。

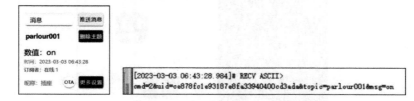

图 9.17　天猫猫音语音控制云平台设备

9.4　WiFi 无线模块 ESP8266

9.4.1　概述

ESP8266 是 ALIENTEK 公司推出的一款高性能 UART-WiFi（串口-无线）模块。ESP8266 模块采用串口（LV TTL）与 MCU（或其他串口设备）通信，内置 TCP/IP 协议，能够实现串口与 WiFi 之间的转换。通过 ESP8266 模块，传统的串口设备只需要进行简单的串口配置，即可通过网络（WiFi）传输数据。

ESP8266 模块非常小巧（29mm×19mm），可通过 6 个 2.54mm 间距的排针与外部连接，其外形如图 9.18 所示。

图 9.18　ESP8266 模块外形

ESP8266 模块各引脚功能描述见表 9.1。

表 9.1　ESP8266 模块各引脚功能描述

序号	名称	说明
1	VCC	电源（3.3~5V）
2	GND	电源地
3	TXD	模块串口发送引脚（TTL 电平，不能直接接 RS-232 电平），可接单片机的 RXD 引脚
4	RXD	模块串口接收引脚（TTL 电平，不能直接接 RS-232 电平），可接单片机的 TXD 引脚
5	RST	复位（低电平有效）
6	IO_0	用于进入固件文件烧写模式，低电平是烧写模式，高电平是运行模式（默认状态）

1．测试环境

搭建的 ESP8266 模块数据传输协议测试环境如图 9.19 所示。

（1）串口调试助手。前期测试阶段使用基于 PC 的串口调试助手完成协议内容的测试，后期使用单片机编程实现协议内容。

（2）使用 USB 转串口模块连接 ESP8266 模块。

（3）测试设置 ESP8266 模块进入透传（透明传输）状态的 AT 指令。

（4）设置 ESP8266 模块进入透传状态，进一步测试云平台的接入协议。

（5）协议测试完成后，可以换为 STM32 连接到 ESP8266 模块，编程实现协议内容。

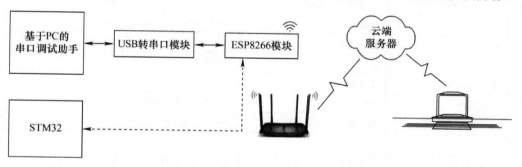

图 9.19　ESP8266 模块数据传输协议测试环境

2．工作状态

（1）命令交互状态，也称 AT 状态。当 ESP8266 模块处于命令交互状态时，可以接收从串口发送来的 AT 指令。使用串口调试助手发送 AT 指令对 ESP8266 模块的工作参数进行配置，配置的主要内容有：工作于 STA 模式、连接指定热点、连接指定 IP、进入透传状态。

（2）透传状态。ESP8266 模块的串口和无线端口之间处于透传状态。串口来的数据从无线端口发出，无线端口来的数据从串口发出，此时可用于测试云平台接入协议。随后若将 STM32 连接到 ESP8266 模块的串口，STM32 就可借助 ESP8266 模块实现与云平台的无线通信。

3．工作模式

（1）AP 模式。ESP8266 模块可以发布 WiFi 热点，允许其他 WiFi 设备连接到本模块，实现串口与其他设备之间的无线（WiFi）数据传输。该模式下根据应用场景的不同，可以设置 3 个子模式：TCP 服务器、TCP 客户端和 UDP。

（2）STA 模式。ESP8266 模块作为无线 STA，用于连接到无线网络，实现串口与其他设备之间的无线数据传输。在图 9.1 所示的家庭语音控制器系统中，ESP8266 模块工作于 STA 模式。

（3）AP+STA 模式。ESP8266 模块既作为无线 AP，又作为无线 STA，其他 WiFi 设备可以连接到该模块，ESP8266 模块也可以连接到其他无线网络，实现串口与其他设备之间的无线数据传输。

9.4.2　AT 指令集

当 ESP8266 模块处于命令交互状态时，可以通过 AT 指令对模块进行设置。AT 指令的格式如下：

```
AT+<COMMAND>=<VALUE>\r\n
```

根据不同指令，ESP8266 模块将返回不同的值。其中\r\n 为回车换行符，表示指令的结束，用十六进制数表示就是 0x0D、0x0A。例如：

```
AT+CWMODE?\r\n                ;查询当前模块的工作模式
AT+CWMODE=3\r\n               ;设置模块工作模式为 AP+STA 模式
```

ESP8266 模块上电复位后处于 AT 状态，等待接收 AT 指令。若模块预先存有特定的 AT 指令，上电复位后会自动执行这些 AT 指令，进入指定的工作状态。

ESP8266 模块常用的 AT 指令见表 9.2。

表 9.2　ESP8266 模块常用的 AT 指令

类别	指令	功能	说明
测试	AT	测试指令	可以检测模块、连线是否正确
	AT+GMR	版本信息	查看固件文件版本
	AT+RST	重启指令	软件重启
	AT+RESTORE	恢复出厂设置	恢复出厂设置
查看	AT+CMD?	查询指令	可以查看当前该指令设置的参数
	AT+CMD=?	测试指令	查看当前该设置的范围
	AT+CMD	执行指令	
	AT+CWLAP	查看当前可搜索的热点	WiFi 探针（STA 模式下使用）
	AT+CWLIF	查看接入设备的 IP、MAC	WiFi 探针（AP 模式下使用）
	AT+CIPAP	查看 AP 的 IP 地址	如 AT+CIPAP="192.168.4.1"
	AT+CIPSTA	查看 STA 的 IP 地址	如 AT+CIPSTA="192.168.4.2"
	AT+CIFSR	查看当前连接的 IP	
	AT+CIPSTATUS	获得当前的连接状态	
基本设置	AT+UART	串口配置	AT+UART=115200,8,1,0,0
	AT+SLEEP	设置睡眠模式	0,禁止休眠(功耗大)；1, light-sleep（20mA）；2, modem-sleep
	AT+CWMODE	基本模式配置	[1 Sta;2 AP; 3 Sta+AP]
	AT+CIPMODE	设置透传状态	0, 非透传状态；1, 透传状态
	AT+CIPMUX=0/1	设置单/多连接	0, 单连接；1, 多连接
	AT+CIPSTART	建立 TCP/UDP 连接	AT+CIPSTART=[id],[type],[addr],[port]
AP模式	AT+CWMODE=2	开启 AP 模式	重启后生效，AT+RST
	AT+CWSAP	配置热点的参数	AT+CWSAP="ESP8266","TJUT2017",6,4
	AT+CIPMUX=1	设置多连接	多连接才能开启服务器
	AT+CIPSERVER	设置服务器端口	AT+CIPSERVER=1，8686

类别	指令	功能	说明
STA 模式	AT+CWMODE=1	开启 STA 模式	配置模式要重启后才可用
	AT+CWLAP	扫描热点	配置 STA 模式后才可用
	AT+CWJAP	当前 STA 加入 AP 热点	AT+CWJAP="热点","密码"
	AT+CIPMUX=0	打开单连接	
	AT+CIPMODE=1	透传状态	透传状态必须选择单连接
	AT+CIPSTART	建立 TCP 连接	AT+CIPSTART="TCP","192.168.4.1",8686
	AT+CIPSEND	开始传输	
	AT+SAVETRANSLINK	开机自动连接并进入透传状态	AT+SAVETRANSLINK=1,"192.168.4.1",8686,"TCP"
	AT+SAVETRANSLINK=0	取消开机透传和自动 TCP 连接	
	AT+CWAUTOCONN	设置 STA 开机自动连接	AT+CWAUTOCONN=1

9.4.3 配置 ESP8266 模块进入透传状态

ESP8266 模块与 USB-232 模块相连，PC 使用串口调试助手发送 AT 命令，配置 ESP8266 模块进入透传状态。串口调试助手设置为：115200，发送字符，发送新行。

此时 ESP8266 模块处于命令交互状态，可以接收 AT 指令。

```
AT+RESTORE                                  ;恢复出厂设置
AT+CWMODE=1                                 ;STA 模式
AT+CWLAP                                    ;扫描热点
AT+CWJAP="vivo X20A","qwerqwer"            ;热点名称为 vivo X20A，登录密码为 qwerqwer
AT+SAVETRANSLINK=1,"bemfa.com",8344,"TCP"  ;开机重启后自动建立 TCP 连接
//AT+CIPSTART="TCP","bemfa.com",8344         ;建立 TCP 连接，仅当前一次
AT+CIPMODE=1                                ;进入透传状态
AT+RST                                      ;ESP8266 复位重启
```

串口调试助手的参数设置如图 9.20 所示。在串口调试助手中预置上述 AT 指令，完成对 ESP8266 模块的设置。

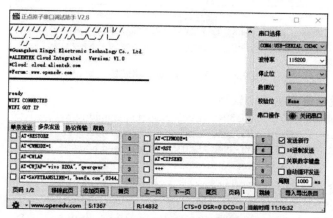

图 9.20　串口调试助手的参数设置

（1）在实际使用过程中，也可通过 GPIO 在 ESP8266 模块的 RST 引脚添加脉冲信号，实现对 ESP8266 模块的复位。

（2）在使用上述 AT 指令设置完成后，ESP8266 模块可以连接到巴法云平台，此时 ESP8266 模

块处于透传状态。串口调试助手可以使用巴法云平台的接入协议，实现与云平台的数据传输。

（3）在测试其他云平台 IP 时，发现串口调试助手还需要追加执行以下一条 AT 指令后，才可以与云平台正常通信（使用时需要测试确认）：

```
AT+CIPSEND                                    ;随后发的数据都会无条件传输（不一定需要）
```

按照上述过程设置，每次上电复位，ESP8266 模块均会在完成自检后，自动连接到指定的热点 vivo X20A 并使用 TCP 协议登录 IP（bemfa.com：8344），连接成功后，ESP8266 模块进入透传状态。这时串口调试助手通过 ESP8266 模块与巴法云平台之间完成无线连接，串口调试助手可以按照接入协议，实现与云平台的数据传输。在透传状态下，ESP8266 模块的串口与连接到的 IP（服务器）之间双向进入透传状态，ESP8266 模块的串口接收到的数据传输到连接的 IP（服务器），IP（服务器）发送的数据从 ESP8266 模块的串口发出。

9.4.4　测试接入协议

1．订阅主题
在 9.2.3 节中使用网络调试助手发送订阅主题协议帧为：

```
cmd=1&uid=ce878fc1e93187e8fa33940400cd3ada&topic=humidity\r\n
```

与使用网络调试助手发送订阅主题协议帧有所不同的是，在使用串口调试助手发送订阅主题协议帧时，帧的结尾处不能添加结束符\r\n。因为若在发送的数据中添加\r\n，串口调试助手会将数据当作普通字符发出，无法实现结束符应有的功能。这里需要通过串口调试助手中的"发送新行"功能来实现，如图 9.21 所示。

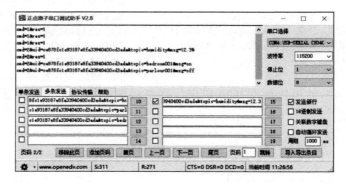

图 9.21　串口调试助手测试接入协议

串口调试助手发送订阅主题协议帧：

```
cmd=1&uid=ce878fc1e93187e8fa33940400cd3ada&topic=humidity
cmd=1&uid=ce878fc1e93187e8fa33940400cd3ada&topic=parlour001
cmd=1&uid=ce878fc1e93187e8fa33940400cd3ada&topic=bedroom001
```

2．更新主题
串口调试助手发送更新主题协议帧：

```
cmd=2&uid=ce878fc1e93187e8fa33940400cd3ada&topic=humidity&msg=12.3%
cmd=2&uid=ce878fc1e93187e8fa33940400cd3ada&topic=parlour001&msg=ON
cmd=2&uid=ce878fc1e93187e8fa33940400cd3ada&topic=bedroom001&msg=OFF
```

3．接收云平台推送消息
（1）云平台在主题（bedroom001）信息栏中填入消息内容（on），单击【推送消息】按钮。串口调试助手接收到一帧云平台推送的消息，如图 9.21 所示。

在接收到的消息内容中含有推送主题的名称（bedroom001）和消息内容（on）。在后续编程中，单片机需要对接收到的这一帧数据进行解析，将名称（bedroom001）字段与继电器模块关联，依据消息内容（ON/OFF 或 on/off）与控制继电器动作关联，并将执行结果发布到云平台。

（2）云平台在主题（parlour001）信息栏中填入消息内容（off），单击【推送消息】按钮。串口调试助手接收到一帧云平台推送的消息，如图 9.22 所示。

图 9.22　串口调试助手订阅和更新主题

9.4.5　ESP8266 模块退出透传状态

若上电运行，发送 AT 指令给 ESP8266 模块后无回应，此时 ESP8266 模块大概率处于 TCP 连接的数据透传状态，需要发送"+++"指令使其退出透传状态，返回命令交互状态。

若需要对 ESP8266 模块进行重新设置，且此时 ESP8266 模块处于透传状态，可执行以下步骤：

（1）使用串口调试助手连接 ESP8266 模块，在串口调试助手中发送 AT 指令。

（2）发送"+++"指令，ESP8266 模块接收到"+++"指令后会退出透传状态。在串口调试助手中发送此命令前，需取消勾选"发送新行"选项，否则 ESP8266 模块会接收到"+++\r\n"指令，从而无法退出透传状态。

（3）发送"AT+RESTORE"指令，恢复出厂设置。在串口调试助手中发送此命令前，需勾选"发送新行"选项。若 ESP8266 模块对恢复出厂设置命令无响应，可重复步骤（2）和（3）。

（4）重新配置 ESP8266 模块进入透传状态。

9.4.6　ESP8266 模块使用串口调试助手连接巴法云平台流程

使用串口向 ESP8266 模块发送 AT 指令的过程中，除了退出透传命令不需要加结束符，其他指令均需添加结束符表示本次发送 AT 指令的结束。当 ESP8266 模块连接到云平台并处于透传状态时，借助 ESP8266 模块发送到云平台的每条协议帧均需要有结束符。使用串口调试助手时，通过勾选"添加新行"选项实现添加结束符，在单片机编程时，在命令或协议帧后补"\r\n"来实现添加结束符。

1．命令交互状态

在串口调试助手中确认 ESP8266 模块当前处于命令交互状态，若 ESP8266 模块当前处于透传状态，需要使用 AT 指令使其退出透传状态。

串口调试助手发送退出透传状态指令：

+++	;退出透传状态

退出透传状态指令不要添加结束符。其他 AT 指令后均要添加结束符，即在串口调试助手中勾选"发送新行"选项，在所编写的指令中需要添加"\r\n"。

2. 串口调试助手发送设置连接热点信息指令

AT+RESTORE	;恢复出厂设置
AT+CWMODE=1	;STA 模式
AT+CWJAP="vivo X20A","qwerqwer"	;热点和密码
AT+RST	;软件重启

如图 9.23 所示。

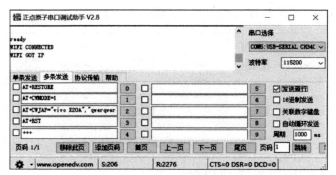

图 9.23　连接热点

3. 串口调试助手接收 ESP8266 模块工作状态信息

ESP8266 模块复位（上电或复位脉冲）重启后 5s，会从串口输出以下信息：

ASCII 格式：	Ready
HEX 格式： 72 65 61 64 79 0D 0A	
ASCII 格式：	WIFI CONNECTED
HEX 格式： 57 49 46 49 20 43 4F 4E 4E 45 43 54 45 44 0A	
ASCII 格式：	WIFI GOT IP
HEX 格式： 57 49 46 49 20 47 4F 54 20 49 50 0A	

（1）ESP8266 模块正常启动后 5s 内会返回"Ready"信息，含完整的结束符。

（2）当连接热点成功后会返回"WIFI CONNECTED"信息，含不完整的结束符。

（3）ESP8266 模块分配到 IP 后会返回"WIFI GOT IP"信息，含不完整的结束符。

可以通过串口调试助手测试返回 3 条信息的间隔时间，供单片机编程串口接收 3 条信息的延时参数使用。

4. 串口调试助手发送建立 TCP 连接指令

AT+CIPSTART="TCP","bemfa.com",8344	;建立 TCP 连接，仅当前一次
AT+CIPMODE=1	;进入透传状态
AT+CIPSEND	;开始传输数据

5. 串口调试助手发送订阅主题协议帧

cmd=1&uid=ce878fc1e93187e8fa33940400cd3ada&topic=humidity

cmd=1&uid=ce878fc1e93187e8fa33940400cd3ada&topic=parlour001

cmd=1&uid=ce878fc1e93187e8fa33940400cd3ada&topic=bedroom001

6. 串口调试助手发送更新主题协议帧

cmd=2&uid=ce878fc1e93187e8fa33940400cd3ada&topic=humidity&msg=12.3%

cmd=2&uid=ce878fc1e93187e8fa33940400cd3ada&topic=parlour001&msg=ON

cmd=2&uid=ce878fc1e93187e8fa33940400cd3ada&topic=bedroom001&msg=OFF

7. 串口调试助手接收云平台推送信息

ASCII 格式：

cmd=2&uid=ce878fc1e93187e8fa33940400cd3ada&topic=bedroom001&msg=on

HEX 格式：

63 6D 64 3D 32 26 75 69 64 3D 63 65 38 37 38 66 63 31 65 39 33 31 38 37 65 38 66 61 33 33
39 34 30 34 30 30 63 64 33 61 64 61 26 74 6F 70 69 63 3D 62 65 64 72 6F 6F 6D 30 30 31 26 6D 73 67
3D 6F 6E 0D 0A

串口调试助手接收云平台推送信息中含完整的结束符。

9.5 习　　题

9.1　开通巴法云平台私有账号。

9.2　使用网络调试助手实现与云平台的数据双向传输。

9.3　使用微信小程序实现与云平台的数据传输。

9.4　自行构建数据终端，实现与云平台的数据传输。

9.5　实现微信小程序与自行构建数据终端的数据传输。

第 10 章　集成开发环境

集成开发环境（Integrated Development Environment，IDE）是用于提供程序开发环境的应用程序，一般包括代码编辑器、编译器、调试器和图形用户界面等工具，是集代码编写、分析、编译、调试等功能于一体的开发软件服务套件。

Keil μVision 是美国 Keil 公司出品的 51 系列单片机 C 语言软件开发系统，使用接近于传统 C 语言的语法。ARM 公司收购 Keil 公司后，推出了面向 Cortex-M 处理器的 MDK-ARM 开发工具——Keil μVision5（Keil 5），用于 STM32 等微控制器的开发。

MDK（Microcontroller Development Kit）是目前针对 ARM 处理器，尤其是 Cortex-M 处理器的最佳程序设计和调试工具。书中例程使用 MDK5.23，该版本使用 Keil 5，其运行界面图 10.1 所示。

图 10.1　Keil 5 运行界面

10.1　安装 Keil 5

1．资源文件

在 ARM Developer 官网下载所需的资源文件：

（1）mdk523.exe：MDK5.23 安装文件。

（2）Keil.STM32F1xx_DFP.1.0.5：STM32F103x 器件包。

（3）调试器驱动程序：含 ST-Link、J-LINK。

（4）标准库\STM32F10x_StdPeriph_Lib_V3.5.0：STM32 官方标准库。

2．安装 MDK5.23

双击 mdk523.exe 进行安装。要注意安装路径不要包含中文，建议安装在默认路径下。安装 MDK5.23 后，所需的 CMSIS 和 MDK 中间软件包已经安装了，完成安装后会在桌面上生成 MDK 软件图标。本章随后将 STM32 单片机的集成开发环境简称为 Keil 5。

3．注册 Keil 5

MDK 产品的安装和使用需要获得授权和注册，使用评估版编写的工程代码编译后，其长度不能超过 32KB。在 Keil 5 中选择菜单命令"File"→"License Management"，调出许可证管理界面，可以看到当前 MDK 产品的有效截止日期。建议用户购买和安装正版软件。

4．安装 Keil 5 器件包

关闭 Keil 5，双击 Keil.STM32F1xx_DFP.1.0.5，安装 STM32F103x 器件包。STM32 其他系

列可在官网上下载对应的器件包。器件包安装完毕后，再次启动 Keil 5。

Keil 5 有编辑（Editing）和调试（Debugging）两种工作模式。

10.2 编 辑 模 式

运行 MDK 软件，首先进入 Keil 5 的编辑模式，编辑模式界面如图 10.2 所示。

图 10.2 Keil 5 编辑模式界面

10.2.1 Options for Target 窗口

Options for Target 窗口是最常用的一个窗口，用于配置目标硬件和开发环境，配置的内容取决于所选的器件和工具链。在图 10.2 中选择菜单命令"Project"→"Options for Target"或单击工具栏中的 按钮，打开 Options for Target 窗口。

1. Device 选项卡

（1）在 Options for Target 窗口中单击 Device 选项卡。正确安装 STM32F103x 器件包后，会在 Device 选项卡中显示当前 Keil 5 已安装的器件包，如图 10.3 所示。

（2）新建工程时，首先需要选择 STM32 处理器型号。在图 10.3 中，选择的处理器型号是 STM32F103C8，如图 10.3(b)所示。对于已有工程，可以通过 Device 选项卡查看工程所配置的处理器型号。

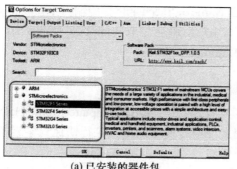 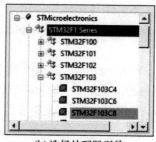

(a) 已安装的器件包　　　　　　　　　(b) 选择处理器型号

图 10.3 Device 选项卡

2. Target 选项卡

在 Options for Target 窗口中单击 Target 选项卡，如图 10.4 所示。目前 STM32F1 系列开发板上 CPU 外部晶振的主频通常为 8MHz，为了保持代码的兼容性，这里在 Xtal(MHz)栏中填写 8.0。其他选项使用默认值。

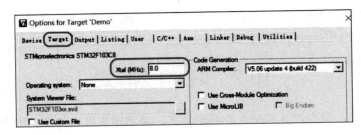

图 10.4　Target 选项卡

3．Output 选项卡

编译就是通过编译器将编写的程序代码翻译成 CPU 可识别的机器码。STM32 单片机的可执行文件是 HEX 文件，使用 Keil 5 提供的编译器可将工程中所需要的文件编译后生成 HEX 文件。也可以使用编译器编译生成 elf 文件，用于 Proteus 软件的仿真调试。

在图 10.2 中选择菜单命令"Project"→"Rebuild All Target files"，开始编译工程，编译过程中生成的中间文件默认存放目录是 Keil 5 自动生成的 Objects 目录和 Listings 目录。为了便于工程文件的维护，可以设置编译后的文件存放目录，在 Options for Target 窗口中单击 Output 选项卡，如图 10.5 所示。

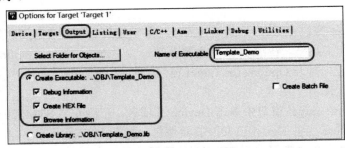

图 10.5　Output 选项卡

（1）设置编译后的文件存放目录。单击【Select Folder for Objects】按钮，重新指定编译后生成文件存放目录：..\OBJ\Template_Demo，路径中的 Template_Demo 是当前工程文件夹。

（2）设置编译后生成的可执行文件名。在 Name of Executable 栏中输入 Template_Demo，表示编译后生成的可执行文件与工程文件同名。不添加后缀会生成 Template_Demo.hex 文件。若希望生成 elf 文件，需要在栏中输入 Template_Demo.elf。

（3）勾选项

勾选 Debug Information，生成支持在线调试的文件。

勾选 Creat HEX File，生成目标文件，存盘路径：..\OBJ\Template_Demo.HEX。

勾选 Browse Information，支持在工程文件中对变量或函数进行快速检索定位。

4．C/C++选项卡

使用 STM32 官方标准库创建工程文件时，在 C/C++选项卡中需要完成以下配置工作。在 Options for Target 窗口中单击 C/C++选项卡，如图 10.6 所示。

（1）C99 Mode 选项。本书第 6 章所用工程需要勾选该选项，其他章所用工程不需要勾选该选项。

（2）Define 框中输入 STM32F103_MD,USE_STDPERIPH_DRIVER，其中 STM32F103_MD 依赖于所选器件的内部存储器容量，本节所选 STM32F103C8 有中密度容量。若选高密度容量的 STM32F103ZE，应换成 STM32F103_HD。

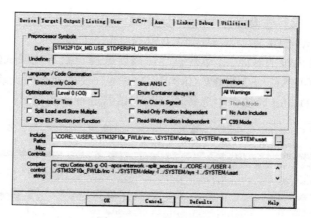

图 10.6　C/C++选项卡

（3）Include Paths 框中添加工程所需.h 文件路径。

（4）若使用 STM32CubeMX 创建工程的文件，Optimization 栏中选择 Level 0，避免一些不必要的优化操作影响代码的运行结果。

C/C++选项卡中其他内容可以使用默认值。

5. Debug 选项卡

在 Options for Target 窗口中单击 Debug 选项卡，如图 10.7 所示。图 10.7 中需要设置的内容分为模拟仿真和在线调试两部分。

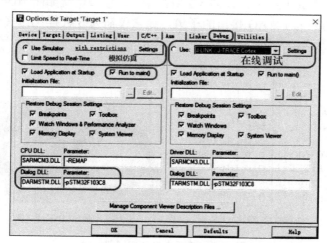

图 10.7　Debug 选项卡

（1）勾选项如图 10.7 所示。其中 Run to main()表示自动运行启动文件后，程序指针暂停在主函数入口。

（2）使用 Keil 5 提供的模拟环境调试程序可以勾选 Use Simulator 选项。

（3）左、右两个 Dialog DLL 框中分别输入 DARMSTM.DLL 和 TARMSTM.DLL。

（4）左、右两个 Parameter 框中均输入-pSTM32F103C8，用于设置支持 STM32F103C8 仿真过程中的在线调试。若仿真 TM32F103ZE，需要修改为-pSTM32F103ZE。

10.2.2　调试器

图 10.7 中右边为在线调试环境设置。如果有硬件电路板且使用在线调试，需要在下拉列表

中选择调试器类型并完成后续设置。

1. 安装调试器驱动程序

在开发基于 ARM 内核的 STM32 单片机时，需要选择一款下载调试器（简称调试器）。常用的调试器类型包括 J-LINK、ST-Link、CMSIS-DAP 等，使用前需要安装调试器驱动程序，然后可在图 10.8 所示的 Debug 选项卡中选择适当的调试器进行在线调试。

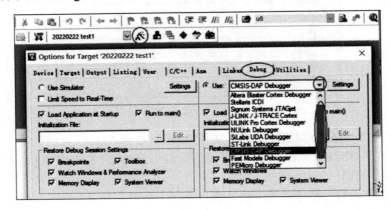

图 10.8　选择适当的调试器

2. 目标板载调试接口

STM32 支持串行调试（SWD）和 JTAG 两种接口，接口定义如图 10.9（a）所示。JTAG 接口为 20 引脚，SWD 接口为 JTAG 接口的子集，通常仅需要 3 根连接线（SWDIO、SWCLK、GND）。

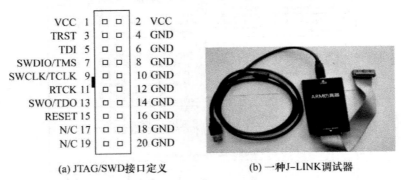

(a) JTAG/SWD接口定义　　　　　(b) 一种J-LINK调试器

图 10.9　调试接口及调试器实物

3. 设置调试器

以 J-LINK 调试器（见图 10.9（b））为例，调试器两端分别连接到目标板和计算机。

（1）在图 10.8 中选择 J-LINK 调试器后单击【Settings】按钮，打开调试器设置界面，默认显示 Debug 选项卡，如图 10.10 所示。

（2）在 Port 下拉列表中选择调试模式，所选模式要和当前调试器与目标板连接的一致，这里选择 JTAG 接口，连接速度可适当调整。

（3）J-Link/J-Trace Adapter 栏中有内容，表示 Keil 5 已经正确识别出所连接的调试器。

（4）JTAG Device Chain 栏中有内容，表示 Keil 5 借助调试器已经正确识别出目标板上的 CPU。单击图 10.10 中的【确定】按钮，返回 Keil 5 编辑模式界面，执行相应操作后，可以开始在线调试工程代码。

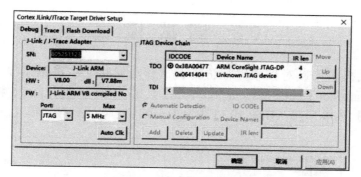

图 10.10　调试器设置界面

10.2.3　Manage Project Items 窗口

在图 10.2 中选择菜单命令"Project"→"Manage"→"Project Items"或单击工具栏中的 ♣ 按钮，打开 Manage Project Items 窗口，如图 10.11 所示。可以在当前工程中添加需要的工作组和源文件（.c 和 .s 文件）。

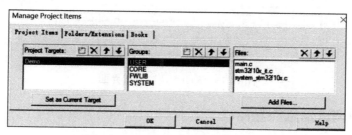

图 10.11　Manage Project Items 窗口

10.2.4　设置编码类型

在图 10.2 中选择菜单命令"Edit"→"Configuration"或单击工具栏中的 ✎ 按钮，弹出 Configuration 窗口，在 Editor 选项卡的 Encoding 下拉列表中选择编码类型。为了保持编写代码的一致性，将编码类型设置为 Chinese GB2312(Simplified)，如图 10.12 所示。

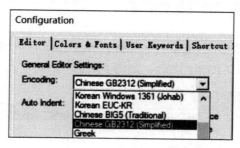

图 10.12　设置编码类型

10.2.5　工程的编译

在图 10.2 中选择菜单命令"Project"→"Rebuild All Target Files"或单击工具栏中的 ▦ 按钮，编译工程。编译过程中无语法错误后，可以进入调试模式。

10.3 调 试 模 式

Keil 5 的调试模式可以对程序进行仿真调试和功能验证。在图 10.2 中选择菜单命令
"Debug"→"Start/Stop Debug Session"或单击工具栏中的 ❷ 按钮，Keil 5 将进入调试模式，
调试模式界面如图 10.13 所示。在图 10.13 中单击 ❷ 按钮，可返回编辑模式。

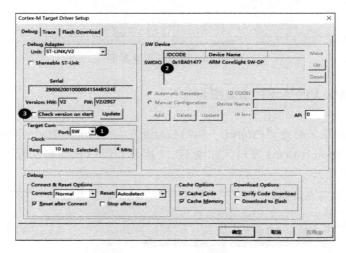

图 10.13　Keil 5 调试模式界面

10.3.1　常用调试信息交互窗口

Keil 5 在调试模式下提供了丰富的调试信息交互窗口和调试命令，极大方便了程序的仿真
调试过程。

1．Command 窗口

在图 10.13 中选择菜单命令"View"→"Command Window"或单击工具栏中的 ▣ 按钮，
打开 Command 窗口，如图 10.14 所示。

（1）命令输入栏中允许输入调试命令，方便与仿真过程中运行的程序进行交互。

（2）执行结果信息栏中显示常规调试信息。

2．Serial 窗口

在图 10.13 中选择菜单命令"View"→"Serial Window"→"UART #1"或单击工具栏中
的 ▣▾ 按钮。这里选择打开 UART #1 窗口，如图 10.15 所示。

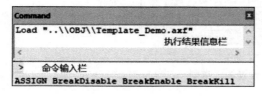

图 10.14　Command 窗口

图 10.15　UART #1 窗口

若程序代码中使用了 USART1，在打开的窗口中可以显示仿真过程中 STM32F103C8 使用
USART1 发出的数据，或在窗口中单击后输入一些字符发送给 STM32F103C8，方便串行通信代

码的调试过程。

3. Logic Analyzer 窗口

在图 10.13 中选择菜单命令"View"→"Analysis Window"→"Logic Analyzer"或单击工具栏中的 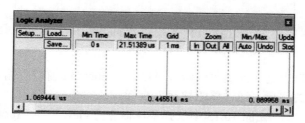按钮，打开 Logic Analyzer 窗口，如图 10.16 所示。

图 10.16　Logic Analyzer 窗口

逻辑分析仪（Logic Analyzer）是一种图形分析工具，显示用户指定变量的变化曲线。用户指定的变量可以是和单片机有关的片内外设名（全局符号）或用户程序中定义的全局变量。

【例 10.1】在 Logic Analyzer 窗口中添加分析变量 PB12。

步骤 1：查看 Keil 5 定义的和单片机有关的片内外设名称。在图 10.14 的命令输入栏输入"DIR VTREG"命令后回车，在执行结果信息栏中可以得到命令的执行结果信息。信息中显示和单片机有关的所有全局符号，符号中含有 PORTB。

步骤 2：单击图 10.16 中的【Setup】按钮，打开 Setup Logic Analyzer 窗口，如图 10.17 所示。单击 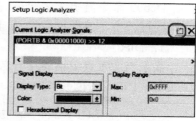 按钮，在输入栏中输入：PORTB.12 或(PORTB & 0x00001000) >>12。

步骤 3：单击 Current Logic Analyzer Signals 栏中的变量名，将 Display Type 修改为 Bit。

步骤 5：添加分析变量 PB12 过程结束，关闭 Setup Logic Analyzer 窗口。

图 10.17　添加分析变量

步骤 6：在图 10.13 中选择菜单命令"View"→"Periodic Window Update"。

步骤 7：全速运行程序，在图 10.16 中可见 PB12 输出值的变化曲线。

4. Watch 窗口

在图 10.13 中选择菜单命令"View"→"Watch Window"→"Watch1"或单击工具栏中的 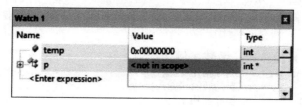按钮，打开 Watch 窗口，如图 10.18 所示。

图 10.18　Watch 窗口

Watch 窗口中可以添加程序代码中定义的变量，以观察调试过程中的断点信息。若 Watch 窗口中添加的变量在程序运行过程中无法正常显示数值，定义变量时可添加 static 修饰符。

5. Function Editor 窗口

在图 10.13 中选择菜单命令"Debug"→"Function Editor"，打开 Function Editor 窗口，如图 10.19 所示。在该窗口中可以定义函数或信号，用于辅助工程文件的仿真调试过程。

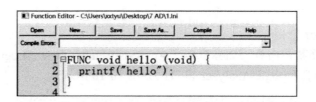

图 10.19　Function Editor 窗口

6．Toolbox 窗口

Function Editor 窗口中定义的函数或信号可以在 Command 窗口中输入命令来执行，也可与 Toolbox 窗口中的按钮关联后，通过单击按钮来执行。

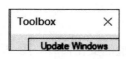

图 10.20　Toolbox 窗口

在图 10.13 中选择菜单命令"View"→"Toolbox"或使用工具栏中的 ⚒ 按钮，打开 Toolbox 窗口，如图 10.20 所示。单击【Update Windows】按钮，以执行相关的调试命令或函数。在仿真过程中，可以随时单击【Update Windows】按钮，运行定义的函数，如端口输入信号函数等，为工程文件仿真提供辅助数据。

10.3.2　常用 Debug 命令

Debug 命令需要在 Keil 5 调试模式下的 Command 窗口中的命令输入栏输入。在本节的命令说明过程中，使用符号">"表示在命令输入栏输入的命令，无符号的表示返回的结果信息。

1．DIR
显示当前预置模块的符号名称。

（1）DIR FUNC（PUBLIC、SIGNAL、UFUNC）

```
>DIR FUNC          //显示调试模式下加载的所有函数
>DIR PUBLIC        //显示所有全局符号名
>DIR SIGNAL        //显示用户定义的信号
>DIR UFUNC         //显示用户定义的函数
```

（2）DIR VTREG

```
>DIR VTREG         //显示调试模式下定义的当前单片机的片内外设名称
…
PORTA: ushort, value = 0x0000
S1IN: ushort, value = 0xFFFF
S1OUT: ushort, value = 0x0000
ADC1_IN1: float, value = 0…
```

从显示的内容中可知，STM32 的 ADC1 通道 1 在 Keil 5 中定义的端口名称是 ADC1_IN1。

2．KILL
删除先前定义的工具箱按钮、函数。例如：

```
>KILL FUNC ANALOG    //删除指定函数
>KILL FUNC *         //删除所有函数
>KILL BUTTON 1       //删除按钮 1
```

3．MODE
设置需要使用 PC 上 COM 端口的波特率和串行通信模式参数。例如：

```
> MODE COM3 19200,0,8,1 //使用 PC 的 COM3 端口，并将通信模式设置为
                        //19200b/s、无奇偶校验位、8 个数据位、1 个停止位
```

4．ASSIGN
（1）将 USART1 通信的对象绑定到 PC 的 COM3 端口。

```
>ASSIGN COM3 < S1IN > S1OUT
```

其中，S1IN、S1OUT 是 Keil 5 中定义的 STM32F103C8 的 USART1 名称。

（2）显示模拟仿真环境下 STM32 的 USART1 已经连接到 PC 的 COM3 端口。

```
>ASSIGN
…
COM2: <NUL >NUL
COM3: <S1IN >S1OUT
```

5．DEFINE

创建指定类型的符号。

在 Toolbox 窗口中新定义一个按钮：按钮的名称为 My hello，按钮关联的函数名称为 Myhello。

```
>DEFINE BUTTON "My hello", "Myhello()"
```

10.3.3　自定义函数 hello word

在 Keil 5 调试模式下，用户可以自定义函数，来辅助工程文件的模拟仿真调试过程。本节通过 hello word 函数，介绍函数的定义和运行过程。

1．配置 Keil 5

工程文件路径：..\20221230 源码\4 STM32F103C6 (CubeMX)\1 DEMO_LED\DEMO_LED\。

（1）在 Keil 5 中打开工程文件（..\DEMO_LED\MDK-ARM\DEMO_LED.uvprojx）。

（2）打开 Options for Target 窗口，需要确认以下选项卡中的内容。

● C/C++选项卡：Optimization 栏中选择 Level 0。

● Debug 选项卡：左边的 Dialog DLL 框中输入 DARMSTM.DLL，Parameter 框中输入 -pSTM32F103C6。勾选 Use Simulator 选项。

（3）编译无语法错误后，进入调试模式。

2．自定义函数

函数功能：在 Command 窗口中输出 hello word。

函数名称：Myhello。

函数体：

```
FUNC void Myhello(void) {
    printf("hello word\n");
}
```

打开 Function Editor 窗口，如图 10.21 所示。

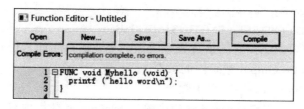

图 10.21　编辑自定义函数

（1）录入函数代码。代码中的 FUNC 表示 Myhello 是与硬件无关的函数。

（2）单击【Compile】按钮，编译函数。若有语法错误，会在 Function Editor 窗口和 Command 窗口的执行结果信息栏中有提示，此时需要确保函数编译通过。

3．打开 Command 窗口

Command 窗口打开方法详见 10.3.1 节。

4．添加调试按钮

在 Command 窗口的命令输入栏中输入添加按钮命令：

    DEFINE BUTTON "My_hello", "Myhello()"

命令含义：在 Toolbox 窗口中添加一个按钮，按钮名称为"My_hello"，按钮关联函数为 Myhello。单击按钮，会运行 Myhello 函数一次。

执行添加按钮命令后会弹出 Toolbox 窗口，并在 Toolbox 窗口中添加一个名称为 My_hello 的按钮。

5．运行 hello word 函数

方法 1：在 Command 窗口输入命令 Myhello()后回车，在 Command 窗口的执行结果信息栏中可见 Myhello 函数的运行结果，如图 10.22 所示。

方法 2：单击自定义按钮运行关联函数，在 Command 窗口中查看函数的运行结果。

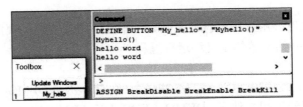

图 10.22　Myhello 函数的运行结果

6．用到的一些命令

    >dir func   //显示当前加载的函数
    user: void Myhello()   //命令执行结果
    >Myhello()   //运行自定义函数 Myhello
    >kill func Myhello   //卸载函数
    >kill Button 1   //删除 Toolbox 窗口中定义的第一个按钮

10.3.4　定义函数输出数组内容

Keil 5 调试模式下可以通过 Watch 窗口轻松查看数组内的数据，但无法将数据复制出来，这时可以通过 Function Editor 窗口定义一个函数，将数组内容打印输出。需要查看的 testOutput 数组，应是在当前工程中有定义的变量数组，即..\20221230 源码\22 FIR\20230102F103CBT6 (FIR)\USER\main.c 文件的第 150 行和第 167 行：

    150   #define TEST_LENGTH_SAMPLES   320
    167   static float32_t testOutput[TEST_LENGTH_SAMPLES];

调试模式下，在需要数组内容的位置设置断点，全速运行当前工程并且在断点处暂停后，可以通过以下步骤得到 testOutput 数组内的数据。

（1）在 Function Editor 窗口中定义函数

函数功能：使用 printf 在 Command 窗口中输出 testOutput 数组内容。

函数名称：displayvalues。

函数体：

    FUNC void displayvalues(void)
    {   int idx;
          for (idx = 0; idx < 320; idx++)
          printf("%.12f,\n", testOutput[idx]);   }

从以上代码可以看出，该函数就是打印输出数组 testOutput 的内容，输入结束后需要编译通过。

（2）设置断点，仿真运行工程文件后停于断点处。

（3）在 Command 窗口输入命令运行函数：

>displayvalues()

（4）查看函数运行结果。执行 Command 命令后，会在 Command 窗口的执行结果信息栏中输出当前程序断点位置的 testOutput 数组的内容。此后可对 Command 窗口内的数据进行复制和粘贴操作，保留数据后另做分析处理。

10.3.5　定义信号函数模拟一次按键动作

在 Keil 5 调试模式下，定义信号函数为单片机模拟输入信号。通过按钮关联后，在仿真工程文件过程中运行信号函数，为仿真过程提供必要的输入信号，辅助工程文件的调试过程。

1．定义 test_key1 函数

函数功能：在 PB7 引脚模拟一次脉冲输入过程。

信号名称：test_key1。

函数体：

```
signal void test_key1(void)        //signal 表示 test_key1 函数内容与硬件有关
{      PORTB |=1<<7;               //PB7 置高电平
       swatch(0.01);              //延时 0.01s
       PORTB &=~(1<<7);           //PB7 置低电平
       swatch(0.01);   }
```

2．定义按钮

```
DEFINE BUTTON "My_KEY", "test_key1()"
```

在调试工程代码时，通过单击按钮运行 test_key1 函数一次。

3．打开 Logic Analyzer 窗口

在 Logic Analyzer 窗口添加变量：PORTB.7、PORTB.12。

4．测试工程

工程文件路径：..\20221230 源码\4 STM32F103C6 (CubeMX)\2 KEY\KEY\。

（1）在调试模式下，全速仿真运行工程文件；

（2）单击 Toolbox 窗口中的 My_KEY 按钮，运行结果如图 10.23 所示。

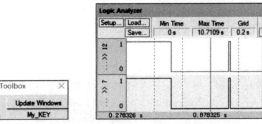

图 10.23　test_key1 函数的运行结果

从图中显示的仿真波形可知，仿真过程中程序能够检测到 PORTB.7 的状态，并将检测结果送到 PORTB.12 输出。

10.3.6 定义信号函数模拟方波

1. 定义 AIN1_Square 函数

```
SIGNAL void AIN1_Square(void)          //SIGNAL 类型
{ float volts;                         //peak-to-peak voltage
  float frequency;                     //output frequency in Hz
  float offset;                        //voltage offset
  float duration;                      //duration in Seconds
  volts = 2;
  offset = 1.6;
  frequency = 2400;
  duration = 0.5;
  printf("Square Wave Signal on AD Channel 0.\n");
  while(duration > 0.0)
  {    ADC1_IN1 = volts + offset;      //在 ADC1_IN1 模拟输入方波信号
       swatch(0.5 / frequency);
       ADC1_IN1 = offset;
       swatch(0.5 / frequency);
       duration -= 1.0 / frequency; } }
```

2. 定义按钮

```
DEFINE BUTTON "My_ADC", "AIN1_Square"
```

3. Logic Analyzer 窗口

添加变量 ADC1_IN1，类型为 Analog。

4. 测试工程

工程文件路径：..\20221230 源码\4 STM32F103C6 (CubeMX)\6 AD\AD\。

AIN1_Square 函数的运行结果如图 10.24 所示。

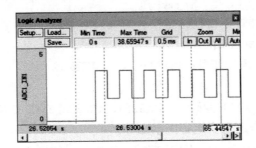

图 10.24　AIN1_Square 函数的运行结果

10.3.7 定义信号函数模拟锯齿波

1. 定义 AIN1_Saw 函数

```
SIGNAL void AIN1_Saw(void)             //SIGNAL 类型
{    float volts;                      //peak-to-peak voltage
     float frequency;                  //output frequency in Hz
     float offset;                     //voltage offset y
     float duration;                   //duration in Seconds
     float val;
     long i, end, steps;
```

```
            volts = 2.0; offset = 0.2; frequency = 1400;
            duration = 0.2;
            printf("Sawtooth Signal on AD Channel 1.\n");
            steps = (100000 * (1/frequency));
            end = (duration * 100000);
            for (i = 0; i < end; i++)
            {    val = (i % steps) / ((float) steps);
                ADC1_IN1 = (val * volts) + offset;
                swatch(0.00001); }                      //in 10μs increments
        }
```

2. 定义按钮

```
DEFINE BUTTON "AIN1_Saw","AIN1_Saw()"
```

3. Logic Analyzer 窗口

添加变量 ADC1_IN1，类型为 Analog。

4. 测试工程

工程文件路径：..\20221230 源码\4 STM32F103C6 (CubeMX)\6 AD\AD\。

AIN1_Saw 函数的运行结果如图 10.25 所示。

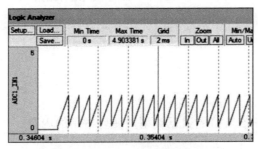

图 10.25　AIN1_Saw 函数的运行结果

10.3.8　定义信号函数模拟正弦波

1. 定义 AIN1_Sine 函数

```
signal void AIN1_Sine(void)                 //SIGNAL 类型
{    float volts;                           //peak-to-peak voltage
    float frequency;                        //output frequency in Hz
    float offset;                           //voltage offset
    float duration;                         //duration in Seconds
    float val;
    long   i, end;
    volts   = 1.4;     offset = 1.6;     frequency = 180;
    duration   = 5.0;
    printf("Sine Wave Signal on A/D input AD02n");
    end = (duration * 10000);
    for (i = 0; i < end; i++)   {
    val = __sin(frequency * (((float) STATES) / ADCCLK) * 2 * 3.1415926);
    ADC1_IN1 = (val * volts) + offset;
    swatch(0.0001); }                       //in 100μs steps
}
```

2．定义按钮

DEFINE BUTTON "AIN1_Sine","AIN1_Sine()"

3．Logic Analyzer 窗口

添加变量 ADC1_IN1，类型为 Analog。

4．测试工程

工程文件路径：..\20221230 源码\4 STM32F103C6 (CubeMX)\6 AD\AD\。

AIN1_Sine 函数的运行结果如图 10.26 所示。

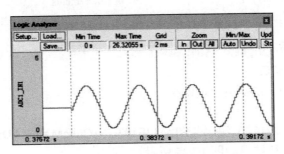

图 10.26　AIN1_Sine 函数的运行结果

10.4　MDK 下 C 语言基础

10.4.1　数据类型

以下代码测试本机 Keil 5 支持的数据类型及变量占用的内存：

```
#include <stdlib.h>
#include <stdio.h>
int main(void)
{    unsigned char a,b,c,d,e,f,g,h;
     static int temp;
     a=sizeof(char);              //取 char 型变量长度，存到变量 a
     b=sizeof(short int);
     c=sizeof(int);               //int 型
     d=sizeof(long);
     e=sizeof(long int);
     f=sizeof(float);             //float 型
     g=sizeof(double);
     h=sizeof(void*);
     temp = (int)&a;              //取变量 a 的存放地址，存到变量 temp
     while(1);
}
```

程序运行结果如图 10.27 所示。其中，变量窗口中显示：char 型变量占 1 字节，int 型变量占 4 字节，float 型变量占 4 字节。内存窗口中显示：① 变量 a 的内容在内存中的存储地址是 0x2000_0000；② 变量 a 的内容是 1，表示 char 型变量占用 1 字节；③ 变量 temp 的内容在内存中的存储地址是 0x2000_0008；④ 变量 temp 的内容是 0x2000_0000，int 型占 4 字节，采用小端模式存储。

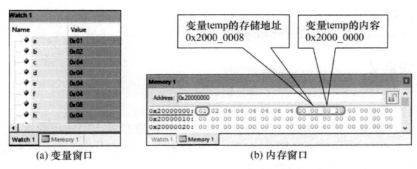

(a) 变量窗口   (b) 内存窗口

图 10.27　Keil 5 支持的数据长度

10.4.2　运算符

C 语言常用运算符见表 10.1。

表 10.1　C 语言常用运算符

算术运算符	描述	条件运算符	描述	逻辑运算符	描述	逻辑运算符	描述
+	加	==	相等	&	字与	&&	逻辑与
−	减	!=	不相等	|	字或	||	逻辑或
*	乘	>	大于	^	字异或	!	逻辑非
/	除	<	小于	~	字非		
%	取模	>=	大于或等于	<<	字左移		
++	自加 1	<=	小于或等于	>>	字右移		
−−	自减 1						

C 语言其他运算符见表 10.2。

表 10.2　C 语言其他运算符

运算符	描述
Condition?X:Y	条件运算符，如果 Condition 为真，则值为 X，否则为 Y
.(点) 和 −>(箭头)	成员运算符，用于引用类、结构体和共用体成员
&	取地址运算符，返回变量的存储地址
*	指针运算符，*指向一个变量，如*a;将指向变量 a

10.4.3　位操作

在 STM32 编程时,经常需要对变量或寄存器中的某一位或 GPIO 中的某一条口线进行操作。以下操作仅针对变量中的某一位，而不影响变量中其他位的值。

（1）置 1

```
    temp = 0x00;                //temp=00000000b
    temp = temp|1<<4;           //temp=00010000b=0x10，将第 4 位置 1，其他位保持原来的值
```

（2）清 0

```
    temp = 0x0ff;               //temp=11111111b
    temp = temp&(~(1<<4));      //temp=11101111b=0x10，将第 4 位清 0，其他位保持原来的值
```

（3）逻辑判断

　　　　if((temp & 0x80)==0)　　　　　　//判断 temp 第 7 位是否为 0

10.4.4　宏定义

1．define 宏定义

　　define 是 C 语言中的预处理命令，用于宏定义，可以提高源代码的可读性，为编程提供方便。所谓宏定义，就是用一个标识符来表示一个字符串。如果在后面的代码中出现了该标识符，预处理时标识符会被替换成指定的字符串。

　　（1）常见格式

　　　　#define　　　标识符　　　字符串

其中，"标识符"为所定义的宏名，"字符串"可以是常数、表达式、格式串等。

　　（2）用例 1

　　在 system_stm32f10x.c 文件的第 115 行有宏定义：

115　　　#define SYSCLK_FREQ_72MHz　72000000

　　宏名：SYSCLK_FREQ_72MHz；宏的内容：72000000。

　　定义标识符 SYSCLK_FREQ_72MHz 的值为 72000000。基于外频 8MHz，设置 CPU 工作的最高频率，即工作主频为 72MHz。可依据实际需求，调整最高频率。

　　在预处理阶段，对程序中所有出现的"宏名"，预处理器都会用宏定义中的字符串替换，这称为"宏替换"或"宏展开"。宏定义是由源程序中的宏定义命令#define 完成的，宏替换是由预处理程序完成的。

　　程序中反复使用的表达式可以使用宏定义，便于调整宏的内容，增加代码的可读性。

　　（3）用例 2

　　定义在..\3 CBT6(led)\HARDWARE\LED\led.h：

　　　　#define LED1 PBout(12)　　　　　　//定义宏 LED1

用一个标识符 LED1 来表示一个字符串 PBout(12)。PBout(12)是库函数 GPIO 的一种操作定义方法，表示 PB12 输出。

　　定义在..\3 CBT6(led)\USER\LED\main.c：

　　　　LED1 = 1;　　　　　　　　　　　//poartb.12 = 1

表示 PB12 输出逻辑 1。

2．条件编译

　　（1）if defined

　　在程序开发过程中，经常会遇到一种情况：当满足某条件时对一组语句进行编译，而当条件不满足时则编译另一组语句。用例代码如下。

　　定义在 system_stm32f10x.c 文件的第 106~116 行：

```
106     #if defined(STM32F10X_LD_VL)||(defined STM32F10X_MD_VL)||(defined STM32F10X_HD_VL)
            /* #define SYSCLK_FREQ_HSE      HSE_VALUE */
            #define SYSCLK_FREQ_24MHz   24000000
        #else
            /* #define SYSCLK_FREQ_HSE      HSE_VALUE */
            /* #define SYSCLK_FREQ_24MHz   24000000 */
            /* #define SYSCLK_FREQ_36MHz   36000000 */
            /* #define SYSCLK_FREQ_48MHz   48000000 */
            /* #define SYSCLK_FREQ_56MHz   56000000 */
```

```
        #define SYSCLK_FREQ_72MHz   72000000
116     #endif
```

以上代码用于判断是否定义了宏 STM32F10X_LD_VL（启用低功耗的宏名），若是，指定工作主频为 24MHz；若不是，自定义工作主频，代码中默认 72MHz。

（2）ifndef … define

从 stm32f10x_gpio.h 文件的第 24 行开始定义：

```
24      #ifndef __STM32F10x_GPIO_H
        #define __STM32F10x_GPIO_H
```

防止递归包含 stm32f10x_gpio.h。

10.4.5　常用保留字

1. 声明外部变量 extern

C 语言中 extern 可以置于变量或函数前，以表示变量或函数的定义在其他文件中，提示编译器遇到此变量或函数时在其他文件中寻找其定义。这里要注意，extern 声明变量可以多次，但定义只有一次。

例如，数组变量 USART_RX_BUF[]。

定义在..\6 cbt6(UART)\6 cbt6(USART1)\SYSTEM\usart\ usart.c 文件的第 66 行：

```
66      u8 USART_RX_BUF[USART_REC_LEN];      //接收缓冲,最大 USART_REC_LEN 个字节
```

声明在..\6 cbt6(UART)\6 cbt6(USART1)\SYSTEM\usart\ usart.h 文件的第 29~32 行：

```
29      #define USART_REC_LEN            200      //定义最大接收字节数 200
        #define EN_USART1_RX             1        //使能（1）/禁止（0）串口 USART1 接收

32      extern u8   USART_RX_BUF[USART_REC_LEN];      //接收缓冲，最大 200 字节
```

引用 1：用于数组赋值

数组赋值在..\6 cbt6(USART)\6 cbt6(USART1)\SYSTEM\usart\ usart.c 文件的第 136 行：

```
136     USART_RX_BUF[USART_RX_STA&0x3FFF]=Res;
```

引用 2：用于数组数值的读取和处理

数组赋值在..\6 cbt6(UART)\6 cbt6(USART1)\SYSTEM\usart\main.c 文件的第 35 行：

```
35      USART_SendData(USART1, USART_RX_BUF[t]);
```

2. 定义数据类型 typedef

typedef 用于为现有类型创建一个新的名字，或称为类型别名，用来简化变量的定义。typedef 在 MDK 中用得最多的是定义结构体的类型别名和枚举类型。举例如下。

（1）定义一个结构体的数据类型 GPIO_InitTypeDef。

从 system_stm32f10x.c 文件的第 91 行开始定义：

```
91      typedef struct
        { uint16_t GPIO_Pin;      /*!< Specifies the GPIO pins to be configured.
                his parameter can be any value of @ref GPIO_pins_define */
        GPIOSpeed_TypeDef GPIO_Speed;   /*!< Specifies the speed for the selected pins.
                This parameter can be a value of @ref GPIOSpeed_TypeDef */
        GPIOMode_TypeDef GPIO_Mode;   /*!< Specifies the operating mode for the selected
                pins. This parameter can be a value of @ref GPIOMode_TypeDef */
        }GPIO_InitTypeDef;
```

（2）定义 GPIO_InitTypeDef 类型变量的方法。

定义在..\3 CBT6(led)\HARDWARE\LED\led.c 文件：

```
1    void LED_Init(void)
2    {
3      GPIO_InitTypeDef   GPIO_InitStructure;                //声明结构体变量
4      RCC_APB2PeriphClockCmd(RCC_APB2Periph_GPIOB, ENABLE);
5      GPIO_InitStructure.GPIO_Pin = GPIO_Pin_12;            //LED 连接到 PB12 引脚
6      GPIO_InitStructure.GPIO_Mode = GPIO_Mode_Out_PP; //推挽输出
7      GPIO_InitStructure.GPIO_Speed = GPIO_Speed_50MHz;//I/O 接口速度为 50MHz
8      GPIO_Init(GPIOB, &GPIO_InitStructure);
9    }
```

代码注释：

第 3 行：定义一个结构体 GPIO_InitTypeDef 的变量 GPIO_InitStructure。

第 5、6、7 行：为结构体变量中的成员赋值。

3．定义结构体 struct

```
struct student{                              //定义结构体
  int id;
  struct teacher{
      int age;
  }th;
};
int main(){
  struct student stu;
  stu.th.age=18;                             //访问结构体中的成员变量
  return 0;
}
```

4．定义指针

```
int *p=a;
```

p：申请到存放数据的地址；*p：地址中存放的内容。例如：

```
int p=a;
```

不考虑存放数据的地址，只考虑地址中存放的变量数据。

5．Switch...case

```
switch(temp)
{   case condition1:                         //条件 1
                ...
                break;
            default:
                break;   }
```

10.4.6　字符串操作

1．添加头文件

```
#include "stdio.h"
#include <stdlib.h>
#include "string.h"
```

2. 定义字符串

```
uint8_t *str= "ok\r\n";                    //定义字符串
printf("%s",str);                          //输出"ok"
```

3. 求字符串长度

```
t= sizeof(USART_RX_BUF1);
```

4. 搜索字符串

字符串存于数组中，在数组值中搜索指定字符串，一般用于接收数据时判断通信协议的帧头。

```
int main(void)                             //测试搜索命令
{   static char t;
    char *strx_temp=NULL;
    char USART_RX_BUF1[20]="1234567890acabcdef";     //定义字符串数组
    strx_temp = strstr(USART_RX_BUF1,"abcde");
    if(strx_temp ==NULL)
        {    t= 0; }                        //方便设置断点，以查看比较结果
    else
        {    t= 1; }
}
```

没有搜索到需要匹配的字符串，返回 0；搜索到字符串，strx_temp 返回匹配的字符串直到原数组结束，如图 10.28 所示。

图 10.28　搜索到字符串返回结果

5. 将字符串复制到数组后输出

```
char temp[120];
uint8_t *str= "ok\r\n"
t=0x31;
sprintf(temp,"123456789");                 //temp = 123456789
sprintf(temp,"1234%c",t);                  //temp = 12341
sprintf(temp,"1234%d",t);                  //temp = 123449
printf("1234%c",t);                        //输出"12341"

sprintf(temp,"%s",str);                    //temp 为"ok\r\n"
printf("1234%s",temp);                     //输出"ok\r\n"
```

10.4.7　格式化输出函数 printf

输入/输出函数（printf 和 scanf）是 C 语言中非常重要的两个函数，在 C 语言程序中，几乎每一个程序都需要这两个函数。在 STM32 编程中，输出函数的功能是将程序运行的结果通过串口输出。

1. 添加支持 printf 函数

```
#include "stdio.h"
…
```

```
int fputc(int ch, FILE *f)
{
    while((USART1->SR&0x40)==0);          //关联 USART1，循环发送，直到发送完毕
    USART1->DR = (char) ch;
    return ch;
}
```

2. printf("字符串\n")

（1）用例

```
printf("Hello World!\n");                //输出：Hello World!
```

其中，\n 表示换行，它是一个转义字符。需要注意的是，printf 中的双引号和后面的分号必须为半角（英文）。双引号内的字符串可以是英文，也可以是中文。

（2）输出转义字符

printf 中有输出控制符%d，转义字符前面有反斜杠\，还有双引号。那么，怎样将这 3 个符号通过 printf 输出到屏幕上？

输出%d 只需在前面再加上一个%，输出\只需在前面再加上一个\，输出双引号也只需在前面加上一个\即可。程序如下：

```
{
    printf("%%d\n");                      //输出：%d
    printf("\\n");                        //输出：\
    printf("\"\"\n");                     //输出：""
}
```

（3）printf("输出控制符",输出参数)

```
printf("%d\n", i);    //%d 是输出控制符，d 表示十进制，后面的 i 是输出参数
```

输出时要强调以哪种进制形式输出，所以必须要有"输出控制符"，以告诉编译器应该怎样解读二进制数据。常用的输出控制符见表 10.3。

表 10.3　常用的输出控制符

控制符	说明
%d	按十进制整型数据的实际长度输出
%ld	输出长整型数据
%md	m 为指定的输出字段的宽度。若数据的位数小于 m，则左端补以空格；若大于 m，则按实际位数输出
%u	输出无符号整型数据（unsigned）
%c	输出一个字符
%f	输出实数，包括单精度和双精度，以小数形式输出。不指定字段宽度，由系统自动指定，整数部分全部输出，小数部分输出 6 位，超过 6 位的四舍五入
%.mf	输出实数时小数点后保留 m 位，注意 m 前面有个点
%o	以八进制整数形式输出
%s	输出字符串。用%s 输出字符串与前面直接输出字符串是一样的，但此时要先定义字符数组或字符指针存储或指向字符串
%x（或%#x）	以十六进制形式输出整数

另外，需要注意%x、%X、%#x、%#X 的区别。一定要掌握%x（或%X，或%#x，或%#X），因为调试时经常要将内存中的二进制代码全部输出，然后用十六进制数显示出来。

```
{
    int i = 47;
    printf("%d\n", i);        //输出：47
    printf("%x\n", i);        //输出：2f
```

```
        printf("%X\n", i);              //输出：2F
        printf("%#x\n", i);             //输出：0x2f
        printf("%#X\n", i);             //输出：0X2F
    }
```

3. sprintf

其语法与 printf 相同，只是用于将字符串输出（复制）到数组。

```
    char temp[120];
    t=0x31;
    sprintf(temp,"123456789");          //temp = 123456789
    sprintf(temp,"1234%c",t);           //temp = 12341
```

【例 10.2】printf 使用实例。

（1）直接输出字符串

```
    printf("AT+CIPSTART=\"TCP\",  \"bemfa.com\",  8340\r\n");
```

（2）定义宏

```
    #define cmd1_time "cmd=1&uid=ce878fc1e93187e8fa33940400cd3ada&topic=timer\r\n"
    …
    printf(cmd1_time);
```

（3）输出整型变量

```
    u8 temperature =0;
    u8 humidity =0;
    …
    temperature =27;
    printf("cmd=2&uid=1234567890&topic=temp1&msg=%d\r\n",temperature);
    humidity=33;
    printf("cmd=2&uid=1234567890&topic=temp2&msg=%d\r\n",humidity);
```

（4）输出数组变量

```
    u8 K=0;
    char *a[] = {"123","456","7891"};
    int b[] = { 1,2,3,4,5,6 };
    …
    for( K=0;K<6;K++)
      { printf("%x", b[K]);}
    printf("\r\n");
    for( K=0;K<3;K++)
    {    printf("a[%d]=%s\n", K, a[K]);}
```

仿真运行上述代码，可在 UART #1 窗口查看运行结果，如图 10.29 所示。

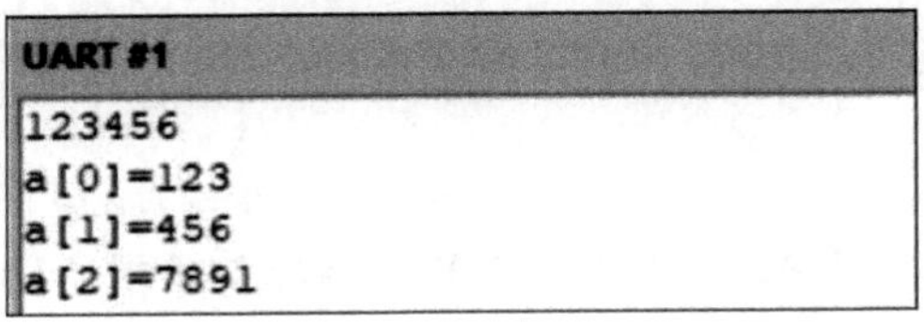

```
UART #1
123456
a[0]=123
a[1]=456
a[2]=7891
```

图 10.29　仿真运行输出结果

（5）输出浮点变量

```
    float    money = 123.4567;
    …
    printf("%f\n", money);              //输出：123.456703
    printf("%.1f\n ",money);            //输出：123.5
    printf("%.2f\n ",money);            //输出：123.46
```

```
        printf("%.3f\n",money);                          //输出：123.457
```
（6）HAL 库发送数据函数
```
        char ADC_Value_Send[120] = {0};
        char *Send_Data = "ok\r\n";                        //测试发送数据
        char t=0x31;
        printf("hello word");                              //测试 printf
        printf("1234%c\r\n",t);                            //输出"12341"
        printf("1234%d\r\n",t);                            //输出"123449"
        HAL_UART_Transmit(&huart1, (uint8_t *)Send_Data, 4, 500);  //发送 Send_Data 中的 4 个数据
        sprintf(Tx_data,"1234%c",t);
        HAL_UART_Transmit_IT(&huart1, (uint8_t *)Tx_data, sizeof(Tx_data));
```

10.4.8 回调函数

回调函数就是一个通过函数指针调用的函数,函数指针变量可以作为某个函数的参数来使用。

1. 调用过程

回调函数：getRandomValue_Callback()，生成并返回一个 char 型随机值。

函数 populate_array()定义 3 个参数，其中第三个参数是函数的指针，通过该函数来设置数组的值。

```
        #include <stdlib.h>
        #include <stdio.h>
        char getRandomValue_Callback(void)               //定义回调函数，获取随机值
          {    return rand();}

        void populate_array(char *array, char arraySize, char(*getValue)(void))
          {     int i;
              for (i=0; i<arraySize; i++)
              array[i] = getValue();}
        int main(void)
          {   u8 i;
              char myarray[10];
              NVIC_PriorityGroupConfig(NVIC_PriorityGroup_2);   //设置 NVIC 中断分组
              uart_init(115200);                                //串口初始化为 115200b/s
              delay_init();
              while(1)
                { populate_array(myarray,10,getRandomValue_Callback); //回调函数不加括号
              for(i = 0; i < 10; i++)
                { printf("%d ,", myarray[i]); }
              printf("\n");   }
          }
```

仿真运行上述代码，可在 UART #1 窗口查看仿真运行结果，如图 10.30 所示。

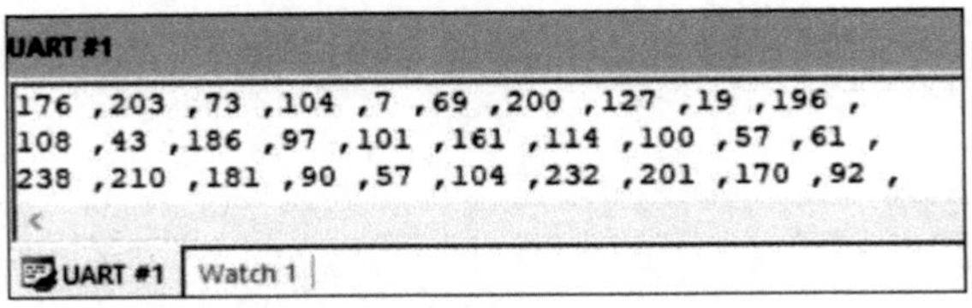

图 10.30   回调函数运行结果

2. 以标准库构建的回调函数结构

（1）初始化定时器 TIM3（TIM3 中断源未采用回调机制）

```
void TIM3_Int_Init(u16 arr,u16 psc)
{ TIM_TimeBaseInitTypeDef    TIM_TimeBaseStructure;
  NVIC_InitTypeDef NVIC_InitStructure;
  RCC_APB1PeriphClockCmd(RCC_APB1Periph_TIM3, ENABLE); //时钟使能
  //定时器 TIM3 初始化
  TIM_TimeBaseStructure.TIM_Period = arr;  //自动重装载寄存器周期的值
  TIM_TimeBaseStructure.TIM_Prescaler =psc; //设置预分频值
  TIM_TimeBaseStructure.TIM_ClockDivision = TIM_CKD_DIV1; //设置时钟
  TIM_TimeBaseStructure.TIM_CounterMode = TIM_CounterMode_Up;   //向上计数模式
  TIM_TimeBaseInit(TIM3, &TIM_TimeBaseStructure); //根据指定的参数初始化 TIM3
  TIM_ITConfig(TIM3,TIM_IT_Update,ENABLE); //使能指定的 TIM3 中断，允许更新中断
  //中断优先级 NVIC 设置
  NVIC_InitStructure.NVIC_IRQChannel = TIM3_IRQn;            //TIM3 中断
  NVIC_InitStructure.NVIC_IRQChannelPreemptionPriority = 0;  //抢占优先级 0 级
  NVIC_InitStructure.NVIC_IRQChannelSubPriority = 3;         //子优先级 3 级
  NVIC_InitStructure.NVIC_IRQChannelCmd = ENABLE;           //IRQ 通道被使能
  NVIC_Init(&NVIC_InitStructure);                           //初始化 NVIC 寄存器
  TIM_Cmd(TIM3, ENABLE); }                                  //使能 TIM3
```

（2）定义中断向量

```
DCD          TIM3_IRQHandler                        ;TIM3（汇编语言程序的注释）
```

（3）定时器 TIM3 中断服务程序（直接编写用户程序）

```
void TIM3_IRQHandler(void)                              //TIM3 中断
{ if(TIM_GetITStatus(TIM3, TIM_IT_Update) != RESET)    //检查 TIM3 更新中断发生与否
    { TIM_ClearITPendingBit(TIM3, TIM_IT_Update);       //清除 TIM3 更新中断标志
        LED1=!LED1;  }
}
```

3. 以 HAL 库构建的回调函数结构

（1）初始化定时器 TIM3 的工作模式（TIM3 中断源采用回调机制）

```
void MX_TIM3_Init(void)
{ TIM_ClockConfigTypeDef sClockSourceConfig = {0};
  TIM_MasterConfigTypeDef sMasterConfig = {0};
  htim3.Instance = TIM3;
  htim3.Init.Prescaler = 7199;
  htim3.Init.CounterMode = TIM_COUNTERMODE_UP;
  htim3.Init.Period = 4999;
  htim3.Init.ClockDivision = TIM_CLOCKDIVISION_DIV1;
  htim3.Init.AutoReloadPreload = TIM_AUTORELOAD_PRELOAD_ENABLE;
  if(HAL_TIM_Base_Init(&htim3) != HAL_OK)
    { Error_Handler();   }
  sClockSourceConfig.ClockSource = TIM_CLOCKSOURCE_INTERNAL;
  if(HAL_TIM_ConfigClockSource(&htim3, &sClockSourceConfig) != HAL_OK)
    { Error_Handler();   }
  sMasterConfig.MasterOutputTrigger = TIM_TRGO_RESET;
  sMasterConfig.MasterSlaveMode = TIM_MASTERSLAVEMODE_DISABLE;
  if(HAL_TIMEx_MasterConfigSynchronization(&htim3, &sMasterConfig) != HAL_OK)
    { Error_Handler();   }
}
```

（2）初始化定时器 TIM3 的中断源

```
void HAL_TIM_Base_MspInit(TIM_HandleTypeDef* tim_baseHandle)
{   if(tim_baseHandle->Instance==TIM3)
    {__HAL_RCC_TIM3_CLK_ENABLE();
    HAL_NVIC_SetPriority(TIM3_IRQn, 2, 0);
    HAL_NVIC_EnableIRQ(TIM3_IRQn);   }
}
```

（3）定义中断向量

```
DCD        TIM3_IRQHandler                                    ;TIM3
```

（4）定义中断服务程序

```
void TIM3_IRQHandler(void)
{   HAL_TIM_IRQHandler(&htim3);}
```

（5）定义中断服务回调机制处理程序

```
void HAL_TIM_IRQHandler(TIM_HandleTypeDef *htim)
{   …
    HAL_TIM_PeriodElapsedCallback(htim);        //调用回调函数
    …}
```

（6）定义中断服务程序回调函数（编写用户程序）

```
void HAL_TIM_PeriodElapsedCallback(TIM_HandleTypeDef *htim)
{   if(htim==(&htim3))
    {   HAL_GPIO_TogglePin(LED0_GPIO_Port, LED0_Pin); }        //LED0 反转
}
```

参 考 文 献

[1] 蔡杏山. STM32 单片机应用开发实战. 北京：电子工业出版社，2023.

[2] 董磊. STM32F1 开发标准教程. 北京：电子工业出版社，2020.

[3] 刘火良. STM32 库开发实战指南. 北京：机械工业出版社，2013.

[4] 肖广兵. ARM 嵌入式开发实例——基于 STM32 的系统设计. 北京：电子工业出版社，2013.

[5] 李志明. STM32 嵌入式系统开发实战指南. 北京：机械工业出版社，2013.

[6] 廖义奎. Cortex-M3 之 STM32 嵌入式系统设计. 北京：中国电力出版社，2012.

[7] 刘军. 例说 STM32. 北京：北京航空航天大学出版社，2011.

[8] 李宁. 基于 MDK 的 STM32 处理器开发应用. 北京：北京航空航天大学出版社，2008.

[9] 王永虹. STM32 系列 ARM Cortex-M3 微控制器原理与实践. 北京：北京航空航天大学出版社，2008.

[10] 王云萍. 显示技术的 TFT-LCD 与 OLED 的相关分析. 电子世界，2021(17)：13-14.

[11] 刘立钧. 单片机按键程序研究. 电子世界，2020(8)：87-88.

[12] 刘玉玲. 虚拟仿真技术在单片机教学中的应用. 电脑知识与技术，2020，16(28)：228-230.

[13] 綦振禄. 基于 STM32 处理器的 Speex 语音压缩算法移植. 信息技术与信息化，2020(11)：59-63.

[14] 姚静. 基于 Proteus 和 Keil 的单片机实验教学探究. 信息通信，2019，201(9)：250-252.

[15] 肖艳军. 基于 STM32 的综合实验平台设计. 实验技术与管理，2019，36(12)：72-76.

[16] 郭晓科. "智能化"电子产品中单片机技术的应用. 通信电源技术，2018，35(1)：177-178.

[17] 周丽荣. 物联网电子产品中单片机技术的应用研究. 电子测试，2018(2)：79-80.

[18] 向先波. MATLAB 环境下 PC 机与单片机的串行通信及数据处理. 单片机与嵌入式系统应用，2004(12)：27-31.

[19] ARM 公司. Cortex-M3 Technical Reference Manual_r2p0，2005—2008.

[20] ARM 公司. ARM Architecture Reference Manual，1996—2000.

[21] ST 公司. STM32 Reference Manual (RM0008)，2021.

[22] ST 公司. STM32F103ZET6.pdf，2009.

[23] ST 公司. STM32F10xxx 参考手册，2010.

[24] 广州市星翼电子科技有限公司. STM32F1 开发指南 V1.0-库函数版，2015.

[25] 广州市星翼电子科技有限公司. STM32F1 开发指南 V3.3-寄存器版，2019.

[26] 广州市星翼电子科技有限公司. STM32F1 开发指南 V1.1-HAL 版，2020.

[27] ARM 公司. Keil μVision 用户指南 V5.23，2017.

反侵权盗版声明

　　电子工业出版社依法对本作品享有专有出版权。任何未经权利人书面许可，复制、销售或通过信息网络传播本作品的行为；歪曲、篡改、剽窃本作品的行为，均违反《中华人民共和国著作权法》，其行为人应承担相应的民事责任和行政责任，构成犯罪的，将被依法追究刑事责任。

　　为了维护市场秩序，保护权利人的合法权益，我社将依法查处和打击侵权盗版的单位和个人。欢迎社会各界人士积极举报侵权盗版行为，本社将奖励举报有功人员，并保证举报人的信息不被泄露。

举报电话：（010）88254396；（010）88258888
传　　真：（010）88254397
E-mail:　dbqq@phei.com.cn
通信地址：北京市万寿路173信箱
　　　　　电子工业出版社总编办公室
邮　　编：100036